高职高专"十一五"规划教材

公差配合

与测量技术

周超梅　刘丽华　王淑君　主编

化学工业出版社

·北京·

本书根据高等职业教育和高等专科教育的需求，以培养专业人才为特色，紧密结合生产实际，突出应用能力和综合素质的培养。

本书共分12章，包括绪论、测量技术基础、极限与配合、形状和位置公差及其检测、表面粗糙度及其检测、光滑极限量规、滚动轴承的公差与配合、键与花键连接的公差与检测、普通螺纹结合的公差与检测、圆锥的公差与检测、渐开线圆柱齿轮传动的公差与检测、尺寸链基础。

全书采用新的国家标准，通俗易懂，侧重讲解概念与标准的应用及测量方法的原理，便于自学。

本书的内容已制作成用于多媒体教学的 PPT 课件，并将免费提供给采用本书作为教材的院校使用。如有需要，请发电子邮件至 cipedu@163.com 获取。

本书可作为高职、高专、函授大学、电视大学、中职学校等机电类各专业的教材；还可作为机电设计或机械制造行业的工程技术人员的参考书。

图书在版编目（CIP）数据

公差配合与测量技术/周超梅，刘丽华，王淑君主编．
北京：化学工业出版社，2010.6（2021.9重印）
高职高专"十一五"规划教材
ISBN 978-7-122-08389-0

Ⅰ. 公…　Ⅱ. ①周…②刘…③王…　Ⅲ. ①公差-配合-
高等学校：技术学院-教材②技术测量-高等学校：技术
学院-教材　Ⅳ. TG801

中国版本图书馆 CIP 数据核字（2010）第 075602 号

责任编辑：高　钰　　　　　　　　　　文字编辑：陈　喆
责任校对：战河红　　　　　　　　　　装帧设计：关　飞

出版发行：化学工业出版社（北京市东城区青年湖南街 13 号　邮政编码 100011）
印　　装：北京七彩京通数码快印有限公司
787mm×1092mm　1/16　印张 13½　字数 344 千字　2021 年 9 月北京第 1 版第 4 次印刷

购书咨询：010-64518888　　　　　　　　售后服务：010-64518899
网　　址：http://www.cip.com.cn
凡购买本书，如有缺损质量问题，本社销售中心负责调换。

定　　价：**39.00 元**　　　　　　　　　　　　　　**版权所有　违者必究**

前　言

　　本教材是高等工科院校机械类、仪器仪表类和机电类各专业必修的技术基础课程，是从事机械类、机电类生产行业人员必须掌握的技术基础知识和基本技能。它主要包含几何量的精度设计和误差检测两方面的内容，涉及机械产品及零部件的设计、制造、维修、质量控制等多方面问题，在生产一线有着广泛的实用性。

　　本教材的编写以多所院校课程改革成果为基础，吸取众多同类教材的优点，突出高职及中职的培养特色，理论遵循以应用为主的原则，着重介绍各种几何参数的精度确定和应用，体现重点突出、实用为主、够用为度的原则，专业知识突出针对性、实用性和应用性。

　　本教材采用最新颁布的国家标准，尽量反映互换性与测量技术的最新理论，本教材每一章均有主要内容要求，每章结束都有小结，总结本章重点内容。由于本教材各章内容独立，可根据不同专业的不同授课学时讲授，既适用于多学时讲授，也适用于少学时讲授。

　　本教材由周超梅、刘丽华、王淑君任主编，于军、明立军、刘玉娟任主审，周姝、齐云飞、殷秋菊任副主编，参与编写的人员还有柳艳、吉宁、王盈、孙燕燕。其中第1章、第11章由周超梅编写，第4章、第5章由刘丽华编写，第9章由王淑君、齐云飞共同编写，第8章、第10章由周姝编写，第2章由殷秋菊编写，第3章由王盈、刘丽华共同编写，第6章由柳艳编写，第7章由孙燕燕编写，第12章由吉宁编写。

　　本书的内容已制作成用于多媒体教学的PPT课件，并将免费提供给采用本书作为教材的院校使用。如有需要，请发电子邮件至cipedu@163.com获取。

　　本书可作为高等职业院校、高等专科学校、成人高校及中职学校机械类、机电类、仪器仪表类专业学生及技师培训的通用教材，也可供相关工程技术人员、企业管理人员参考使用。

　　由于编者水平有限，加之时间仓促，书中难免有不足之处，恳请广大读者批评指正。

编者

2010年4月

目　　录

第1章 绪 论

本章基本要求

（1）本章主要内容

互换性、加工误差与公差，标准和标准化，优先数和优先数系。

（2）本章基本要求

① 理解互换性的概念、意义及优先数系。

② 了解标准化的作用。

（3）本章重点、难点

互换性、公差、优先数系，标准和标准化。

1.1 互换性的概念、分类及作用

1.1.1 互换性的概念

互换性是指同一规格的零部件（零件、部件、构件）不需要作任何挑选、调整或修配，就可以相互替换且性能不变。具有这种零部件特性的称之为互换性。在实际生产活动中，当设备的某一零部件损坏时，我们只需更换同规格的新零部件即可，所以互换性给产品的设计、制造和使用维修都带来了极大的方便，为机械加工和装配的机械化、自动化提供了良好的平台。

1.1.2 互换性的分类

零部件的互换性按互换范围可分为功能互换和几何参数互换两种，也称为广义互换和狭义互换。功能互换是指零部件的几何参数、物理性能、化学性能、力学性能等方面都具有互换性。几何参数互换主要是指零部件的尺寸、几何形状、相互的位置关系及表面粗糙度等参数具有互换性。本课程只讨论几何参数互换性。

零部件的互换性按互换程度分为完全互换和不完全互换两种。

（1）完全互换

完全互换就是一批零部件无需分组、选配和修配，只要装配即可满足设计要求。

（2）不完全互换

不完全互换也称有限互换，当零部件要求制造精度较高时，批量生产将增加加工成本和加工难度，这时即可根据精度要求、结构特点和生产批量的大小等具体条件，采用分组互换法、修配法、调整法等不完全互换法加以解决。

① 分组互换法 为了便于加工，适当放宽零部件的加工精度要求，待加工完成后，按零部件的实际尺寸测量数据，将零部件按不同尺寸规格分为若干组，使每组零部件之间的实际尺寸差别减小，装配时按相应组别进行装配，如大孔配大轴、小孔配小轴。此时组内零部件可互换，组间零部件不可互换。

② 修配法 在装配时允许用补充机械加工或钳工刮等办法来获得所需零部件精度要

求的方法，称为修配法。

③ 调整法　用移动或更换某些零件以改变其位置、尺寸的方法来达到所需的精度，称为调整法。

不完全互换法一般只限于零部件在制造厂内装配时使用，对厂外协作，一般则采用完全互换。

对于标准部件，互换性又可分为内互换和外互换。内互换是指组成标准部件的零件之间的互换，如滚动轴承的外圈内滚道、内圈外滚道与滚动体的互换就是内互换。而标准部件中的零部件与其他零部件之间的互换即为外互换，如滚动轴承外圈外径与其相匹配的外壳孔、内圈内径与其相匹配的轴颈之间的互换则为外互换。

1.1.3　互换性在机械制造中的作用

在现代机械制造业中，互换性在设计、制造、使用、维修等方面至关重要，是专业化生产的前提条件。互换性不仅在大批量生产中被广泛采用，而且逐步向小批量、多品种综合生产系统转移，其主要作用表现在以下几方面。

从设计的角度出发，最大限度地采用具有互换性的标准件、通用件可减少设计过程中的设计、计算、制图等工作量，缩短设计周期，并且便于 CAD 的应用。

在制造方面，零部件具有互换性则有利于专业化生产，可以组织流水线和自动化生产线等先进的生产方式。做到分散加工、集中装配，既能保证质量，又可提高生产效率、降低生产成本。

在使用维修方面，由于零部件具有互换性，可方便更换磨损或损坏的零部件，减少机械的维修时间和费用，提高设备的利用率。在现代化机械设备中，尤其是重要的大型技术装备和军用装备，为保持其使用的连续性和持久性，保持零部件的互换性是绝对必要的，互换性原则已成为现代机械制造领域中一个普遍遵守的基本的技术经济原则。

1.2　加工误差与公差

1.2.1　加工误差与公差的含义

加工误差就是加工完成的零部件实际几何参数与设计理想值的偏差程度，这种偏差由工艺系统中多种原因引起。如工件装卡定位误差；加工方法的原理误差；机床本身精度误差；夹具、刀具磨损程度，加工过程中的受热、受力变形、摩擦振动及加工过程中测量误差等。要达到理想的互换性要求，就是同一规格的零部件的几何参数完全相同，而在实际生产中，由于上述因素的限制，这种理想是不能实现的，也是不必要的，实际上只要几何参数的误差控制在一定范围内，就能满足互换性的要求，这里零部件几何参数允许的变动范围称为公差。公差是由设计者确定的，并把它在图纸上明确表示出来，也就表明，互换性要用公差来保证，也可以说，要使零部件具有互换性，就必须按"公差"加工，公差是允许的最大误差，公差控制误差，工件的误差在公差范围内，为合格产品，超出了公差范围，则为不合格产品。

1.2.2　几何量误差

零部件在机械加工过程中所产生的误差称为几何量误差，几何量误差可分为尺寸误差、几何形状误差及相互位置误差。

(1) 尺寸误差

零部件加工后的实际尺寸与理想尺寸（即图样上标注的尺寸公差带的中心值）之差称为

尺寸误差。

（2）几何形状误差

几何形状误差是指加工的零部件的实际表面形状与设计形状的偏差程度。一般分以下 3 种情况。

① 宏观几何形状误差　宏观几何形状误差是指零部件加工后的实际表面形状与理想形状的形状误差，一般由机床、夹具、刀具、工件所组成的工艺系统的误差所造成，如图 1-1（a）所示。孔、轴横截面的理想形状是正圆形，而加工后的实际形状为非正圆形。

② 微观几何形状误差　一般称为表面粗糙度，它是在加工过程中，刀具或模具在工件表面留下的众多微小的高低不平的波形，如图 1-1(b) 所示。

③ 表面波度　表面波度是由于加工过程中的振动所造成的，介于宏观与微观几何形状误差之间的一种表面形状误差，如图 1-1(b) 所示。

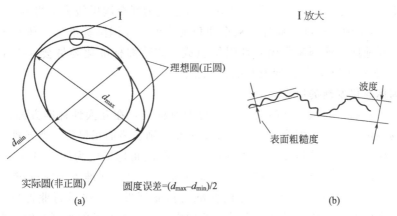

圆度误差=$(d_{max}-d_{min})/2$

图 1-1　几何形状误差

（3）相互位置误差

相互位置误差是指加工完成后的零部件的各表面、轴线或对称面之间的相互位置相对其理想位置的差异或偏离程度，如同轴度、位置度等。

1.3　标准和标准化

现代化工业生产的主要特点就是品种多、规模大、分工细、协作单位多、互换性要求高。为使分散的、局部的生产环节能相互协调统一，形成一个有机的整体，达到互换性生产，只有实行统一的标准和标准化的途径来完成，标准化的核心内容是贯彻执行标准，标准则是机械加工与制造的产品在技术上保证一定的统一，是行业共同遵守的准则和依据。

1.3.1　标准和标准化的概念

标准是对重复性事物和概念所作的统一规定，它是以科学技术和生产经验为基础，经相关部门协商、统一制定、以特定形式发布，作为共同遵守的准则和依据，具有法制性，是技术法规，不得随意修改和拒不执行。

标准化是指标准产生的全部活动过程，包括从调查标准化对象开始，经试验、分析和综合归纳，制定、发布、贯彻实施以及不断修订标准。

标准化是组织现代化大规模生产的重要手段，是实现专业化协作生产的必要前提，是科学管理的主要组成部分，是整个社会经济合理化的技术基础，是国家现代化水平的重要标志之一。

（1）国际标准化发展的历史

标准化早在人类集中生产的早期就产生了，它是社会化生产的产物，如我国早在秦朝，就有了统一度量衡，而现代标准化始于英国伦敦以生产剪羊毛机为主的纽瓦尔公司于1902年编制出版的极限表，是现代历史上最早的极限与配合标准。在20世纪30年代前后，德国颁布了德国标准（DIN），最早采用了基孔制和基轴制，提出了公差单位的概念，将精度等级和配合分开，并规定了20℃为标准温度。1926年国际标准化协会（ISA）诞生，1935年颁布了国际公差制ISA的草案，1947年重建国际标准化组织（ISO），1962年颁布ISO/R 286—1962极限与配合制，1969年ISO理事会决定10月14日为"世界标准日"，1978年我国恢复为ISO成员国，自1982年起我国连续几届为ISO理事国，并已开始承担ISO技术委员会秘书处工作和国际标准起草工作。现在ISO已成为联合国甲级咨询机构，据统计，ISO已制定了8000多个国际标准。此外，从全球角度来说，除国际标准外，还有国际区域化标准，它是由国际地区（或国家集团）性组织组成，如欧洲标准化委员会（CNE）及欧洲电工化委员会（CENELEC）等制定发布的标准化。

（2）我国标准化发展的历史

自新中国成立后，我国开始沿袭了一部分旧有标准，在互换性标准方面，我国自1959年开始，陆续制定了公差与配合、形位公差、公差原则、表面粗糙度、普通螺纹、平键、矩形花键、渐开线、圆柱齿轮精度等一系列标准，在我国将标准定为四个级别，即国家标准、行业标准、地方标准、企业标准，在全国范围内统一制定的标准为国家标准，如代号GB、GB/T、GB/Z。在全国同一行业内制定的标准为行业标准，如机械行业标准，JB或JB/T等。对没有国家标准及行业标准又需在某个范围内统一技术要求的则可在省、自治区、直辖市范围内制定标准即地方标准，如DB、DB/T、QB，在企业内部制定的标准为企业标准。我国国家标准和行业标准又分为强制性标准和推荐性标准两大类。强制性标准是在法律框架下强制执行的。各级别标准遵循程度为国家标准大于行业标准大于地方标准大于企业标准，依次递减，后三个级别的标准不得与国家标准相抵触。

1.3.2　优先数和优先数系

优先数和优先数系是对各种技术参数的数值进行简化、协调和统一的一种科学的数值制度，也是国际上统一的数值分级制度，它适于各种数值的分级。在我国进行一项机械产品设计时，首先要确定一系列技术参数，这些参数不是孤立的，而是按一定的规律向一切相关的制品、材料、测量工具等有关参数指标传播、扩散。如当加工一个螺栓，在确定螺栓直径参数后，就会传播到螺母的直径上，也会传播到加工螺纹所需的丝锥、板牙上，同时还传播到螺栓孔的尺寸及加工螺栓孔的钻头的尺寸及螺栓、螺母螺纹的检测量具及装配工具上，这种技术参数的传播，在机械加工生产过程中非常普遍，即使很小的技术参数差别，经多次传播以后，也会造成尺寸规格的繁多杂乱，给生产、协作配套及使用维修等带来极大不便。为使产品的参数选择能遵守统一的规定，就必须对各种技术参数的数值做出统一规定，《优先数和优先数系》国家标准（GB/T 321—2005）就是其中最重要的一个标准，在确定工业产品技术参数时，要求尽可能采用它。

（1）优先数系

工程技术上采用的优先数系，是一种十进制几何数。即级数的各项数值中，包括1，

10，100，…，10^N 和 0.1，0.01，…，$1/10^N$ 这些数，其中的指数 N 是整数。对每个十进段再进行细分，设计、使用时必须选择优先数列中的某一项值。

根据国家标准（GB/T 321—2005）规定了 5 个不同公比的十进制近似等比数列，作为优先数系。各数列分别用 R_5、R_{10}、R_{20}、R_{40}、R_{80} 表示，依次称为 R_5 系列、R_{10} 系列、R_{20} 系列、R_{40} 系列、R_{80} 系列。其中 R_5、R_{10}、R_{20}、R_{40} 是常用系列，而 R_{80} 则作为补充系列。几何级数的数系是按一定的公比 q 来排列每一项数值的，它们的公比数列是：

R_5 系列为以 $\sqrt[5]{10} \approx 1.60$ 为公比形成的数系；

R_{10} 系列为以 $\sqrt[10]{10} \approx 1.25$ 为公比形成的数系；

R_{20} 系列为以 $\sqrt[20]{10} \approx 1.12$ 为公比形成的数系；

R_{40} 系列为以 $\sqrt[40]{10} \approx 1.06$ 为公比形成的数系；

R_{80} 系列为以 $\sqrt[80]{10} \approx 1.03$ 为公比形成的数系。

优先数系的五个系列中任一项值均为优先数。按公比计算得到的优先数的理论值，除 10 的整数幂外，都是无理数，工程技术上不能直接应用。实际应用的都是经过圆整后的近似值，根据圆整的精确程度，可分为：

① 计算值：取五位有效数字，供精确计算用。

② 常用值：经常使用的通常所称的优先数，取三位有效数字。

范围 1～10 的优先数系列如表 1-1 所示，所有大于 10 的优先数均可按表列数乘以 10，100…求得，所有小于 1 的数均可按表列数乘以 0.1，0.01…求得。

表 1-1　优先数系的基本系列（GB/T 321—2005）

R_5	R_{10}	R_{20}	R_{40}	R_5	R_{10}	R_{20}	R_{40}	R_5	R_{10}	R_{20}	R_{40}
1.00	1.00	1.00	1.00	2.50	2.50	2.50	2.50	6.30	6.30	6.30	6.30
			1.06				2.65				6.70
		1.12	1.12			2.80	2.80			7.10	7.10
			1.18				3.00				7.50
	1.25	1.25	1.25		3.15	3.15	3.15		8.00	8.00	8.00
			1.32				3.35				8.50
		1.40	1.40			3.55	3.55			9.00	9.00
			1.50				3.75	10.00	10.00	10.00	10.00
1.60	1.60	1.60	1.60	4.00	4.00	4.00	4.00				
			1.70				4.25				
		1.80	1.80			4.50	4.50				
			1.90				4.75				
2.00	2.00	2.00	2.00	5.00	5.00	5.00	5.00				
			2.12				5.30				
		2.24	2.24			5.60	5.60				
			2.36				6.00				

（2）派生系列

当 R_5、R_{10}、R_{20}、R_{40}、R_{80} 5 个系列不能满足要求时，可采用派生系列。派生系列是以 R_5、R_{10}、R_{20}、R_{40}、R_{80} 5 个系列中，每隔 p 项值导出的系列，其公比为：

$$q_{r/p} = q_r^p = (\sqrt[r]{10})^p = 10^{p/r}$$

代号为 $R_{r/p}$，其中 r 代表 5、10、20、40、80。例如 $R_{20/3}$ 表示从 R_{20} 系列中，每隔 3 项取值导出的系列，该系列为…，1，2，4，8，16，…；$R_{10/3}$（…，10，…）表示含有项值 10 并向两端无限延伸的派生系列；$R_{20/4}$（112，…）表示以 112 为下限的派生系列；$R_{5/2}$（1，…，10000）表示以 1 为下限、10000 为上限的派生系列。

1.4　技术检测

几何量的检验和测量是零部件成品精度的重要保证，是实现互换性不可缺少的重要措施，检测技术的提高与机械加工精度的提高是相辅相成的，一方面，高的加工精度依赖于先进的测量技术来体现和验证；另一方面，加工精度的提高又促进了测量技术的发展。

检测是机械制造产品能否使用的最终判断。检测不单纯是评定产品质量，同时根据数据分析，可用于分析产品不合格的原因，便于及时调整加工工艺，合理地确定公差与正确地进行检测，是现代化工业生产的技术保证。

当今我国在科技水平日益提高的同时，计量器具制造业也有了长足的发展，可生产多种计量仪器用于几何量的测量工作，如工具显微镜、干涉显微镜、三坐标测量仪、齿轮单啮仪、电动轮廓仪、接触式干涉仪、立式光学比较仪等，测量精度可达纳米级，测量空间由二维发展到三维。此外，我国研制的激光光电比长仪、激光丝杆动态检查仪、光栅式齿轮整体误差测量仪、碘稳频612激光器、无导轨大长度测量仪等已达到世界先进水平。由于计算机在几何量检测领域的应用，计量仪器微机化，实现了数据的自动采集、处理。计算机辅助精度设计，利用计算机来完成公差数据的管理、相关零件公差的分配和各种公差的选取等，不仅提高了工作效率，也保证了设计精度。

本　章　小　结

本章主要掌握以下内容：

掌握互换性概念、分类。掌握加工误差与公差的区别。掌握标准化、优先数系的基本知识。了解测量技术的基本知识。

互换性是指同一规格的零部件（零件、部件、构件）不需要作任何挑选、调整或修配，就可以相互替换且性能不变。具有这种零部件特性的称之为互换性。

加工误差就是加工完成的零部件实际几何参数与设计理想值的偏差程度，这种偏差由工艺系统中多种原因引起。

零部件几何参数允许的变动范围称为公差。互换性要用公差来保证，公差控制误差，工件的误差在公差范围内，为合格产品，否则为不合格产品。

标准是对重复性事物和概念所作的统一规定，是技术法规。标准化是指标准产生的全部活动过程，标准化是组织现代化大规模生产的重要手段，是实现专业化协作生产的必要前提，是国家现代化水平的重要标志之一。

优先数和优先数系是对各种技术参数的数值进行简化、协调和统一的一种科学的数值制度。

几何量的检验和测量是零部件成品精度的重要保证，是实现互换性不可缺少的重要措施。

思考与练习题

1-1　举例说明互换性原则在现代化制造业中的作用。

1-2　完全互换与不完全互换有何区别，试说明具有互换性的零件，其几何参数必须制成绝对准确和一致吗？为什么？

1-3　试述标准化的意义。

1-4　试述优先数系的优点，R_5、R_{40}系列各表示什么意义。

1-5　试述在机械制造过程中进行检测的重要性。

第2章 测量技术基础

本章基本要求

(1) 本章主要内容

本章主要研究对零件的几何参数进行测量和检验的问题。检验和测量可以概括为检测。正确进行检测，能够保证产品质量及互换性生产。要进行检验就必须保证计量单位的统一，在全国范围内规定严格的量值传递系统以及相应的测量方法和测量器具，以保证必要的测量精度。测量精度和测量误差是从两个不同角度说明了同一个概念。造成测量误差的因素主要有计量器具误差、测量方法误差和测量环境误差等。测量误差的种类可以分为随机误差、系统误差和粗大误差三种。随机误差和系统误差均有一定的规律，是不可避免的误差，但可以通过相应的方法来减小测量的误差。粗大误差是可以避免产生的。由于测量误差的存在，所以必须对测量结果进行数据处理，找出被测量最可信的数值以及评定这一数值所包含的误差。保证测量结果的置信概率为 99.73%。另外，在测量的时候也要注意合理地使用测量器具，正确地运用公式等。

(2) 本章基本要求

① 掌握测量方法的选用、测量误差的判断。

② 能够正确地使用量块，掌握检验与测量的区别。

(3) 本章重点难点

本章重点掌握测量方法及测量误差；难点在于掌握量块的使用以及计量器具的度量指标。

2.1 测量技术的基本概念

2.1.1 测量技术的概念

在机械制造行业中，测量技术主要是研究机器或仪器上的零部件加工后是否符合设计图样（零件图）的技术要求，从而保证其精度和互换性。那么就需要经过测量来判定。所以测量是指为确定被测几何量的量值而进行的操作试验过程。测量的实质是将被测几何量 L 与作为计量单位的标准量 E 进行比较，从而获得两者的比值 q 的过程，即 $q=L/E$。

由上述公式可知，被测量量值的精度与标准量 E 有关，而且根据测量的概念可知，一个完整的测量过程包括测量对象、计量单位、计量方法和测量精度四个方面。

(1) 测量对象

在本课程中测量对象主要指几何量，包括长度、角度、表面形状和位置误差、表面粗糙度、螺纹和齿轮等零件的几何参数等。

(2) 计量单位

现各国所使用的长度单位有公制和英制两种，我国实行公制单位。长度的基本单位为米，符号为 m。1983 年，第十七届国际计量大会正式通过米的定义如下："米是光在真空中 (1/299 792 458)s 时间间隔内所经路径的长度。"

常用的角度计量单位有弧度（rad）、度（°）、分（′）、秒（″）。度、分、秒的关系采用 60 等分制，即 $1° = 60′$、$1′ = 60″$、$1° = 0.0174533\text{rad}$。

（3）测量方法

在进行测量时所采用的测量器具、测量原理以及测量条件的总和统称为测量方法。测量条件即被测零件和测量器具所处的环境，如温度、震动和灰尘等。

（4）测量精度

最终测量结果与被测量真值的一致程度。当测量结果越接近真值，测量的精度越高，反之测量精度越低，测量的准确才能保证互换性生产的顺利进行，所以测量技术的基本要求是：

① 在测量过程中，应保证计量单位的统一和量值的准确；

② 应将测量误差控制在允许的范围内，以保证测量结果的精度；

③ 应正确、经济、合理地选择计量器具和测量方法，以保证一定的测量条件。

结合测量技术，分析零件加工工艺，积极采取措施，避免废品的产生。为了确定被测量是否达到预期要求的测量称为检验，只有通过检测才能判定零件是否合格，但是不一定得出具体量值。

检验与测量概念相似，但是检验的含义更广一些。例如，对金属内部缺陷的检验就不能用测量。

2.1.2　长度基准和量值传递

（1）长度基准

为了进行长度的测量，必须建立统一可靠的长度单位基准。我国所使用的计量单位为米制。采用碘吸收稳定的 $0.633\mu\text{m}$ 氦氖激光辐射作为波长标准来复现"米"的定义。常用的长度单位有米（m）、毫米（mm）、微米（μm）、纳米（nm）。$1\text{mm} = 10^{-3}\text{m}$，$1\mu\text{m} = 10^{-6}\text{m}$，$1\text{nm} = 10^{-9}\text{m}$。

（2）尺寸传递

在实际生产和科学研究中，不便用光波作为长度基准进行测量，而是采用各种计量器具进行测量。为了保证量值的统一，必须把长度基准的量值准确地传递到生产中应用的计量器具和工件上去，因此必须建立一套从长度的最高基准到被测工件的严密完整的长度尺寸传递系统。量块（端面量具）和线纹尺（线纹量具）是实现光波长度到测量实践之间的尺寸传递媒介，其中以量块为媒介的传递系统应用较广，长度尺寸的传递系统如图 2-1 所示。

2.1.3　量块的基本知识

量块是没有刻度的横截面为矩形的平面平行端面量具。量块除了作为长度基准的传递媒介以外，也可以用于计量器具的校准和鉴定，精密设备的调整、精密划线和精密工件测量等。

（1）量块的材料、形状和尺寸

量块是用特殊合金钢或陶瓷制成，具有线胀系数小、不易变形、硬度高、耐磨性好、工作面粗糙度值小以及研合性好等特点。

量块的形状通常为长方形六面体，如图 2-2 所示，它有 2 个测量面和 4 个非测量面。标称长度（标称在量块上的尺寸值，也叫做名义尺寸）小于 6mm 的量块，尺寸值标记在测量面上；尺寸值大于 6mm 的量块，尺寸值标记在非工作面上。尺寸小于 10mm 的量块，其截面尺寸为 30mm×9mm，尺寸为 10～1000mm 的量块截面尺寸为 35mm×9mm。

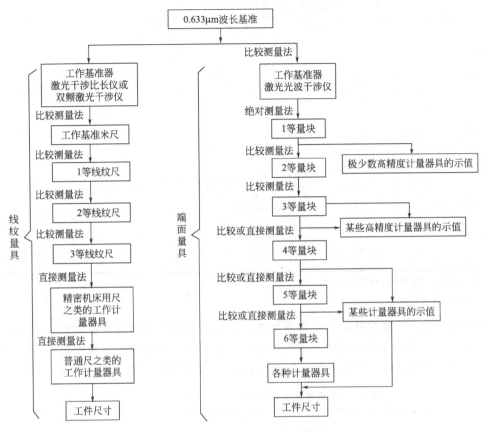

图 2-1　长度量值传递系统

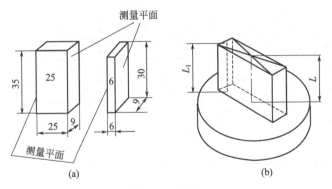

图 2-2　量块

如图 2-2 所示，量块中心长度 L 是指量块的一个测量面上中心点至相研合的辅助体表面之间的垂直距离；量块的长度 L_1 是指量块上测量面上任意一点到与下测量面研合的平晶表面之间的垂直距离；量块长度变动量是指量块测量面上最大量块长度和最小量块长度之差。

(2) 量块的精度

为满足不同的使用场合，量块可做成不同的精度等级，GB/T 6093—2001 规定量块的精度可划分为 "级" 和 "等" 两种。量块的制造精度分为 00、0、1、2、3 级五个级别，其中 00 级的精度最高，精度依次降低，3 级精度最低，此外还有一个校准级——K 级。各级量块长度的极限偏差和长度变动量允许值见表 2-1。

表 2-1　各级量块的精度指标（摘自 GB/T 6093—2001）

标称长度/mm	00级		0级		K级		1级		2级		3级	
	①	②	①	②	①	②	①	②	①	②	①	②
	允许值/μm											
～10	0.06	0.05	0.12	0.10	0.20	0.16	0.45	0.30	1.0	0.50	0.20	0.05
>10～25	0.07	0.05	0.14	0.10	0.30	0.16	0.60	0.30	1.2	0.50	0.30	0.05
>25～50	0.10	0.06	0.20	0.10	0.40	0.18	0.80	0.30	1.6	0.55	0.40	0.06
>50～75	0.12	0.06	0.25	0.12	0.50	0.18	1.00	0.35	2.0	0.55	0.50	0.06
>75～100	0.14	0.07	0.30	0.12	0.60	0.20	1.20	0.35	2.5	0.60	0.60	0.07
>100～150	0.20	0.08	0.40	0.14	0.80	0.20	1.60	0.40	3.0	0.65	0.80	0.08
>150～200	0.25	0.09	0.50	0.16	1.00	0.25	2.00	0.40	4.0	0.70	1.00	0.09
>200～250	0.30	0.10	0.60	0.16	1.20	0.25	2.40	0.45	5.0	0.75	1.20	0.10
>250～300	0.35	0.10	0.70	0.18	1.40	0.25	2.80	0.50	6.0	0.80	1.40	0.10

① 量块的标称长度偏差（极限偏差±）。

② 长度变动量的允许值。

　　根据量块中心长度的极限偏差和测量面的平面度公差精度指标，量块的检定精度分为 1、2、3、4、5、6 六个等，其中 1 等的精度最高，用高一等的量块作为检定低一等量块的基准，一等一等地将尺寸传递下去，直至传递到工件，6 等的精度最低，如表 2-2 所示。

表 2-2　各级量块的精度指标（摘自 JJG 2056—1990）

标称长度/mm	1		2		3		4		5		6	
	①	②	①	②	①	②	①	②	①	②	①	②
	允许值/μm											
～10	0.05	0.10	0.07	0.10	0.10	0.20	0.20	0.20	0.50	0.40	1.00	0.40
>10～18	0.06	0.10	0.08	0.10	0.15	0.20	0.25	0.20	0.60	0.40	1.00	0.40
>18～35	0.06	0.10	0.09	0.10	0.15	0.20	0.30	0.20	0.60	0.40	1.00	0.40
>35～50	0.07	0.12	0.10	0.12	0.20	0.20	0.35	0.25	0.70	0.50	1.50	0.50
>50～80	0.08	0.12	0.12	0.12	0.25	0.25	0.45	0.25	0.80	0.55	1.50	0.50
>80～120	0.10	0.15	0.15	0.15	0.30	0.30	0.60	0.30	1.00	0.60	2.00	0.60
>120～180	0.12	0.15	0.20	0.15	0.40	0.30	0.75	0.30	1.20	0.60	2.50	0.60
>180～250	0.15	0.15	0.30	0.20	0.50	0.40	1.00	0.40	1.60	0.80	3.50	0.80
>250～300	0.20	0.15	0.35	0.20	0.70	0.40	1.20	0.40	2.00	0.80	4.00	0.80

① 中心长度测量的极限误差（±）。

② 平面平行性允许偏差。

　　量块按"级"使用时，是以量块的标称长度作为工作尺寸，该尺寸包含了量块的制造误差，制造误差将被引用到测量结果中去，但是因为不需要加修正值，所以使用较方便；量块按"等"使用时，是以检定后所给出的量块中心长度的实际尺寸作为工作尺寸，该尺寸排除了量块制造误差的影响，仅包含检定时较小的测量误差。虽然按"等"使用量块比按"级"使用在测量上要麻烦一些，但是由于消除了量块尺寸制造误差的影响，因此可用制造精度较低的量块进行较精密的测量。量块按"等"使用的测量精度比按"级"使用的测量精度高。

(3) 量块的使用

量块是定值量具，一个量块只有一个尺寸。为了满足一定尺寸范围的不同尺寸要求，量块可以组合使用。为了能用较少的块数组合成所需要的尺寸，量块按一定的尺寸系列成套生产供应。根据 GB/T 6093—2001 规定，我国成套生产的量块共有 17 种套别。表 2-3 列出了其中四套量块的尺寸系列。

表 2-3 成套量块的尺寸（摘自 GB/T 6093—2001）

套别	总块数	级别	尺寸系列/mm	间隔/mm	块数
2	83	00,0,1,2,(3)	0.5	—	1
			1	—	1
			1.005	—	1
			1.01,1.02,…,1.49	0.01	49
			1.5,1.6,…,1.9	0.1	5
			2.0,2.5,…,9.5	0.5	16
			10,20,…,100	10	10
3	46	0,1,2	1	—	1
			1.001,1.002,…,1.009	0.001	9
			1.01,1.02,…,1.09	0.01	9
			1.1,1.2,…,1.9	0.1	9
			2,3,…,9	1	8
			10,20,…,100	10	10
4	38	0,1,2,(3)	1	—	1
			1.005	—	1
			1.01,1.02,…,1.09	0.01	9
			1.1,1.2,…,1.9	0.1	9
			2,3,…,9	1	8
			10,20,…,100	10	10
6	10	00,0,1	1,1.001,…,1.009	0.001	10

注：带 ( ) 的等级，根据定货供应。

量块在进行选取时一定要从同一套量块组中进行选取，选取时要根据从低数位到高数位选取的顺序进行选取，并且一定要尽量使用少块数的量块进行组合，这样才能保证组合尺寸的最小误差。

由于量块的一个测量面与另一个量块的测量面之间具有能够研合的特性，因此可以从成套的各种不同尺寸的量块中选取几块适当的量块组成所需要的尺寸。为了减小量块组的长度累积误差，选取的量块数量要尽量少，通常不超过四块。选取量块时，从消去所需要尺寸最小的尾数开始，逐一选取。例如，使用 83 块一套的量块组，从中选取量块组成 28.785mm。

查表 2-3，按照下面的步骤选取：

<pre>
    28.785 ……………量块组合尺寸
  － 1.005 ……………第一块量块尺寸
    27.78
  － 1.28 ……………第二块量块尺寸
    26.5
  － 6.5 ……………第三块量块尺寸
    20 ……………第四块量块尺寸
</pre>

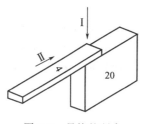

图 2-3　量块的研合

即　　　　　　　　　$28.785 = 1.005 + 1.28 + 6.5 + 20$

研合量块组时，首先用优质汽油将选用的各块量块清洗干净，用洁布擦干，然后以大尺寸量块为基础，顺次将小尺寸量块研合上去（由大到小、由下往上）。

研合方法如图 2-3 所示：将量块沿着其测量面长边方向，先将两块量块测量面的端缘部分接触并研合，然后稍加压力，将一块量块沿着另一块量块推进，使两块量块的测量面全部接触，并研合在一起。使用量块时要小心，避免碰撞或跌落，切勿划伤测量面，否则会导致量块的精度下降甚至报废。

2.2　测量方法的分类

按照不同的出发点可将测量方法进行各种不同的分类：

(1) 按实测几何量是否是被测几何量分类

① 直接测量　即直接从计量器具获得被测量的量值的测量方法。例如，有一长方形六面体工件，用卡尺测量出其长、宽、高三个尺寸。

② 间接测量　即先测量出与被测量有已知函数关系的量，然后通过函数关系计算出被测量的测量方法。例如，有一长方形六面体工件，长是宽的二倍，长度是高度的三倍，那么用卡尺测量出此工件的长度便可以用函数关系计算出此工件的宽度和高度。

(2) 按实测量是否是被测量的整个量值分类

① 绝对测量　能够由计量器具读数装置上读出被测量的整个量值的测量方法，例如，用游标卡尺或千分尺测量零件，其尺寸值由刻度尺上直接读出。

② 相对测量　是指从计量器具上仅读出被测量与已知标准量的偏差值，而被测量的量值为计量器具的示值与标准量的代数和。例如，用比较仪测量时，先用量块调整仪器零位，然后测量被测量，所获得的示值就是被测量相对于量块尺寸的偏差，那么被测量的量值就是这个偏差值与标准值的代数和。通常相对测量的精度比绝对测量的精度高。

(3) 按测量时计量器具的测头与被测量表面之间是否有机械作用的测量力分类

① 接触测量　计量器具在测量时，测头与被测量工件表面直接接触的测量。例如，用游标卡尺、千分尺测量零件的尺寸，其测头要与工件直接接触测得工件尺寸。这种测量方法比较常用，用于一般精度的测量。

② 非接触测量　计量器具在测量时，测头与被测量工件表面不直接接触的测量。非接触测量没有机械测量力存在。例如，用气动量仪测量孔径和用光切显微镜测量工件的表面粗糙度。这种测量一般用于高精度测量。

接触测量有测量力存在，会引起被测表面和计量器具相接触部分产生弹性变形，因而影响测量精度，非接触测量则没有这种影响，所以在高精度测量时使用非接触测量。而一般精度测量仍然采用接触测量，以便合理利用测量设备并且节约成本。

(4) 按同时测量被测量的多少分类

① 单项测量　分别测量工件的各个参数。例如，分别测量螺纹工件的螺纹中径、螺距及牙型半角。

② 综合测量　同时测量工件上某些相关的几何量的综合结果，以综合判断结果是否合格，这种测量方法称为综合测量。其目的在于保证被测工件在规定极限轮廓内，以达到互换

性的要求。例如，用螺纹通规检验螺纹的单一中径、螺距及牙型半角实际值的综合结果，即作用中径。再比如用花键塞规检验花键孔、用齿轮动态整体误差测量仪器测量齿轮等都是综合测量。

单项测量便于工艺分析，但是综合测量效率比单项测量效率高，综合测量反映结果比较符合工件的实际工作情况，实际测量时应根据需要适当进行选择。

(5) 按被测量是否在加工过程中分类

① 在线测量　零件在加工过程中或者在机床上进行的测量叫做在线测量。此时测量的结果直接用来控制零件的加工过程，或决定是否继续加工。这样能够及时防止与消除废品。例如，用电动轮廓仪测量表面粗糙度，在磨削过程中测量零件尺寸。如果符合要求可继续加工，如果超差可以马上停止，这样就能避免浪费加工工时。在线测量使检测与加工过程紧密结合，以保证产品质量，因而是检测技术的发展方向，现在主要应用于自动化生产线上。

② 离线测量　零件加工完成后在检验站进行的测量。此时测量的结果仅限于发现并剔除废品。例如，用游标卡尺、千分尺测量工件尺寸是否符合图纸要求。

(6) 按被测工件在加工过程中所处的状态分类

① 静态测量　测量时被测表面与计量器具处于静止状态。例如，用游标卡尺、千分尺对静止的工件进行测量。

② 动态测量　测量时被测工件表面与计量器具之间处于相对运动状态。例如，用激光丝杠动态检查仪测量丝杠，可以在工件运动的过程中完成测量，省去拆装的麻烦并且节约时间。

2.3　测量误差和数据处理

2.3.1　测量误差的概念

测量误差是测量值与被测量真值之间的差值，在数值上表现为测量误差。测量误差可分为绝对误差和相对误差。

(1) 绝对误差

绝对误差 δ 是指被测量的测得值（仪表的指示值）x 与其真值 x_0 之差的绝对值，即

$$\delta = |x - x_0| \tag{2-1}$$

因为测量误差可能是正值，也可能是负值。这样，真值可以用下列公式表示：

$$x_0 = x \pm \delta \tag{2-2}$$

由公式(2-2) 可以将被测量的量值和测量误差估算在真值所处的范围内。测量误差的绝对值越小，被测量的量值 x 就越接近于真值 x_0，测量精度也就越高。而在实际生产中，被测量真值 x_0 往往是难以求得，所以，真值往往用高一级的计量标准器具所测得的量值或用一列等精度测量结果的算术平均值来代替。

用绝对误差表示测量精度，适用于评定或比较大小相同的被测量的测量精度。对于大小不同的被测量，则需要用相对误差来评定或者比较它们的测量精度。

(2) 相对误差

相对误差 f 是指绝对误差 δ 与真值 x_0 之比。由于真值不知道，因此在实际中常以被测量的测得值 x 代替真值 x_0 进行估算。即

$$f = \delta / x_0 \times 100\% \approx \delta / x \times 100\% \tag{2-3}$$

相对误差是一个无量纲的数据，常以百分比的形式表示。相对误差比绝对误差能更准确

地反映出测量的精确程度。例如测量两个尺寸分别为 $\phi20mm$ 和 $\phi200mm$ 的轴颈，它们的绝对误差都为 0.05mm；但是，它们的相对误差分别为 $f_1=0.05\div20\times100\%=0.25\%$；$f_2=0.05\div200\times100\%=0.025\%$，所以以相对误差的测量精度比绝对误差高。

2.3.2 测量误差的来源

产生测量误差的原因很多，主要有以下几个方面：

（1）计量器具的误差

计量器具的误差是指计量器具本身的设计、制造、装配和调整不准确而引起的误差。此外，相对测量时使用的标准量，如量块、线纹尺等误差，也将直接反映到测量结果中，这些误差是不可避免的。

（2）测量方法误差

测量方法误差是指测量方法不完善，如计算公式不准确、测量方法选择不当、测量基准不统一、工件安装不合理以及测量力引起的误差等所导致的差错。例如，测量大圆柱形工件的直径 D，先测量周长 L，再按照 $D=L/\pi$ 来计算直径，假如取 $\pi=3.14$，则计算结果会带入 π 取近似值的误差。

（3）测量环境误差

测量环境误差是指测量时的环境条件不符合标准条件所引起的误差。环境条件是指温度、湿度、振动、气压、照明及灰尘等。其中温度的影响最大。在长度计量中，标准温度为室温 20℃。若不是在标准温度条件下进行测量，则引起的测量误差为

$$\Delta L=L[\alpha_2(t_2-20)-\alpha_1(t_1-20)] \tag{2-4}$$

式中　ΔL——测量误差；

　　　L——被测尺寸；

t_1、t_2——计量器具和被测工件的温度，℃；

α_1、α_2——计量器具和被测工件的线胀系数。

（4）人员误差

人员误差是指测量人员的主观因素引起的，如测量人员技术不熟练、视觉偏差、读数错误等失误引起的误差。

总之，造成测量误差的因素很多，有些误差是可以避免的。测量时应采取相应的措施，设法保证测量的精度，尽量减小或消除上述误差对测量结果的影响。

2.3.3 测量误差的种类

测量误差按其性质、出现规律及特点可分为随机误差、系统误差和粗大误差（过失或反常误差）三种基本类型。

（1）随机误差

随机误差是指在一定测量条件下，多次测量同一量值时，其数值大小和符号以不可预定的方式变化的误差。它是由于测量中不可避免的不稳定因素综合形成的，如测量过程中温度的波动、振动、测量力的不稳定、量仪的示值变动、读数不一致等。对于某一次测量结果无规律可循，但是如果进行大量、多次重复测量，随机误差分布则服从统计规律。

① 随机误差的分布规律及其特性　随机误差可用试验方法来确定。在大多数情况下，随机误差符合正态分布。例如：在立式光学计上对某圆柱销同一部位重复测量 150 次，得到 150 个测得值，其中最大值为 12.0515mm，最小值为 12.0405mm。按测得值大小分别归入 11 组，分组间隔为 0.001mm，有关数据见表 2-4。

表 2-4　测量数据统计

组号	尺寸分组区间/mm	区间中心值 x_1/mm	出现次数 n_i	频率 n_i/n
1	12.0405～12.0415	12.041	1	0.007
2	＞12.0415～12.0425	12.042	3	0.020
3	＞12.0425～12.0435	12.043	8	0.053
4	＞12.0435～12.0445	12.044	18	0.120
5	＞12.0445～12.0455	12.045	28	0.187
6	＞12.0455～12.0465	12.046	34	0.227
7	＞12.0465～12.0475	12.047	29	0.193
8	＞12.0475～12.0485	12.048	17	0.113
9	＞12.0485～12.0495	12.049	9	0.060
10	＞12.0495～12.0505	12.050	2	0.013
11	＞12.0505～12.0515	12.051	1	0.007
间隔区间 $\Delta x=0.001$	测得值的平均值 $\bar{x}=\dfrac{1}{n}\sum\limits_{i=1}^{n}x_i=12.046$		$n=\sum\limits_{i=1}^{n}x_i=150$	$\sum\limits_{i=1}^{n}\dfrac{n_i}{n}=1$

　　将表 2-4 中的数据画成图形，横坐标表示测得值 x_i，纵坐标表示出现次数和频率，并以每组的区间与相应的频率为边长画成长方形，便得频率直方图，连接各组的中心值的纵坐标值所得折线，就是测得值的实际分布曲线，如图 2-4 所示。

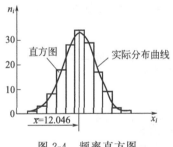

图 2-4　频率直方图

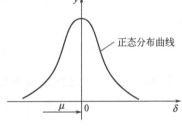

图 2-5　正态分布曲线

　　如果上述的测量次数无限增大（$n \rightarrow \infty$），则分组间隔就会无限减小（$\Delta x \rightarrow 0$），那么实际分布曲线就会变成一条光滑的正态分布曲线，即高斯曲线，如图 2-5 所示。

　　横坐标表示随机误差 δ，纵坐标表示概率密度 y。从随机误差的正态分布曲线图中可以看出，随机误差具有下列分布特性：

　　a. 对称性　绝对值相等的正误差和负误差出现的概率大致相等。

　　b. 单峰性　绝对值小的误差出现的概率比绝对值大的误差出现的次数多。随机误差为零时，概率最大，存在一个最高点。

　　c. 抵偿性　对同一量在同一条件多次重复测量，其随机误差的算术平均值，随测量次数的增加而趋近于零。

　　d. 有界性　在一定的测量条件下，随机误差的绝对值不会超出一定界限。

　　所以用概率论和数理统计的一些方法，依据随机误差的分布特性，估算误差范围，对测量结果进行处理，就可以提高测量结果准确度，更接近于真值。

　　② 随机误差的评定指标　按概率论原理，正态分布曲线的数学表达式为

$$y = \frac{1}{\sigma\sqrt{2\pi}} e^{-\frac{\delta^2}{2\sigma^2}} \tag{2-5}$$

式中 　y——随机误差的概率分布密度；

　　　δ——随机误差，是指在没有系统误差的条件下，测得值与真值之差；

　　　σ——标准偏差；

　　　e——自然对数的底，$e=2.71828\cdots$

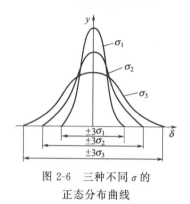

图 2-6　三种不同 σ 的正态分布曲线

从式(2-5)可以看出，概率密度 y 与随机误差 δ 及标准偏差 σ 有关，当 $\delta=0$ 时，y 最大，$y_{max}=\dfrac{1}{\sigma\sqrt{2\pi}}$。$y_{max}$ 随标准偏差 σ 的大小而变化。随机误差 δ 的极限值为 $\pm 3\sigma$。不同的 σ 对应不同形状的正态分布曲线，如图 2-6 所示。图中 $\sigma_1<\sigma_2<\sigma_3$，而 $y_{1max}>y_{2max}>y_{3max}$。对应不同形状的正态分布曲线，$\sigma$ 愈小，y_{max} 值愈大，曲线愈陡，随机误差分布愈集中，即测得值分布愈集中，测量的精密度愈高；反之，σ 愈大，y_{max} 值愈小，曲线愈平坦，随机误差分布愈分散，即测得值分布愈分散，测量的精密度愈低。

③ 随机误差的极限值　由随机误差的有界性可知，随机误差不会超过某一范围。随机误差的极限值是指测量的极限误差，也就是测量误差可能出现的极限值。

大多数情况随机误差呈正态分布，由概率论可知，正态分布曲线和横坐标轴间所包含的面积等于所有随机误差出现的概率总和。若随机误差落在整个分布范围（$-\infty\sim+\infty$）内，则其概率 P 为

$$P(-\infty,+\infty) = \int_{-\infty}^{+\infty} y\,\mathrm{d}\delta = \int_{-\infty}^{+\infty} \frac{1}{\sigma\sqrt{2\pi}} e^{-\frac{\delta^2}{2\sigma^2}}\,\mathrm{d}\delta = 1$$

而随机误差落在 $-\delta\sim+\delta$ 之间的概率为

$$P(-\delta,+\delta) = \int_{-\delta}^{+\delta} y\,\mathrm{d}\delta = \int_{-\delta}^{+\delta} \frac{1}{\sigma\sqrt{2\pi}} e^{-\frac{\delta^2}{2\sigma^2}}\,\mathrm{d}\delta$$

为了计算方便，令 $z=\delta/\sigma$，则 $\mathrm{d}z=\mathrm{d}\delta/\sigma$，将其代入上式，得

$$P = \frac{1}{\sqrt{2\pi}} \int_{-z}^{+z} e^{-\frac{z^2}{2}}\,\mathrm{d}z = \frac{2}{\sqrt{2\pi}} \int_{0}^{+z} e^{-\frac{z^2}{2}}\,\mathrm{d}z \tag{2-6}$$

令 $P=2\phi(z)$，则

$$\phi(z) = \frac{1}{\sqrt{2\pi}} \int_{0}^{+z} e^{-\frac{z^2}{2}}\,\mathrm{d}z \tag{2-7}$$

式(2-7)是将所求概率转化为变量 z 的函数，该函数称为拉普斯函数，也称概率函数积分。只要确定了 z 的值，就可计算出 $\phi(z)$ 的值。实际使用时，可直接查正态分布积分表。下面列出几个特殊区间的概率值：

当 $z=1$ 时　　$\delta=\pm\sigma$　　$\phi(z)=0.3413$　　$P=68.26\%$

当 $z=2$ 时　　$\delta=\pm 2\sigma$　　$\phi(z)=0.4772$　　$P=95.44\%$

当 $z=3$ 时　　$\delta=\pm 3\sigma$　　$\phi(z)=0.49865$　　$P=99.73\%$

当 $z=4$ 时　　$\delta=\pm 4\sigma$　　$\phi(z)=0.49997$　　$P=99.93\%$

由上述可见，正态分布的随机误差 99.73% 可能分布在 $\pm 3\sigma$ 范围内，而超出该范围的概

率仅为 0.27%，可以认为这种可能性几乎没有。因此，可将 ±3σ 看做是单次测量的随机误差的极限值，将此值称为极限误差，记作

$$\delta_{\lim} = \pm 3\sigma = \pm 3 \sqrt{\frac{\sum\limits_{i=1}^{n} \delta_i^2}{n}} \tag{2-8}$$

然而 ±3σ 不是唯一的极限误差估算式。选择不同的 z 值，就对应不同的概率，便可得到不同的极限误差，其可信度也不一样。例如，某次测量的测得值为 50.002mm，若已知标准偏差 σ＝0.0003mm，置信概率取 99.73%，则此测得值的极限误差为 ±3×0.0003mm＝±0.0009mm。测量结果为

$$50.002\text{mm} \pm 3 \times 0.0003\text{mm} = 50.002\text{mm} \pm 0.0009\text{mm}$$

上述结果说明，该测得值的真值有 99.73% 的可能性在 50.0011～50.0029mm，可写作 50.002mm±0.0009mm。

因此，单次测量结果为

$$x = x_i \pm \delta_{\lim} = x_i \pm 3\sigma \tag{2-9}$$

式中　x_i——某次测得值。

随机误差无法修正，只能用统计理论来估计其影响。

(2) 系统误差

系统误差是指在一定的测量条件下，多次测量同一量值时，误差的大小和符号均保持不变或按一定规律变化的误差。前者称为定值（或常值）系统误差。如千分尺的零位不正确导致的误差；后者称为变值系统误差。按其变化规律的不同，变值系统误差又分为以下三种类型：

① 线性变化的系统误差　是指在整个测量过程中，随着测量时间或量程的增减，误差值成比例增大或减小的误差。

② 周期性变化的系统误差　是指随着测得值或时间的变化呈周期性变化的误差。

③ 复杂变化的系统误差　按复杂函数变化或按实验得到的曲线图变化的误差。

系统误差的数值往往比较大。例如，由线性变化的误差与周期性变化的误差叠加形成复杂函数变化的误差。系统误差的大小说明测量结果相对于真值有一定的误差。系统误差对测量结果影响较大，要尽量减少或消除。

(3) 粗大误差

粗大误差是指由于主观疏忽大意或客观条件发生突然变化而产生的误差。通常情况下，这类误差的数值都比较大，使测量结果明显歪曲。正常情况下，一般不会产生这类误差。例如，由于测量者主观上疏忽大意，在测量过程中看错、读错、记错或突然的冲击震动而引起的测量误差。

2.3.4　测量精度的三个概念

测量精度是指被测量的测得值与真值的接近程度，测量精度和测量误差是以两个不同角度说明了同一概念。误差越大，测量精度越低，由于误差分系统误差和随机误差，所以笼统的精度概念已不能反映误差的差异，从而引出如下概念。

(1) 精密度

指在一定的条件下进行多次测量时，所得测量结果彼此之间的符合程度，即测量数据的离散程度，表示测量结果中的随机误差大小的程度。随机误差越小，则精密度越高，精密度

一般简称精度，通常用随机不确定度表示。

（2）正确度

指在规定条件下，测得值偏离其真值的程度，它是所有系统误差综合在测量结果中的反映，系统误差越小，则正确度越高，反之亦然。理论上对已定系统误差可用修正值来消除，对未定系统误差可用系统不确定度来评估。

（3）准确度

指连续多次测量时，所有测得值与真值的一致程度。它是测量结果中系统误差与随机误差的综合，若系统误差与随机误差都小，则准确度高。若已修正所有已定系统误差，则准确度可用不确定度表示。

一般准确度高时，精密度和正确度必定都高；但精密度高的，正确度不一定高；正确度高的，精密度不一定高。

现以射击打靶为例加以说明，如图 2-7 所示，圆圈表示圆心，黑点表示弹孔，图 2-7（a）中，随机误差小而系统误差大，说明打靶精密度高而正确度低；图 2-7（b）表示系统误差小而随机误差大，说明打靶正确度高而精密度低；图 2-7（c）表示系统误差和随机误差都小，说明打靶准确度高；图 2-7（d）表示系统误差和随机误差都大，说明打靶准确度低，精密度及正确度都低。

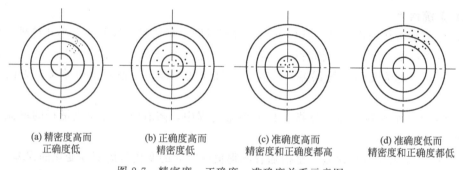

(a) 精密度高而　　　(b) 正确度高而　　　(c) 准确度高而　　　(d) 准确度低而
　正确度低　　　　　精密度低　　　　　精密度和正确度都高　精密度和正确度都低

图 2-7　精密度、正确度、准确度关系示意图

2.3.5　测量结果的数据处理

在相同的测量条件下，对同一被测量进行多次连续测量，得到一个测量列。测量列中随机误差、系统误差和粗大误差可能都同时存在，因此必须对测量结果进行数据处理，以便找出被测量最可信的数值及评定这一数值所包含的误差。

（1）测量列中随机误差的处理

随机误差的出现是不可避免的，并且是无法消除的。用概率与数理统计的方法进行估算随机误差的范围和分布规律，再对测量数据进行处理，可以减小随机误差对测量结果的影响，数据的处理步骤如下：

① 计算算术平均值 $\bar{x}$　由于测量误差的存在，在同一条件下，对同一量多次重复测量，将得到一系列不同的测量值，设测量列为 x_1，x_2，…，x_n，则算术平均值为

$$\bar{x} = \frac{1}{n} \sum_{i=1}^{n} x_i \qquad (2\text{-}10)$$

式中　n——测量次数。

当 $n \to \infty$ 时，$\bar{x}$ 接近于真值 x_0，在无系统误差或已消除系统误差情况下，x_0 表示被测量。实际上 n 不可能无限大，用有限次数的测得值 x_i 求得的 $\bar{x}$ 不一定就是真值 x_0，只能近

似地作为 x_0。

② 计算残差 v_i 残差是指每个测得值的量值与算术平均值的代数差，一个测量列就对应着一个残差列。

$$v_i = x_i - \bar{x} \tag{2-11}$$

当测量次数足够多时，残差的代数和趋近于零，即 $\sum\limits_{i=1}^{n} v_i = 0$。

③ 计算标准偏差 σ 标准偏差 σ 是表征随机误差集中与分散程度的指标。由于随机误差 δ_i 是未知量，实际测量时常用残差 v_i 代表 δ_i，所以测量列中单次测得值的标准差 σ 估算值为

$$\sigma \approx \sqrt{\frac{\sum\limits_{i=1}^{n} v_i^2}{n-1}} = \sqrt{\frac{\sum\limits_{i=1}^{n} (x_i - \bar{x})^2}{n-1}} \tag{2-12}$$

④ 计算测量列算术平均值的标准偏差 $\sigma_{\bar{x}}$

$$\sigma_{\bar{x}} = \frac{\sigma}{\sqrt{n}} \approx \sqrt{\frac{\sum\limits_{i=1}^{n} v_i^2}{n(n-1)}} \tag{2-13}$$

⑤ 测量列的极限误差 $\delta_{\lim(\bar{x})}$ 和测量结果

测量列算术平均值的极限误差为

$$\delta_{\lim(\bar{x})} = \pm 3\sigma_{\bar{x}} \tag{2-14}$$

测量列的测量结果可表示为

$$x_0 = \bar{x} \pm \delta_{\lim(\bar{x})} = \bar{x} \pm 3\sigma_{\bar{x}} = \bar{x} \pm 3\,\frac{\sigma}{\sqrt{n}} \tag{2-15}$$

这样的置信概率 $P = 99.73\%$。

(2) 系统误差的发现和消除

系统误差可以用计算或实验对比的方法确定，从数据处理的角度出发，发现系统误差的方法有多种，直观的方法是"残余误差观察法"，即根据测量值的残余误差，列表或作图进行观察。如图 2-8(a) 所示，说明不存在变值系统误差，因为各残余误差间符号正负相间大体相同，无明显的变化规律；如图 2-8(b) 所示，说明存在变值系统误差，因为各残余误差符号有规律地递增或递减，并在测量开始与结束时符号相反；如图 2-8(c) 所示，说明存在周期性系统误差，因为残余误差的符号是按某种特定的规律变化；如图 2-8(d) 所示，说明存在复杂变化的系统误差。当然在使用"残余误差观察法"时，必须要有足够的重复测量次数及严格按各测得值的先后顺序，否则判断的可靠性就差。当然，这种方法不能发现定值系统误差。定值系统误差可以通过改变测量条件进行不等精度的测量来揭示系统误差，例如，量块按标称尺寸使用时，由于量块的尺寸偏差，使测量结果中存在着定值系统误差。这时可用高精度仪器对量块的实际尺寸进行鉴定来发现，或用另一高一级精度的量块进行对比测量来发现。

发现系统误差后需采取措施消除误差或减小误差，实际生产中常用的方法如下：

① 从产生误差根源上消除 这是消除系统误差最根本的方法，要求在测量之前，对测量过程中可能产生系统误差的所有环节仔细分析，将可能产生的误差在根源上加以消除。比如测量之前仔细检查仪器，调准零位，测量仪器及被测工件应处于标准温度状态等。

② 用加修正值的方法消除 这种方法是预先检定出测量器具的系统误差，将该系统误

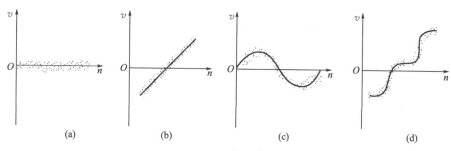

图 2-8　用残余误差作图判断系统误差

差的相反值作为修正值，用代数法将修正值加到实际测得值上，即可得到不包含该系统误差的测量结果。例如量块的实际尺寸不等于标称尺寸，如果按照标称尺寸使用，就要产生系统误差，而按经过检定的实际尺寸使用，就可以避免这个误差的产生。

③ 用两次读数方法消除　如果两次测量所产生的系统误差大小相等或相近，符号相反，则取两次测量的平均值作为测量结果，这样就可以消除系统误差了。

如图 2-9 所示，在工具显微镜上测量螺纹的螺距，由于零件安装时轴心线与仪器工作台纵向移动的方向不重合，使测量产生误差。为了减小安装误差对测量结果的影响，必须分别测出左右螺距，取两者的平均值作为测得值，从而减小安装不正确引起的误差。

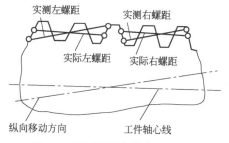

图 2-9　用两次读数消除系统误差

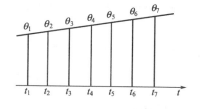

图 2-10　线性系统误差的消除

④ 用对称法消除　对于线性系统误差，可以用对称测量法消除。例如，用比较仪测量时，温度均匀变化，存在随时间呈线性变化的系统误差，这样可以安排等时间间隔的测量，然后取平均值。如图 2-10 所示，$\theta_4=(\theta_3+\theta_5)/2=(\theta_2+\theta_6)/2=(\theta_1+\theta_7)/2$。

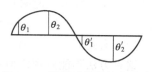

图 2-11　周期系统误差的消除

⑤ 用半波法消除　对于周期性变化的系统误差，可采用半波法（半周期法）消除，就是取相隔半个周期的两个测量值的平均值作为测量结果。如图 2-11 所示，取 $(\theta_1+\theta_1')/2$ 或 $(\theta_2+\theta_2')/2$ 作为测量结果。

从理论上讲，系统误差可以完全消除，但是由于许多因素的客观影响，实际上只能消除到一定的程度。如果能将系统误差减小到相当于随机误差的影响程度，就认为被完全消除。

(3) 粗大误差的剔除

粗大误差的特点是数值比较大，对测量结果产生明显的歪曲，也称疏失误差或粗差，应从测量数据中将其剔除。剔除粗大误差不能凭主观臆断，应根据判断粗大误差的准则予以确定。判断粗大误差常用拉依达准则（又称 3σ 准则）。

该准则的依据主要来自随机误差的正态分布规律。从随机误差的特性中可知，测量误差愈大，出现的概率愈小，在 $\pm 3\sigma$ 外的残差的概率仅为 0.27%，即在连续 370 次测量中只有一次

测量的残差超过 $\pm 3\sigma$（$370 \times 0.0027 \approx 1$ 次），而实际生产中连续测量次数绝不会超过 370 次。因此在有限次的测量时，凡绝对值大于 3σ 的残差，就作为粗大误差予以剔除。其判断式为

$$|v_i| > 3\sigma \tag{2-16}$$

剔除具有粗大误差的测量值后，应根据剩下的测量值重新计算 σ，然后再根据 3σ 准则去判断剩下的测量值中是否还存在粗大误差。每次只能剔除一个，直到剔除完为止。当测量次数小于或等于 10 次时，不能使用拉依达准则。

（4）数据处理举例

例 2-1　用立式光学计对某轴同一部位进行 12 次测量，测得数值见表 2-5，假设已消除了定值系统误差，试求测量结果。

表 2-5　测量数值计算结果

序号	测得值 x_i/mm	残差 v_i/μm	残差的平方 v_i^2/μm²	序号	测得值 x_i/mm	残差 v_i/μm	残差的平方 v_i^2/μm²
1	26.785	-2	4	8	26.787	0	0
2	26.788	$+1$	1	9	26.788	$+1$	1
3	26.786	-1	1	10	26.785	-2	4
4	26.787	0	0	11	26.786	-1	1
5	26.788	$+1$	2	12	26.789	$+2$	4
6	26.789	$+2$	4	$\bar{x} = 26.787$	$\sum\limits_{i=1}^{12} v_i = 0$	$\sum\limits_{i=1}^{12} v_i^2 = 23$	
7	26.786	-1	1				

解：（1）计算算术平均值

$$\bar{x} = \frac{1}{n}\sum_{i=1}^{n} x_i = \frac{1}{12}\sum_{i=1}^{12} x_i = 26.787\text{mm}$$

（2）计算残差

$v_i = x_i - \bar{x}$，同时计算出 v_i^2 和 $\sum\limits_{i=1}^{n} v_i^2$，见表 2-5。

（3）判断变值系统误差

根据残差观察法判断，测量列中的残差大体上正负相间，无明显的变化规律，所以认为无变值系统误差。

（4）计算标准偏差

$$\sigma \approx \sqrt{\frac{\sum\limits_{i=1}^{12} v_i^2}{n-1}} = \sqrt{\frac{23}{11}} = 1.4\mu m$$

（5）判断粗大误差

由标准偏差求得粗大误差的界限 $|v_i| > 3\sigma = 4.2\mu m$，根据计算结果此式不成立，故不存在粗大误差。

（6）计算算术平均值的标准偏差

$$\sigma_{\bar{x}} = \frac{\sigma}{\sqrt{n}} = \frac{1.4}{\sqrt{12}} = 0.4\mu m$$

算术平均值的极限偏差

$$\delta_{\lim(\bar{x})} = \pm 3\sigma_{\bar{x}} = \pm 0.0012\text{mm}$$

（7）写出测量结果

$$x_0 = (\bar{x}) \pm \delta_{\lim(\bar{x})} = (26.787 \pm 0.0012)\text{mm}$$

这时的置信概率为 99.73%。

2.4　计量器具

2.4.1　计量器具的种类

计量器具包括量具和量仪两大类。可按用途、结构和工作原理进行分类。

（1）按用途分类

① 标准计量器具　是指测量时体现标准量的测量器具。通常用来校对和调整其他计量器具，或作为标准量与被测量进行比较。如线纹尺、量块、多面棱体等。

② 通用计量器具　是指通用性大，可用来测量某一范围内各种尺寸（或其他几何量），并能获得具体数值的计量器具。如千分尺、千分表、比较仪等。

③ 专用计量器具　是指用于专门测量某种或某个特定几何量的计量器具。如各种极限量规、圆度仪、基节仪等。

（2）按工作原理分类

① 机械式计量器具　是指通过机械结构实现对被测量的感应、传递和放大的计量器具。例如机械式比较仪、指示表和扭簧比较仪等。

② 光学式计量器具　是指用光学方法实现对被测量的转换和放大的计量器具。例如光学比较仪、投影仪、自准直仪和工具显微镜、光学分度头和干涉仪等。

③ 气动式计量器具　是指靠压缩空气通过气动系统的状态（流量或压力）变化来实现对被测量的转换的计量器具。例如水柱式和浮动式气动量仪等。

④ 电动式计量器具　是指将被测量通过传感器转变为电能，再经变换而获得读数的计量器具。例如电动轮廓仪和电感测微仪、圆度仪。

⑤ 光电式计量器具　是指利用光学方法放大或瞄准，通过光电组件再转换为电量进行检测，以实现几何量的测量的计量器具。例如光电显微镜、光电测长仪等。

（3）按结构特点分类

① 量具　指以固定形式复现量值的计量器具，分单值量具和多值量具两种。单值量具是指复现几何量的单个量值的量具，比如量块。多值量具是指复现一定范围内的一系列不同量值的量具，比如线纹尺。

② 量仪　指能够将被测几何量的量值转换成可直接观测的指示值或等效信息的计量器具。量仪分机械式量仪、光学式量仪、电动式量仪和气动式量仪等。

③ 量规　指没有刻度的专用计量器具，用来检验零件要素实际尺寸的形位误差的综合结果。检验结果只能判断被测几何量是否合格，而不能获得被测几何量的具体数值，例如用光滑极限量规检验工件。

④ 计量装置　指为确定被测几何量量值所必需的计量器具和辅助设备的总体。能够测量较多的几何量和较复杂的零件，有助于实现检测自动化或半自动化。如滚动轴承的零件可以用计量装置来测量。

2.4.2　生产中常用的长度量具与量仪

（1）游标卡尺

游标卡尺是一种应用游标原理制成的量具，由于其结构简单、使用方便、测量范围较大，在生产中应用比较广泛，普通游标卡尺如图 2-12 所示。

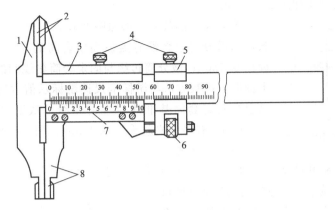

图 2-12　游标卡尺

1—尺身；2—外测量爪；3—尺框；4—锁紧螺钉；5—微动装置；

6—微动螺母；7—游标读数值；8—内、外测量爪

普通游标卡尺的读数装置由主尺和游标两部分组成，主尺读取被测数值的整数部分，精确到 1mm，游标读取小于 1mm 的小数部分。以图 2-13 为例，图中被测数值由两部分组成，一部分为整数部分，一部分为小数部分。假设要读取的数值为 x，小数部分为 y，那么我们能够发现整数部分由尺身读出（15mm），小数部分由游标读出，从游标的零线往右，找到与尺身相重合的线（游标上的 4）。游标共分成十等份，总和为尺身上一个刻度值，即 1mm，所以游标上每一个刻度值为 $1/10 = 0.1mm$，那么游标上的尺寸为 $y = 4 \times 0.1 = 0.4mm$，$x = 15 + y = 15 + 0.4 = 15.4mm$。

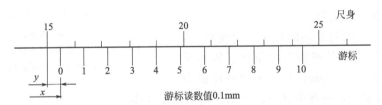

图 2-13　游标卡尺读数示例

(2) 千分尺

千分尺分外径千分尺、内径千分尺和深度千分尺 3 种。

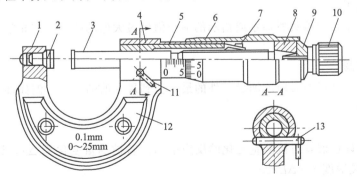

图 2-14　外径千分尺

1—尺架；2—测砧；3—测微螺杆；4—螺纹轴套；5—固定套筒；6—微分筒；7—调节螺母；

8—接头；9—垫片；10—测力装置；11—锁紧机构；12—绝热板；13—锁紧轴

外径千分尺的结构如图 2-14 所示。

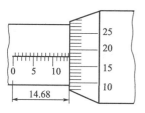

图 2-15　外径千分尺读数示例

千分尺的读数方法参照图 2-15，首先从固定套筒上读出整数，当微分筒边缘没有盖住固定套筒的 0.5mm 刻度时，应先读出 0.5mm；微分筒边缘与固定套筒刻线间的小数值在微分筒上读取，读数方法与游标卡尺读游标示值方法相似，找到微分筒上与固定套筒基准线对准的刻线，从下往上读，每一格为 0.01mm，有多少格就乘以 0.01mm，图上读数为 14.68mm。

（3）百分表

百分表属于机械测量仪，常用于生产中检测长度尺寸、形位公差、调整设备或装夹找正工件，以及用来作为各种检测夹具及专用量仪的读数装置。百分表的外观如图 2-16 所示。百分表的工作原理是通过齿条及齿轮的传动将量杆的直线位移变成指针的角位移。百分表的刻度盘上刻有 100 个等分刻度，当量杆移动 1mm 时，大指针转一圈，小指针转一格，因此，表盘上一格的分度值表示为 0.01mm。

2.4.3　计量器具的度量指标

度量指标是用来选择和使用计量器具的重要依据，是反映测量仪器性能和功用的指标。基本度量指标包括：

（1）分度值（刻度值）

分度值是指在测量器具的标尺或分度盘上，相邻两刻线间所代表的被测量的量值。例如千分表的分度值为 0.001mm，百分表的分度值为

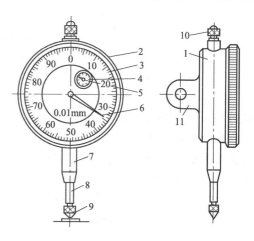

图 2-16　百分表

1—表体；2—表圈；3—表盘；4—转数指示盘；
5—转数指针；6—指针；7—套筒；8—测量杆；
9—测量头；10—挡帽；11—耳环

0.01mm。一般来说，分度值越小，计量器具的精度越高。

（2）刻度间距

刻度间距是指计量器具的刻度尺或分度盘上相邻两刻线中心之间的距离。一般刻度间距为 1～2.5mm。

（3）示值范围

示值范围是指计量器具所显示或指示的最小值到最大值的范围。如光学比较仪的示值范围为 ±0.1mm。

（4）测量范围

测量范围是指计量器具所能测量零件的最小值到最大值的范围。例如某一千分尺的测量范围为 75～100mm。

（5）灵敏度

灵敏度是指计量器具对被测量变化的反应能力。若被测量变化为 Δx，计量器具上相应变化为 ΔL，则灵敏度 $S = \Delta L / \Delta x$。

通常，计量器具的分度值越小，该计量器具的灵敏度越高。

（6）测量力

测量力是指计量器具的测头与被测表面之间的接触压力。在接触测量中，要求有一定的

恒定测量力。测量力太大会使零件或测头产生变形，测量力不恒定会使示值不稳定。

（7）示值误差

指计量器具上的示值与被测量真值的代数差。

（8）示值变动

指在测量条件不变的情况下，用计量器具对同一被测量进行多次测量（一般 5～10 次）所得示值中的最大差值。

（9）回程误差（滞后误差）

指在相同测量条件下，对同一被测量进行往返两个方向测量时，计量器具示值的最大变动量。

（10）不确定度

不确定度是指由于测量误差的存在而对被测量值不能肯定的程度。不确定度用极限误差表示，它是一个综合指标，包括示值误差、回程误差等。例如分度值为 0.01mm 的千分尺，在车间条件下测量一个尺寸小于 50mm 的零件时，其不确定度为 ±0.004mm。

本 章 小 结

本章主要讲述了测量技术的概念，长度基准和量值传递，量块的基本知识，其中包括量块的材料、形状和尺寸、量块的精度、量块的使用等；常用的 6 种测量方法的使用及区别；测量误差的概念，以及测量误差的来源、测量误差的种类；测量结果的数据处理；计量器具的种类，了解计量器具的工作原理、结构特点、生产中常用的长度量具与量仪；了解计量器具的度量指标。

思考与练习题

2-1　一个完整的测量过程包括哪四个因素？

2-2　测量的实质是什么？

2-3　为什么要建立一套从长度的最高基准到被测工件的严密完整的长度尺寸传递系统？

2-4　量块共有多少个等？多少个级？哪一个精度更高一些？

2-5　请从 83 块一套的量块组中组合下列尺寸（单位 mm）：

29.875；40.79；10.56。

2-6　简述测量方法的种类。

2-7　什么是测量误差？测量误差的来源有哪些？按照性质不同，测量误差可分为哪三类？

2-8　请说明下面术语的区别：

（1）分度值（刻度值）与刻度间距；

（2）示值范围与测量范围；

（3）在线测量与离线测量。

第3章 极限与配合

本章基本要求

（1）本章主要内容

本章从互换性的角度出发，围绕误差和公差这两个概念来研究如何解决制造与使用间的矛盾。本章主要包括极限与配合的基本术语、极限与配合的国家标准、极限与配合的选用这三方面的内容。

（2）本章基本要求

① 理解极限与配合的基本术语（基本尺寸、极限尺寸、实际尺寸、偏差、公差及配合）；理解极限与配合的国家标准（基准制，标准公差系列、基本偏差系列）。

② 了解极限与配合的选择（基准制、公差等级、配合种类的选择）。

（3）本章重点难点

① 重点

a. 基本尺寸、极限尺寸、实际尺寸、偏差、公差及配合等术语；

b. 基准制，标准公差系列，基本偏差系列，极限与配合的标注；

c. 基准制的选择，配合种类的选择。

② 难点

a. 孔和轴的基本偏差系列图；

b. 根据公式及孔和轴的基本偏差系列图计算孔和轴的极限偏差。

为保证零、部件的几何参数具有互换性，零件的尺寸、几何形状、相互位置以及表面粗糙度等都要求具有一致性，要求尺寸必须在某一合理的范围之内。这个范围既要保证相互结合的尺寸之间形成一定的关系，以满足不同的使用要求，又要在制造上是经济合理的，因此就形成了"极限与配合"的概念。"极限"用于协调机器零件使用要求与制造经济性之间的矛盾，而"配合"则反映零件组合时相互之间的关系。

极限与配合的标准化有利于机器的设计、制造、使用和维修，有利于保证产品精度、使用性能和寿命等各项使用要求。

3.1 基本术语及定义

3.1.1 尺寸的术语及定义

（1）孔和轴的定义

① 孔　通常指工件的圆柱形内表面，也包括非圆柱形内表面（由两平行平面或切面形成的包容面），如图 3-1(a) 所示。

② 轴　通常指工件的圆柱形外表面，也包括非圆柱形外表面（由两平行平面或切面形成的被包容面），如图 3-1(b) 所示。

③ 孔和轴的区别　从装配关系上讲，孔是包容面，轴是被包容面。

从加工过程看，随着余量的切除，孔的尺寸由小变大，轴的尺寸由大变小。

(2) 有关尺寸的术语及定义

① 尺寸 尺寸是用特定单位表示线性尺寸值的数值，一般是指两点之间的距离。它由数字和长度单位组成，如 50mm。在机械制造中，一般常以毫米（mm）作为特定单位，在图样上标注尺寸时，可将单位省略，仅标注数值。当以其他单位表示尺寸时，应注明单位。

② 基本尺寸（D、d） 基本尺寸是由设计时给定的，孔用 D 表示，轴用 d 表示。它是设计者根据使用要求，通过刚度、强度计算及结构等方面的考虑确定的，基本尺寸

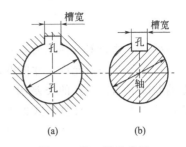

图 3-1 孔、轴示意图

一般采用标准值，其标准化可以减少定值刀具、量具的规格和数量。图样上标注的尺寸通常均为基本尺寸，通过它并应用上、下偏差可计算出极限尺寸。

③ 实际尺寸（D_a、d_a） 实际尺寸是通过测量获得的某一孔、轴的尺寸。但由于存在加工误差，即使在同一零件上，测量的部位或方向不同，其实际尺寸也往往不相等。测量时又存在测量误差，因此测得的实际尺寸并非尺寸的真值，而是接近真值的一个局部实际尺寸，所以同一个表面不同部位的实际尺寸也不相等。

④ 极限尺寸（D_{max}、D_{min}、d_{max}、d_{min}） 极限尺寸是一个孔或轴允许的尺寸的两个极端。孔或轴允许达到的最大尺寸称为最大极限尺寸（D_{max}、d_{max}），孔或轴允许达到的最小尺寸称为最小极限尺寸（D_{min}、d_{min}）极限尺寸是以基本尺寸为基数来确定，用于控制实际尺寸的变动范围。

零件的实际尺寸在两个极限尺寸之间，则此零件合格。

完工工件尺寸的合格条件是：任一局部实际尺寸均不超出最大和最小极限尺寸。即：

对于孔： $D_{max} \geqslant D_a \geqslant D_{min}$

对于轴： $d_{max} \geqslant d_a \geqslant d_{min}$

3.1.2 偏差和公差的术语及定义

(1) 尺寸偏差

尺寸偏差是指某一尺寸（极限尺寸、实际尺寸等）减其基本尺寸所得的代数差（简称偏差）。其值可为正或负，也可为零。偏差值除零外，前面必须标有正号或负号。

偏差可分为极限偏差和实际偏差。

① 极限偏差 极限偏差是指极限尺寸减其基本尺寸所得的代数差。最大极限尺寸减其基本尺寸所得的代数差称为上偏差。孔的上偏差用 ES 表示，轴的上偏差用 es 表示；最小极限尺寸减其基本尺寸所得的代数差称为下偏差。孔的下偏差用 EI 表示，轴的下偏差用 ei 表示，

$$
\begin{aligned}
孔 \quad 上偏差 \quad & ES = D_{max} - D \\
下偏差 \quad & EI = D_{min} - D
\end{aligned} \tag{3-1}
$$

$$
\begin{aligned}
轴 \quad 上偏差 \quad & es = d_{max} - d \\
下偏差 \quad & ei = d_{min} - d
\end{aligned} \tag{3-2}
$$

② 实际偏差 实际偏差是指实际尺寸减去其基本尺寸所得的代数差。孔和轴的实际偏差分别用 E_a 和 e_a 表示，则：

$$
\begin{aligned}
E_a &= D_a - D \\
e_a &= d_a - d
\end{aligned} \tag{3-3}
$$

零件的实际偏差在两个极限偏差之间，则此零件合格。条件如下：

$$EI \leqslant E_a \leqslant ES$$
$$ei \leqslant e_a \leqslant es \tag{3-4}$$

（2）尺寸公差（简称公差）

尺寸公差是指允许尺寸的变动量，简称公差。它等于最大极限尺寸减最小极限尺寸，或上偏差减下偏差。孔的公差用 T_h 表示，轴的公差用 T_s 表示。公差是一个没有符号的绝对值，不能为零，其计算公式如下：

$$T_h = |D_{max} - D_{min}| = |ES - EI|$$
$$T_s = |d_{max} - d_{min}| = |es - ei| \tag{3-5}$$

公差和偏差是两个不同的概念，应注意区分。公差不能为负和零，而偏差却可以为正、负或零；公差的大小反映零件精度的高低和加工的难易程度，而偏差表示偏离基本尺寸的多少；尺寸公差可以限制尺寸误差，而两个极限偏差是判断孔和轴尺寸是否合格的依据。

基本尺寸、极限尺寸、极限偏差和尺寸公差之间的关系如图 3-2 所示。

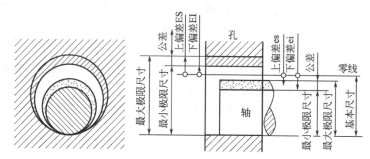

图 3-2　公差与配合示意图

（3）尺寸公差带（简称公差带）

表示零件的尺寸相对其基本尺寸所允许变动的范围，采用孔、轴的极限与配合图解（简称公差带图）表示。

由于公差的数值比基本尺寸的数值小得多，不便于用同一比例在图上表示。为了方便，以零线表示基本尺寸，相对于零线画出上、下偏差，表示孔或轴的公差带，如图 3-3 所示。

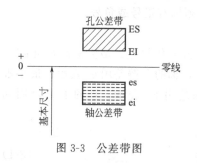

图 3-3　公差带图

① 零线　在公差带图中，确定偏差的一条基准直线称为零线。通常以零线表示基本尺寸，是偏差的起始线。零线上方表示正偏差，零线下方表示负偏差。

② 尺寸公差带（公差带）　在公差带图中，由上、下偏差线段所限定的区域称为尺寸公差带（简称公差带）。公差带在垂直零线方向的宽度代表公差值，上面线代表上偏差，下面线代表下偏差。公差带沿零线方向长度可适当选取。在公差带图中，尺寸的单位为毫米（mm），偏差及公差的单位也可用微米（µm）表示。

公差带由"公差带大小"和"公差带位置"两个要素确定，公差带大小由标准公差值确定，公差带的位置由基本偏差确定。

（4）标准公差

国家标准规定的公差数值表中所列的，用以确定公差带大小的任一公差称为标准公差。

（5）基本偏差

基本偏差是指确定公差带相对零线位置的那个极限偏差，它可以是上偏差或下偏差，一般为靠近零线的那个偏差。当公差带位于零线上方时，其基本偏差为下偏差；当公差带位于零线下方时，其基本偏差为上偏差。

例 3-1　已知基本尺寸为 $\phi30\text{mm}$ 的孔和轴，孔的最大极限尺寸为 $\phi30.041\text{mm}$，孔的最小极限尺寸为 $\phi30.020\text{mm}$；轴的最大极限尺寸为 $\phi29.993\text{mm}$，轴的最小极限尺寸为 $\phi29.980\text{mm}$。求孔、轴的极限偏差及公差，并画出尺寸公差带图。

解：孔的极限偏差

$$ES = D_{max} - D = 30.041 - 30 = +0.041 \text{（mm）}$$

$$EI = D_{min} - D = 30.020 - 30 = +0.020 \text{（mm）}$$

孔的公差

$$T_h = ES - EI = (+0.041) - (+0.020) = 0.021 \text{（mm）}$$

轴的极限偏差

$$es = d_{max} - d = 29.993 - 30 = -0.007 \text{（mm）}$$

$$ei = d_{min} - d = 29.980 - 30 = -0.020 \text{（mm）}$$

轴的公差

$$T_s = es - ei = (-0.007) - (-0.020) = 0.013 \text{（mm）}$$

公差带如图 3-4 所示。

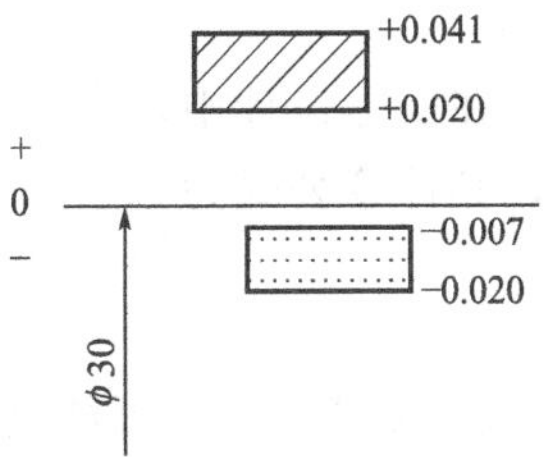

3.1.3　配合的术语及定义

（1）配合

配合是指基本尺寸相同、相互结合的孔和轴公差带之间的位置关系。

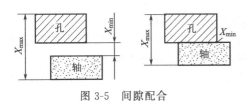

图 3-4　公差带图

（2）间隙（X）或过盈（Y）

间隙或过盈指的是孔的尺寸减去与之相配合的轴的尺寸所得的代数差。当差值为正时称为间隙，用符号"X"表示；差值为负时称为过盈，用符号"Y"表示。

注：间隙或过盈前必须标注正号或负号。

（3）配合种类

根据相互结合的孔、轴公差带之间的相对位置关系不同，可把配合分为以下三类，即间隙配合、过盈配合和过渡配合。

① 间隙配合　具有间隙（包括最小间隙为零）的配合称为间隙配合。此时，孔的公差带完全在轴的公差带上方，$D_{min} \geqslant d_{max}$ 或 $EI \geqslant es$，如图 3-5 所示。

由于孔和轴的实际尺寸允许在各自的公差带内变动，因此孔和轴的配合也是变动的。当孔为最大极限尺寸而轴为最小极限尺寸，此时装配具有最大间隙，配合最松；当孔为最小极限尺寸而轴为最大极限尺寸，此时装配具有最小间隙，配合最紧。

图 3-5　间隙配合

因此，间隙配合的配合性质可用最大间隙 X_{max} 和最小间隙 X_{min} 表示，计算公式如下：

$$X_{max} = D_{max} - d_{min} = ES - ei \tag{3-6}$$

$$X_{min} = D_{min} - d_{max} = EI - es \tag{3-7}$$

在实际设计中，有时也用到平均间隙 X_{av}，平均间隙是最大间隙与最小间隙的平均值，其计算公式为：

$$X_{av} = \frac{X_{max} + X_{min}}{2} \tag{3-8}$$

② 过盈配合 具有过盈（包括最小过盈等于零）的配合称为过盈配合。此时，孔的公差带完全在轴的公差带下方，$D_{max} \leqslant d_{min}$ 或 $ES \leqslant ei$，如图 3-6 所示。

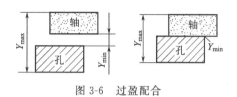

图 3-6 过盈配合

过盈配合中的过盈也是变动的。当孔为最大极限尺寸而轴为最小极限尺寸，此时装配后具有最小过盈，配合最松；当孔为最小极限尺寸而轴为最大极限尺寸，此时装配具有最大过盈，配合最紧。

过盈配合的性质可用最大过盈 Y_{max}、最小过盈 Y_{min} 和平均过盈 Y_{av} 表示。计算公式如下：

$$Y_{max} = D_{min} - d_{max} = EI - es \tag{3-9}$$

$$Y_{min} = D_{max} - d_{min} = ES - ei \tag{3-10}$$

在实际设计中，有时也同样用到平均过盈 Y_{av}，平均过盈是最大过盈和最小过盈的平均值，其计算公式为：

$$Y_{av} = \frac{Y_{max} + Y_{min}}{2} \tag{3-11}$$

③ 过渡配合 可能具有间隙，也可能具有过盈的配合称为过渡配合。此时，孔的公差带与轴的公差带相互交叠，$D_{max} > d_{min}$ 且 $D_{min} < d_{max}$ 或 $ES > ei$ 且 $EI < es$，如图 3-7 所示。

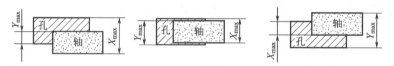

图 3-7 过渡配合

过渡配合的配合性质可用最大间隙 X_{max} 和最大过盈 Y_{max} 表示，X_{max}、Y_{max} 表示允许间隙和过盈变动的两个界限值，计算公式如下：

$$X_{max} = D_{max} - d_{min} = ES - ei \tag{3-12}$$

$$Y_{max} = D_{min} - d_{max} = EI - es \tag{3-13}$$

过渡配合中的平均间隙或平均过盈为：

$$X_{av}（或 Y_{av}）= \frac{X_{max} + Y_{max}}{2} \tag{3-14}$$

计算结果为正时为平均间隙 X_{av}，计算结果为负时为平均过盈 Y_{av}。

④ 配合公差 配合公差是允许间隙或过盈的变动量。配合公差是反映配合松紧程度一致性要求的特征值，用 T_f 表示，是一个没有符号的绝对值，计算公式如下：

间隙配合 $\qquad\qquad\qquad\qquad T_f = |X_{max} - X_{min}| \tag{3-15}$

过盈配合 $\qquad\qquad\qquad\qquad T_f = |Y_{min} - Y_{max}| \tag{3-16}$

过渡配合 $\qquad\qquad\qquad\qquad T_f = |X_{max} - Y_{max}| \tag{3-17}$

在上式中，将极限间隙、极限过盈分别用孔、轴的极限尺寸或极限偏差代入，可将三种配合的配合公差改为

$$T_f = T_h + T_s \tag{3-18}$$

式(3-18)说明配合件的配合精度与零件的加工精度有关，若要提高配合精度，使配合后间隙或过盈的变动量小，则应减小零件的公差，即需要提高零件的加工精度。

例 3-2 求下列三种孔、轴配合的最大间隙、最小间隙、平均间隙或过盈及配合公差，并画出配合公差带图。

(1) 孔 $\phi 40^{+0.025}_{0}$ mm 与轴 $\phi 40^{-0.009}_{-0.020}$ mm 相配合；

(2) 孔 $\phi 40^{+0.016}_{0}$ mm 与轴 $\phi 40^{+0.045}_{+0.034}$ mm 相配合；

(3) 孔 $\phi 40^{+0.039}_{0}$ mm 与轴 $\phi 40^{+0.051}_{+0.026}$ mm 相配合。

解： (1) 极限间隙 $X_{max} = D_{max} - d_{min} = ES - ei = (+0.025) - (-0.020) = +0.045$ (mm)

$$X_{min} = D_{min} - d_{max} = EI - es = 0 - (-0.009) = +0.009 \text{ (mm)}$$

平均间隙 $X_{av} = \dfrac{X_{max} + X_{min}}{2} = \dfrac{(+0.045) + (+0.009)}{2} = +0.027$ (mm)

配合公差 $T_f = |X_{max} - X_{min}| = (+0.045) - (+0.009) = 0.036$ (mm)

(2) 极限过盈 $Y_{max} = D_{min} - d_{max} = EI - es = 0 - (+0.045) = -0.045$ (mm)

$$Y_{min} = D_{max} - d_{min} = ES - ei = (+0.016) - (+0.034) = -0.018 \text{ (mm)}$$

平均过盈 $Y_{av} = \dfrac{Y_{max} + Y_{min}}{2} = \dfrac{(-0.045) + (-0.018)}{2} = -0.0315$ (mm)

配合公差 $T_f = |Y_{min} - Y_{max}| = (-0.018) - (-0.045) = 0.027$ (mm)

(3) 最大间隙 $X_{max} = D_{max} - d_{min} = ES - ei = (+0.039) - (+0.026) = +0.013$ (mm)

最大过盈 $Y_{max} = D_{min} - d_{max} = EI - es = 0 - (+0.051) = -0.051$ (mm)

平均间隙或平均过盈 $\dfrac{X_{max} + Y_{max}}{2} = \dfrac{(+0.013) + (-0.051)}{2} = -0.019$ (mm)

可知为平均过盈，即 $Y_{av} = -0.019$ mm

配合公差 $T_f = |X_{max} - Y_{max}| = (+0.013) - (-0.051) = 0.064$ (mm)

上述三种配合的配合公差带如图 3-8 所示。

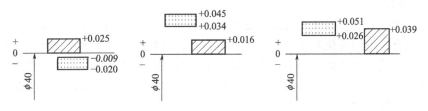

图 3-8 公差带图

例 3-3 若已知某配合的基本尺寸为 $\phi 60$ mm，配合公差 $T_f = 49 \mu m$，最大间隙 $X_{max} = +19 \mu m$，孔的公差 $T_h = 30 \mu m$，轴的下偏差 $ei = +11 \mu m$。试画出该配合的尺寸公差带图和配合公差带图。

解： (1) 求孔和轴的极限偏差

由 $T_f = T_h + T_s$ 得

$$T_s = T_f - T_h = 49 - 30 = 19 \text{ (}\mu m\text{)}$$

由 $T_s = es - ei$ 得

$$es = T_s + ei = 19 + 11 = +30 \text{ (}\mu m\text{)}$$

由 $X_{max} = ES - ei$ 得

$$ES = X_{max} + ei = +19 + 11 = +30 \text{ (}\mu m\text{)}$$

$$EI = ES - T_h = +30 - 30 = 0$$

（2）求最大过盈

由 ES>ei 且 EI<es 可知，此配合为过渡配合。则由 $T_f=|X_{max}-Y_{max}|$ 得

$$Y_{max}=X_{max}-T_f=+19-49=-30\ (\mu m)$$

（3）画出尺寸公差带图和配合公差带图，如图 3-9 所示。

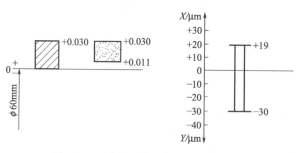

图 3-9　尺寸公差带图和配合公差带图

3.2　极限与配合的国家标准

为了实现互换性生产和满足各种使用要求，极限与配合必须标准化。极限与配合国家标准由 GB/T 1800.1—1997、GB/T 1800.2—1998、GB/T 1880.3—1998 等 12 个部分标准组成。这 12 个部分标准包括基础、选择、配合与计算、测量与检验、应用 5 个方面，是等效采用最新国际标准 ISO 286—1998、ISO 10360-2：1994 和 ISO 1829—1975，按标准公差系列（公差带大小）和基本偏差系列（公差带位置）分别标准化的原则制定的，它适用于圆柱和非圆柱工件的尺寸公差及其配合的精度设计等。

3.2.1　基准制

从前述三类配合的公差带图可知，变换孔、轴公差带的相对位置，可以组成不同性质、不同松紧的配合。但为简化起见，也为了减少刀具、量具的生产和加工，可以不必将孔、轴的公差带同时变动，只要固定一个，变更另一个，就可以满足不同使用性能要求的配合，且能获得良好的经济效益。为此，极限与配合标准对孔与轴公差带之间的相互位置关系，规定了两种基准制，即基孔制和基轴制。

（1）基孔制

基孔制配合是指基本偏差为一定的孔的公差带，与不同基本偏差的轴的公差带形成各种配合的一种制度，如图 3-10(a) 所示。

在基孔制配合中，孔称为基准孔，基本偏差代号为 H，其公差带在零线上方，基本偏差为下偏差，且下偏差 EI=0。

（2）基轴制

基轴制配合是指基本偏差为一定的轴的公差带，与不同基本偏差的孔的公差带形成各种配合的一种制度，如图 3-10(b) 所示。

在基轴制配合中，轴称为基准轴，基本偏差代号为 h，其公差带在零线下方，基本偏差为上偏差，且上偏差 es=0。

图 3-10 中，水平实线表示孔和轴的基本偏差，虚线表示另一极限，表示孔和轴之间可能的不同配合与它们的公差等级有关。

基准制配合是规定配合系列的基础，按照孔、轴公差带相对位置的不同，在基孔制和基

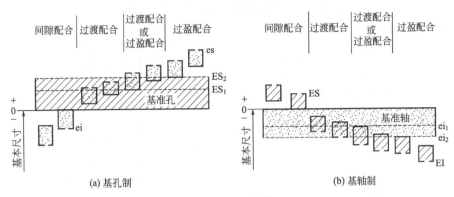

图 3-10 配合制

轴制中都有间隙配合、过渡配合和过盈配合三种配合。

3.2.2 标准公差系列

标准公差系列是指《极限与配合》国家标准中所规定的一系列标准公差数值，用以确定公差带的大小，其构成如下：

(1) 标准公差因子

标准公差因子是用以确定标准公差的基本单位，是制定标准公差数值表的基础。国家标准总结出了标准公差、公差等级系列系数、标准公差因子和基本尺寸的计算公式，对于基本尺寸≤500mm，IT5～IT18 的公差单位的计算公式如下：

$$IT = ai(I) \tag{3-19}$$

$$D \leqslant 500mm \qquad i = 0.45\sqrt[3]{D} + 0.01D \tag{3-20}$$

$$500mm \leqslant D \leqslant 3150mm \qquad I = 0.004D + 2.1 \tag{3-21}$$

式中，a 为公差等级系数；$i(I)$ 为标准公差因子，μm；D 为基本尺寸段的几何平均值，mm。

按 a 的数值可评定零件精度，即公差等级的大小。对同一公差等级，a 值为一定值。因此，可对不同基本尺寸的零件合理地规定不同的公差。

对于 IT01～IT4 的标准公差数值，因主要考虑测量误差的影响，故采用其他公式计算，此处不再叙述。

(2) 公差等级及其代号

确定尺寸精确程度的等级称为公差等级。标准公差用 IT 和阿拉伯数字表示，如 IT8。

由于不同零件和零件上不同部位的尺寸对精确程度要求往往不同，为了满足生产的需要，国家标准中设置了 20 个公差等级，其代号依次为 IT01，IT0，IT1，…，IT18，其中 IT01 精度最高，其余依次降低。IT01 和 IT0 在工业中很少用到，从 IT01～IT18 公差数值依次增大，而公差等级依次降低，尺寸精度也依次降低。

在基本尺寸≤500mm 的常用尺寸范围内，各级标准公差计算公式见表 3-1。

(3) 基本尺寸分段

根据标准公差的计算公式可知，对应每一个基本尺寸和公差等级就可计算出一个相应的公差值，这会使公差表格非常庞大，给生产、设计带来麻烦，同时也不利于公差值的标准化。为了简化公差与配合的表格，便于实际应用，国家标准对基本尺寸进行了分段。对同一尺寸段内的所有基本尺寸，在相同公差等级情况下，规定相同的标准公差。

表 3-1　$D \leqslant 500$mm 各级标准公差的计算公式

公差等级	公 式	公差等级	公 式	公差等级	公 式
IT01	$0.3+0.008D$	IT5	$7i$	IT12	$160i$
IT0	$0.5+0.012D$	IT6	$10i$	IT13	$250i$
IT1	$0.8+0.020D$	IT7	$16i$	IT14	$400i$
IT2	$(\text{IT1})\left(\dfrac{\text{IT5}}{\text{IT1}}\right)^{1/4}$	IT8	$25i$	IT15	$640i$
		IT9	$40i$	IT16	$1000i$
IT3	$(\text{IT1})\left(\dfrac{\text{IT5}}{\text{IT1}}\right)^{1/2}$	IT10	$64i$	IT17	$1600i$
IT4	$(\text{IT1})\left(\dfrac{\text{IT5}}{\text{IT1}}\right)^{3/4}$	IT11	$100i$	IT18	$2500i$

尺寸分段后，对同一尺寸段内的所有基本尺寸都采用同一尺寸计算其公差值，计算时按首尾两个尺寸（D_1 和 D_2）的几何平均值作为 D 值（$D=\sqrt{D_1 D_2}$）代入式（3-19）和式（3-20）中来计算公差值。例如，大于 50～80mm 尺寸段，其几何平均值为 $D=\sqrt{D_1 D_2}=\sqrt{50\times 80}$ mm$=63.24$mm。

常用（$\leqslant 500$mm）的尺寸分为 13 个尺寸段，见表 3-2，这样的尺寸段叫主段落。标准将主段落又分成 2 个中间段落，用在基本偏差表中。在实际应用中，标准公差数值可直接查表 3-2，而不必另行计算。在生产实践中，规定零件的尺寸公差时，应尽量按表 3-2 选用标准公差。

表 3-2　标准公差数值（摘自 GB/T 1800.3—1998）

基本尺寸/mm 大于	至	公 差 等 级																		
		IT01	IT0	IT1	IT2	IT3	IT4	IT5	IT6	IT7	IT8	IT9	IT10	IT11	IT12	IT13	IT14	IT15	IT16	IT17	IT18
		μm													mm						
—	3	0.3	0.5	0.8	1.2	2	3	4	6	10	14	25	40	60	0.10	0.14	0.25	0.40	0.60	1.0	1.4
3	6	0.4	0.6	1	1.5	2.5	4	5	8	12	18	30	48	75	0.12	0.18	0.30	0.48	0.75	1.2	1.8
6	10	0.4	0.6	1	1.5	2.5	4	6	9	15	22	36	58	90	0.15	0.22	0.36	0.58	0.90	1.5	2.2
10	18	0.5	0.8	1.2	2	3	5	8	11	18	27	43	70	110	0.18	0.27	0.43	0.70	1.10	1.8	2.7
18	30	0.6	1	1.5	2.5	4	6	9	13	21	33	52	84	130	0.21	0.33	0.52	0.84	1.30	2.1	3.3
30	50	0.6	1	1.5	2.5	4	7	11	16	25	39	62	100	160	0.25	0.39	0.62	1.00	1.60	2.5	3.9
50	80	0.8	1.2	2	3	5	8	13	19	30	46	74	120	190	0.30	0.46	0.74	1.20	1.90	3.0	4.6
80	120	1	1.5	2.5	4	6	10	15	22	35	54	87	140	220	0.35	0.54	0.87	1.40	2.20	3.5	5.4
120	180	1.2	2	3.5	5	8	12	18	25	40	63	100	160	250	0.40	0.63	1.00	1.60	2.50	4.0	6.3
180	250	2	3	4.5	7	10	14	20	29	46	72	115	185	290	0.46	0.72	1.15	1.85	2.90	4.6	7.2
250	315	2.5	4	6	8	12	16	23	32	52	81	130	210	320	0.52	0.81	1.30	2.10	3.20	5.2	8.1
315	400	3	5	7	9	13	18	25	36	57	89	140	230	360	0.57	0.89	1.40	2.30	3.60	5.7	8.9
400	500	4	6	8	10	15	20	27	40	63	97	155	250	400	0.63	0.97	1.55	2.50	4.00	6.3	9.7

3.2.3　基本偏差系列

基本偏差是指在极限与配合制中，用以确定公差带相对零线位置的那个极限偏差。它可以是上偏差或下偏差，一般为靠近零线的那个偏差，如图 3-11 所示。基本偏差是决定公差带位置的参数。设置基本偏差是为了将公差带相对于零线的标准化，以满足各种不同配合性质的需要。

（1）基本偏差代号及其特点

国家标准对孔和轴各规定了 28 种基本偏差，其代号用一个或两个拉丁字母表示，其中

孔用大写字母表示，轴用小写字母表示。在 26 个
字母中，除去易混淆的字母 I、L、O、Q、W（i、
l、o、q、w），加上 7 个双写字母 CD、EF、FG、
JS、ZA、ZB、ZC（cd、ef、fg、js、za、zb、zc）
作为 28 种基本偏差代号。这 28 种基本偏差代号反
映了 28 种公差带的位置，从而构成基本偏差系列，
如图 3-12 所示。

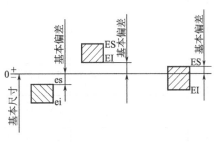

图 3-11　基本偏差

　　从图中可以看出，基本偏差系列中各公差带只画
出一端，另一端未画出，它取决于公差值的大小。

　　对于孔：代号 A～H 的基本偏差为下偏差 EI，除 H 基本偏差为零外，其余均为正值，
其绝对值依次减小；代号 J～ZC 的基本偏差为上偏差 ES，除 J、K、M、N 外，其余皆为负
值，其绝对值依次增大。

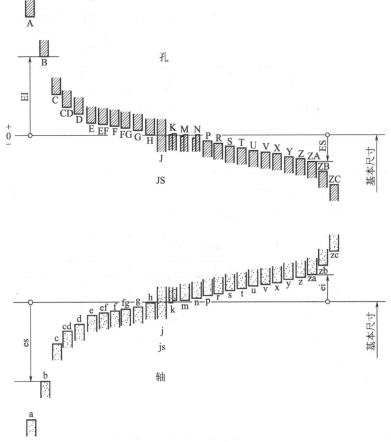

图 3-12　基本偏差系列

　　对于轴：代号 a～h 的基本偏差为上偏差 es，除 h 基本偏差为零外，其余均为负值，其
绝对值依次减小；代号 j～zc 的基本偏差为下偏差 ei，除 j 和 k 外，其余皆为负值，其绝对
值依次增大。

　　代号 JS(js) 的公差带相对于零线对称分布，因此其基本偏差可以为上偏差 ES(es)＝
＋IT/2或下偏差－IT/2。

　　对于尺寸至 500mm 的轴和孔的基本偏差数值分别见表 3-3、表 3-4。

表 3-3　尺寸≤500mm 的轴的基本偏差数值（摘自 GB/T 1800.3—1998）

偏　差/μm

基本尺寸/mm	上偏差（es）a	b	c	cd	d	e	ef	f	fg	g	h	js	下偏差（ei）j(5~6)	j(7)	j(8)	k(4~7)	k(≤3,>7)	m	n	p	r	s	t	u	v	x	y	z	za	zb	zc
≤3	−270	−140	−60	−34	−20	−14	−10	−6	−4	−2	0	$\pm IT/2$	−2	−4	−6	0	0	+2	+4	+6	+10	+14	—	+18	—	+20	—	+26	+32	+40	+60
>3~6	−270	−140	−70	−46	−30	−20	−14	−10	−6	−4	0		−2	−4	—	+1	0	+4	+8	+12	+15	+19	—	+23	—	+28	—	+35	+42	+50	+80
>6~10	−280	−150	−80	−56	−40	−25	−18	−13	−8	−5	0		−2	−5	—	+1	0	+6	+10	+15	+19	+23	—	+28	—	+34	—	+42	+52	+67	+97
>10~14	−290	−150	−95	—	−50	−32	—	−16	—	−6	0		−3	−6	—	+1	0	+7	+12	+18	+23	+28	—	+33	—	+40	—	+50	+64	+90	+130
>14~18	−290	−150	−95	—	−50	−32	—	−16	—	−6	0		−3	−6	—	+1	0	+7	+12	+18	+23	+28	—	+33	+39	+45	—	+60	+77	+108	+150
>18~24	−300	−160	−110	—	−65	−40	—	−20	—	−7	0		−4	−8	—	+2	0	+8	+15	+22	+28	+35	—	+41	+47	+54	+63	+73	+98	+136	+188
>24~30	−300	−160	−110	—	−65	−40	—	−20	—	−7	0		−4	−8	—	+2	0	+8	+15	+22	+28	+35	+41	+48	+55	+64	+75	+88	+118	+160	+218
>30~40	−310	−170	−120	—	−80	−50	—	−25	—	−9	0		−5	−10	—	+2	0	+9	+17	+26	+34	+43	+48	+60	+68	+80	+94	+112	+148	+200	+274
>40~50	−320	−180	−130	—	−80	−50	—	−25	—	−9	0		−5	−10	—	+2	0	+9	+17	+26	+34	+43	+54	+70	+81	+97	+114	+136	+180	+242	+325
>50~65	−340	−190	−140	—	−100	−60	—	−30	—	−10	0		−7	−12	—	+2	0	+11	+20	+32	+41	+53	+66	+87	+102	+122	+144	+172	+226	+300	+405
>65~80	−360	−200	−150	—	−100	−60	—	−30	—	−10	0		−7	−12	—	+2	0	+11	+20	+32	+43	+59	+75	+102	+120	+146	+174	+210	+274	+360	+480
>80~100	−380	−220	−170	—	−120	−72	—	−36	—	−12	0		−9	−15	—	+3	0	+13	+23	+37	+51	+71	+91	+124	+146	+178	+214	+258	+335	+445	+585
>100~120	−410	−240	−180	—	−120	−72	—	−36	—	−12	0		−9	−15	—	+3	0	+13	+23	+37	+54	+79	+104	+144	+172	+210	+256	+310	+400	+525	+690
>120~140	−460	−260	−200	—	−145	−85	—	−43	—	−14	0		−11	−18	—	+3	0	+15	+27	+43	+63	+92	+122	+170	+202	+248	+300	+365	+470	+620	+800
>140~160	−520	−280	−210	—	−145	−85	—	−43	—	−14	0		−11	−18	—	+3	0	+15	+27	+43	+65	+100	+134	+190	+228	+280	+340	+415	+535	+700	+900
>160~180	−580	−310	−230	—	−145	−85	—	−43	—	−14	0		−11	−18	—	+3	0	+15	+27	+43	+68	+108	+146	+210	+252	+310	+380	+465	+600	+780	+1000
>180~200	−660	−340	−240	—	−170	−100	—	−50	—	−15	0		−13	−21	—	+4	0	+17	+31	+50	+77	+122	+166	+236	+284	+350	+425	+520	+670	+880	+1150
>200~225	−740	−380	−260	—	−170	−100	—	−50	—	−15	0		−13	−21	—	+4	0	+17	+31	+50	+80	+130	+180	+258	+310	+385	+470	+575	+740	+960	+1250
>225~250	−820	−420	−280	—	−170	−100	—	−50	—	−15	0		−13	−21	—	+4	0	+17	+31	+50	+84	+140	+196	+284	+340	+425	+520	+640	+820	+1050	+1350
>250~280	−920	−480	−300	—	−190	−110	—	−56	—	−17	0		−16	−26	—	+4	0	+20	+34	+56	+94	+158	+218	+315	+385	+475	+580	+710	+920	+1200	+1550
>280~315	−1050	−540	−330	—	−190	−110	—	−56	—	−17	0		−16	−26	—	+4	0	+20	+34	+56	+98	+170	+240	+350	+425	+525	+650	+790	+1000	+1300	+1700
>315~355	−1200	−600	−360	—	−210	−125	—	−62	—	−18	0		−18	−28	—	+4	0	+21	+37	+62	+108	+190	+268	+390	+475	+590	+730	+900	+1150	+1500	+1900
>355~400	−1350	−680	−400	—	−210	−125	—	−62	—	−18	0		−18	−28	—	+4	0	+21	+37	+62	+114	+208	+294	+435	+530	+660	+820	+1000	+1300	+1650	+2100
>400~450	−1500	−760	−440	—	−230	−135	—	−68	—	−20	0		−20	−32	—	+5	0	+23	+40	+68	+126	+232	+330	+490	+595	+740	+920	+1100	+1450	+1850	+2400
>450~500	−1650	−840	−480	—	−230	−135	—	−68	—	−20	0		−20	−32	—	+5	0	+23	+40	+68	+132	+252	+360	+540	+660	+820	+1000	+1250	+1600	+2100	+2600

所有公差等级（a, b, c, cd, d, e, ef, f, fg, g, h）；所有公差等级（m, n, p, r, s, t, u, v, x, y, z, za, zb, zc）

js：偏差等于 $\pm\dfrac{IT}{2}$

注：1. 基本尺寸小于 1mm 时，各级的 a 和 b 均不采用。
2. js 的数值，对 IT7～IT11，若 IT 的数值（μm）为奇数，则取 $js=\pm\dfrac{IT-1}{2}$。

表 3-4　孔的基本偏差数值

基本偏差/μm

下偏差 EI（所有的公差等级）列为 A～JS；上偏差 ES 列为 J（6、7、8）、K、M。JS 栏：偏差等于 ±IT/2。

基本尺寸/mm	A	B	C	CD	D	E	EF	F	EG	G	H	JS	J6	J7	J8	K ≤8	K >8	M ≤8	M >8
≤3	+270	+140	+60	+34	+20	+14	+10	+6	+4	+2	0	±IT/2	+2	+4	+6	0	0	-2	-2
>3~6	+270	+140	+70	+36	+30	+20	+14	+10	+6	+4	0	±IT/2	+5	+6	+10	-1+Δ	—	-4+Δ	-4
>6~10	+280	+150	+80	+56	+40	+25	+18	+13	+8	+5	0	±IT/2	+5	+8	+12	-1+Δ	—	-6+Δ	-6
>10~14	+290	+150	+95	—	+50	+32	—	+16	—	+6	0	±IT/2	+6	+10	+15	-1+Δ	—	-7+Δ	-7
>14~18	+290	+150	+95	—	+50	+32	—	+16	—	+6	0	±IT/2	+6	+10	+15	-1+Δ	—	-7+Δ	-7
>18~24	+300	+160	+110	—	+65	+40	—	+20	—	+7	0	±IT/2	+8	+12	+20	-2+Δ	—	-8+Δ	-8
>24~30	+300	+160	+110	—	+65	+40	—	+20	—	+7	0	±IT/2	+8	+12	+20	-2+Δ	—	-8+Δ	-8
>30~40	+310	+170	+120	—	+80	+50	—	+25	—	+9	0	±IT/2	+10	+14	+24	-2+Δ	—	-9+Δ	-9
>40~50	+320	+180	+130	—	+80	+50	—	+25	—	+9	0	±IT/2	+10	+14	+24	-2+Δ	—	-9+Δ	-9
>50~65	+340	+190	+140	—	+100	+60	—	+30	—	+10	0	±IT/2	+13	+18	+28	-2+Δ	—	-11+Δ	-11
>65~80	+360	+200	+150	—	+100	+60	—	+30	—	+10	0	±IT/2	+13	+18	+28	-2+Δ	—	-11+Δ	-11
>80~100	+380	+220	+170	—	+120	+72	—	+36	—	+12	0	±IT/2	+16	+22	+34	-3+Δ	—	-13+Δ	-13
>100~120	+410	+240	+180	—	+120	+72	—	+36	—	+12	0	±IT/2	+16	+22	+34	-3+Δ	—	-13+Δ	-13
>120~140	+440	+260	+200	—	+145	+85	—	+43	—	+14	0	±IT/2	+18	+26	+41	-3+Δ	—	-15+Δ	-15
>140~160	+520	+280	+210	—	+145	+85	—	+43	—	+14	0	±IT/2	+18	+26	+41	-3+Δ	—	-15+Δ	-15
>160~180	+580	+310	+230	—	+145	+85	—	+43	—	+14	0	±IT/2	+18	+26	+41	-3+Δ	—	-15+Δ	-15
>180~200	+660	+340	+240	—	+170	+100	—	+50	—	+15	0	±IT/2	+22	+30	+47	-4+Δ	—	-17+Δ	-17
>200~225	+740	+380	+260	—	+170	+100	—	+50	—	+15	0	±IT/2	+22	+30	+47	-4+Δ	—	-17+Δ	-17
>225~250	+820	+420	+280	—	+170	+100	—	+50	—	+15	0	±IT/2	+22	+30	+47	-4+Δ	—	-17+Δ	-17
>250~280	+920	+480	+300	—	+190	+110	—	+56	—	+17	0	±IT/2	+25	+36	+55	-4+Δ	—	-20+Δ	-20
>280~315	+1050	+540	+330	—	+190	+110	—	+56	—	+17	0	±IT/2	+25	+36	+55	-4+Δ	—	-20+Δ	-20
>315~355	+1200	+600	+360	—	+210	+125	—	+62	—	+18	0	±IT/2	+29	+39	+60	-4+Δ	—	-21+Δ	-21
>355~400	+1300	+680	+400	—	+210	+125	—	+62	—	+18	0	±IT/2	+29	+39	+60	-4+Δ	—	-21+Δ	-21
>400~450	+1500	+760	+440	—	+230	+135	—	+68	—	+20	0	±IT/2	+33	+43	+66	-5+Δ	—	-23+Δ	-23
>450~500	+1650	+840	+480	—	+230	+135	—	+68	—	+20	0	±IT/2	+33	+43	+66	-5+Δ	—	-23+Δ	-23

续表

基本尺寸 /mm	上偏差 EI N ≤8	上偏差 EI N >8	P~ZC ≤7	P	R	S	T	U	V	X	Y	Z	ZA	ZB	ZC	Δ/μm 3	4	5	6	7	8
								>7													
≤3	-4	-4		-6	-10	-14	—	-18	—	-20	—	-26	-32	-40	-60				0		
>3~6	-8+Δ	0	在>7级的相应数值上增加一个Δ值	-12	-15	-19	—	-23	—	-28	—	-35	-42	-50	-80	1	1.5	1	3	4	6
>6~10	-10+Δ	0		-15	-19	-23	—	-28	—	-34	—	-42	-52	-67	-97	1	1.5	2	3	6	7
>10~14	-12+Δ	0		-18	-23	-28	—	-33	—	-40	—	-50	-64	-90	-130	1	2	3	3	7	9
>14~18	-12+Δ	0		-18	-23	-28	—	-33	-39	-45	—	-60	-77	-108	-150	1	2	3	3	7	9
>18~24	-15+Δ	0		-22	-28	-35	—	-41	-47	-54	-65	-73	-98	-136	-188	1.5	2	3	4	8	12
>24~30	-15+Δ	0		-22	-28	-35	-41	-48	-55	-64	-75	-88	-118	-160	-218	1.5	2	3	4	8	12
>30~40	-17+Δ	0		-26	-34	-43	-48	-60	-68	-80	-94	-112	-148	-200	-274	1.5	3	4	5	9	14
>40~50	-17+Δ	0		-26	-34	-43	-54	-70	-81	-95	-114	-136	-180	-242	-325	1.5	3	4	5	9	14
>50~65	-20+Δ	0		-32	-41	-53	-66	-87	-102	-122	-144	-172	-226	-300	-400	2	3	5	6	11	16
>65~80	-20+Δ	0		-32	-43	-59	-75	-102	-120	-146	-174	-210	-274	-360	-480	2	3	5	6	11	16
>80~100	-23+Δ	0		-37	-51	-71	-91	-124	-146	-178	-214	-258	-335	-445	-585	2	4	5	7	13	19
>100~120	-23+Δ	0		-37	-54	-79	-104	-144	-172	-210	-254	-310	-400	-525	-690	2	4	5	7	13	19
>120~140	-27+Δ	0		-43	-63	-92	-122	-170	-202	-248	-300	-365	-470	-620	-800	3	4	6	7	15	23
>140~160	-27+Δ	0		-43	-65	-100	-134	-190	-228	-280	-340	-415	-535	-700	-900	3	4	6	7	15	23
>160~180	-27+Δ	0		-43	-68	-108	-146	-210	-252	-310	-380	-465	-600	-780	-1000	3	4	6	7	15	23
>180~200	-31+Δ	0		-50	-77	-122	-166	-236	-284	-350	-425	-520	-670	-880	-1150	3	4	6	9	17	26
>200~225	-31+Δ	0		-50	-80	-130	-180	-258	-310	-385	-470	-575	-740	-960	-1250	3	4	6	9	17	26
>225~250	-31+Δ	0		-50	-84	-140	-196	-284	-340	-425	-520	-640	-820	-1050	-1350	3	4	6	9	17	26
>250~280	-34+Δ	0		-56	-94	-158	-218	-315	-385	-475	-580	-710	-920	-1200	-1550	4	4	7	9	20	29
>280~315	-34+Δ	0		-56	-98	-170	-240	-350	-425	-525	-650	-790	-1000	-1300	-1700	4	4	7	9	20	29
>315~355	-37+Δ	0		-62	-108	-190	-268	-390	-475	-590	-730	-900	-1150	-1500	-1900	4	5	7	11	21	32
>355~400	-37+Δ	0		-62	-114	-208	-294	-435	-530	-660	-820	-1000	-1300	-1650	-2100	4	5	7	11	21	32
>400~450	-40+Δ	0		-68	-126	-232	-330	-490	-595	-740	-920	-1100	-1450	-1850	-2400	5	5	7	13	23	34
>450~500	-40+Δ	0		-68	-132	-252	-360	-540	-660	-820	-1000	-1250	-1600	-2100	-2600	5	5	7	13	23	34

注: 1. 基本尺寸小于1mm时,各级的 A 和 B 及大于 8 级的 N 均不采用。

2. JS 的数值:对 IT7~IT11,若 IT 的数值(μm)为奇数,则取 $JS=\pm\dfrac{IT-1}{2}$。

3. 特殊情况:当基本尺寸大于 250~315mm 时,M6 的 ES 等于 -9(不等于 -11)。

4. 对小于或等于 IT8 的 K、M、N 和小于或等于 IT7 的 P~ZC,所需 Δ 值从表内右侧栏选取。例如:大于 6~10mm 的 P6,Δ=3,所以 ES=-15+3=-12。

基本偏差是靠近零线的那个极限偏差，而另一个极限偏差的数值可由基本偏差和标准公差按下列公式计算：

基本偏差为下偏差时，另一极限偏差：$ES=EI+T_h$　$es=ei+T_s$

基本偏差为上偏差时，另一极限偏差：$EI=ES-T_h$　$ei=es-T_s$

(2) 基本偏差的确定方法

① 轴的基本偏差的确定方法　轴的基本偏差数值是以基孔制配合为基础，根据设计要求、生产经验、理论计算和统计分析得到的，见表 3-3。

基本偏差为 a～h 的轴与基准孔（H）组成间隙配合，基本偏差的绝对值正好等于最小间隙。其中 a、b、c 用于大间隙和热动配合。d、e、f 主要用于旋转运动，为了保证良好的液体摩擦，最小间隙应按与直径成平方根关系计算，但考虑表面粗糙度的影响，间隙量应适当减小。g 主要用于滑动和半液体摩擦的场合，或用于定位配合，所以间隙更小。

cd、ef、fg 的绝对值，分别按 c 与 d、e 与 f、f 与 g 绝对值的几何平均值（$\sqrt{c\times d}$、$\sqrt{e\times f}$、$\sqrt{f\times g}$）确定，适用于尺寸较小的旋转运动件。h 与 H 形成最小间隙等于零的一种间隙配合，常用于定位配合。

j～n 多用于过渡配合，所得间隙和过盈均不大，以保证孔与轴配合时有较好的对中及定心，装拆也不困难，其计算公式以经验为主。

p～zc 主要用于过盈配合，其计算公式应按最小过盈来考虑，而且大多数是按它们与最常用的基准孔 H7 相配合为基础来考虑的。

当轴的基本偏差确定后，其另一个极限偏差（上偏差或下偏差）可根据下列公式进行计算

$$es=ei+IT\qquad 或\qquad ei=es-IT$$

例 3-4　根据标准公差数值表（表 3-2）和轴的基本偏差数值表（表 3-3），确定 $\phi40m6$ 的极限偏差。

解：从表 3-3 按 m 查得轴的基本偏差为下偏差 $ei=+9\mu m$，从表 3-2 查得轴的标准公差 $IT6=16\mu m$，因此轴的另一个极限偏差为上偏差 $es=ei+IT6=(+9+16)\mu m=+25\mu m$。

② 孔的基本偏差的确定方法　基本尺寸≤500mm 时，孔的基本偏差都是由相应代号的轴的基本偏差的数值按一定的规则换算得到的，见表 3-4。一般对同一字母的孔的基本偏差与轴的基本偏差相对于零线是完全对称的，如图 3-12 所示。所以对同一字母的孔与轴的基本偏差对应时，孔和轴的基本偏差的绝对值相等，而符号相反，即

$$EI=-es\qquad 或\qquad ES=-ei$$

上述规则适用于所有孔的基本偏差，但下列情况除外：

基本尺寸≥3～500mm，标准公差等级≤IT8 的 K～N 和标准公差等级≤IT7 的 P～ZC，孔和轴的基本偏差的符号相反，而绝对值相差一个 Δ 值，即

$$\begin{cases} ES=-ei+\Delta \\ \Delta=IT_n-IT_{(n-1)}=T_h-T_s \end{cases}$$

当孔的基本偏差确定后，孔的另一个极限偏差可根据下列公式计算

$$ES=EI+T_h\qquad 或\qquad EI=ES-T_h$$

3.2.4　极限与配合在图样上的标注

(1) 公差带代号与配合代号

① 公差带代号　如前述，公差带应由基本偏差和公差等级组合而成。孔、轴的公差带

代号由基本偏差代号和公差等级数字组成。例如，H7、K7、M8 等为孔的公差带代号；h7、k7、m8 等为轴的公差带代号。

② 配合代号　配合代号用孔、轴公差带代号的组合表示，写成分数形式，分子为孔的公差带代号，分母为轴的公差带代号，例如 $\dfrac{H7}{g6}$ 或 H7/g6。如表示某基本尺寸的配合，则基本尺寸标在配合代号之前，如 $\phi 40\dfrac{H7}{g6}$ 或 $\phi 40H7/g6$。

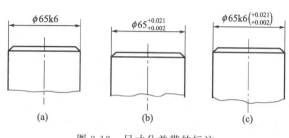

图 3-13　尺寸公差带的标注

（2）零件图中尺寸公差带的三种标注形式

① 标注基本尺寸和公差带代号　此种标注适用于大批量生产的零件，如图 3-13（a）所示。

② 标注基本尺寸和极限偏差值　如图 3-13（b）所示，此种标注一般在单件或小批生产的零件图样上采用，应用较广泛。

③ 标注基本尺寸、公差带代号和极限偏差值　如图 3-13（c）所示，此种标注适用于中小批量生产的零件。

（3）装配图中配合的三种标注方法

配合的标注方法如图 3-14 所示，其中，图 3-14（b）所示的标注方法应用最广泛。

例 3-5　试用查表法确定 $\phi 30H7/s6$ 和 $\phi 30S7/h6$ 孔和轴的极限偏差，计算两种配合的极限过盈，并画出公差带图。

解：（1）查表确定孔和轴的标准公差

查表 3-2 得：IT7＝21μm，IT6＝13μm

（2）查表确定孔和轴的基本偏差

孔：查表 3-4，H 的基本偏差 EI＝0，S 的基本偏差 ES＝−35＋Δ＝−35＋8＝−27μm

轴：查表 3-3，h 的基本偏差 es＝0，s 的基本偏差 ei＝＋35μm

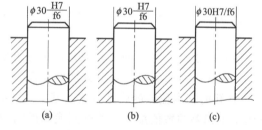

图 3-14　配合的标注方法

（3）计算孔和轴的另一个极限偏差

孔：H7 的另一个极限偏差 ES＝EI＋IT7＝（0＋21）μm＝＋21μm

S7 的另一个极限偏差 EI＝ES−IT7＝（−27−21）μm＝−48μm

轴：h6 的另一个极限偏差 ei＝es−IT6＝（0−13）μm＝−13μm

s6 的另一个极限偏差 es＝ei＋IT6＝（＋35＋13）μm＝＋48μm

（4）计算极限过盈

$\phi 30H7/s6$

Y_{max}＝EI−es＝[0−（＋48）]μm＝−48μm

Y_{min}＝ES−ei＝[（＋21）−（＋35）]μm＝−14μm

$\phi 30S7/h6$

Y_{max}＝EI−es＝（−48−0）μm＝−48μm

Y_{min}＝ES−ei＝[（−27）−（−13）]μm＝−14μm

通过计算，可知两种配合的极限过盈相同，所以 $\phi30H7/s6$ 和 $\phi30S7/h6$ 的配合性质相同。

（5）标出极限偏差

$$\phi30\frac{H7\binom{+0.021}{0}}{s6\binom{+0.048}{+0.035}}, \quad \phi30\frac{S7\binom{-0.027}{-0.048}}{h6\binom{0}{-0.013}}$$

（6）画出公差带图

如图 3-15 所示。

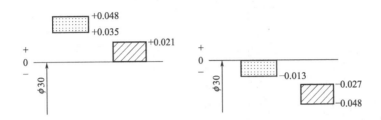

图 3-15　公差带图

3.2.5　国标中规定的公差带与配合

按照国家标准中提供的标准公差与基本偏差系列，可将任一基本偏差与任一标准公差组合，从而得到大小与位置不同的大量的公差带。国标中规定了 20 个公差等级的标准公差与 28 种基本偏差代号，在基本尺寸≤500mm 范围内，可以组成孔公差带有 $20\times27+3=543$ 种，轴公差带有 $20\times27+4=544$ 种。由不同的孔和轴公差带又可组成数量很多的配合，如果这些孔、轴公差带和配合都投入使用，将造成公差表格庞大，定值刀具、量具的规格众多，这样既不经济，也没有必要。因此，国标 GB/T 1801—1999 根据实际需要对基本尺寸至 500mm 的孔、轴公差带与配合进行了规定。

（1）优先、常用和一般用途公差带

图 3-16 列出了轴的一般公差带 119 种，其中，常用公差带（方框内的）59 种，优先公差带（圆圈中）13 种。

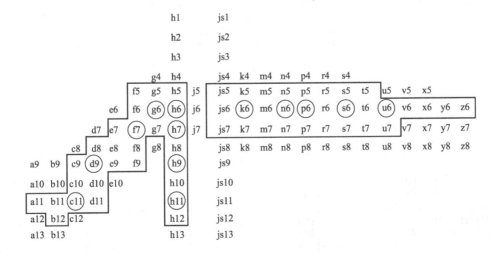

图 3-16　一般、常用和优先的轴公差带

图 3-17 列出了孔的一般公差带 105 种，常用公差带（方框内的）44 种，优先公差带（圆圈中）13 种。

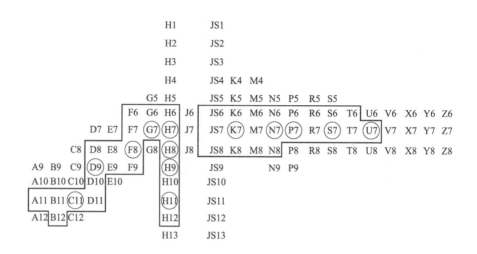

图 3-17 一般、常用和优先的孔公差带

选用公差带时，应按优先、常用、一般公差带的顺序选取。

（2）优先和常用配合

在此基础上，标准又规定了基孔制常用配合 59 种，优先配合（方框内的）13 种，见表 3-5。基轴制的常用配合 47 种，优先配合（方框内的）13 种，见表 3-6。

表 3-5　基孔制优先、常用配合

基准孔	轴																				
	a	b	c	d	e	f	g	h	js	k	m	n	p	r	s	t	u	v	x	y	z
	间隙配合								过渡配合			过盈配合									
H6						$\frac{H6}{f5}$	$\frac{H6}{g5}$	$\frac{H6}{h5}$	$\frac{H6}{js5}$	$\frac{H6}{k5}$	$\frac{H6}{m5}$	$\frac{H6}{n5}$	$\frac{H6}{p5}$	$\frac{H6}{r5}$	$\frac{H6}{s5}$	$\frac{H6}{t5}$					
H7						$\frac{H7}{f6}$	$\frac{H7}{g6}$	$\frac{H7}{h6}$	$\frac{H7}{js6}$	$\frac{H7}{k6}$	$\frac{H7}{m6}$	$\frac{H7}{n6}$	$\frac{H7}{p6}$	$\frac{H7}{r6}$	$\frac{H7}{s6}$	$\frac{H7}{t6}$	$\frac{H7}{u6}$	$\frac{H7}{v6}$	$\frac{H7}{x6}$	$\frac{H7}{y6}$	$\frac{H7}{z6}$
H8				$\frac{H8}{e7}$	$\frac{H8}{f7}$	$\frac{H8}{g7}$		$\frac{H8}{h7}$	$\frac{H8}{js7}$	$\frac{H8}{k7}$	$\frac{H8}{m7}$	$\frac{H8}{n7}$	$\frac{H8}{p7}$	$\frac{H8}{r7}$	$\frac{H8}{s7}$	$\frac{H8}{t7}$	$\frac{H8}{u7}$				
				$\frac{H8}{d8}$	$\frac{H8}{e8}$	$\frac{H8}{f8}$		$\frac{H8}{h8}$													
H9			$\frac{H9}{c9}$	$\frac{H9}{d9}$	$\frac{H9}{e9}$	$\frac{H9}{f9}$		$\frac{H9}{h9}$													
H10			$\frac{H10}{c10}$	$\frac{H10}{d10}$				$\frac{H10}{h10}$													
H11	$\frac{H11}{a11}$	$\frac{H11}{b11}$	$\frac{H11}{c11}$	$\frac{H11}{d11}$				$\frac{H11}{h11}$													
H12		$\frac{H12}{b12}$						$\frac{H12}{h12}$													

表 3-6　基轴制优先、常用配合

基准孔	孔																				
	A	B	C	D	E	F	G	H	JS	K	M	N	P	R	S	T	U	V	X	Y	Z
	间隙配合								过渡配合				过盈配合								
h6						$\frac{F6}{h5}$	$\frac{G6}{h5}$	$\frac{H6}{h5}$	$\frac{JS6}{h5}$	$\frac{K6}{h5}$	$\frac{M6}{h5}$	$\frac{N6}{h5}$	$\frac{P6}{h5}$	$\frac{R6}{h5}$	$\frac{S6}{h5}$	$\frac{T6}{h5}$					
h6						$\frac{F7}{h6}$	$\frac{G7}{h6}$	$\frac{H7}{h6}$	$\frac{JS7}{h6}$	$\frac{K7}{h6}$	$\frac{M7}{h6}$	$\frac{N7}{h6}$	$\frac{P7}{h6}$	$\frac{R7}{h6}$	$\frac{S7}{h6}$	$\frac{T7}{h6}$	$\frac{U7}{h6}$				
h7					$\frac{E8}{h7}$	$\frac{F8}{h7}$		$\frac{H8}{h7}$	$\frac{JS8}{h7}$	$\frac{K8}{h7}$	$\frac{M8}{h7}$	$\frac{N8}{h7}$									
h8				$\frac{D8}{h8}$	$\frac{E8}{h8}$	$\frac{F8}{h8}$		$\frac{H8}{h8}$													
h9				$\frac{D9}{h9}$	$\frac{E9}{h9}$	$\frac{F9}{h9}$		$\frac{H9}{h9}$													
h10				$\frac{D10}{h10}$				$\frac{H10}{h10}$													
h11	$\frac{A11}{h11}$	$\frac{B11}{h11}$	$\frac{C11}{h11}$	$\frac{D11}{h11}$				$\frac{H11}{h11}$													
h12		$\frac{B12}{h12}$						$\frac{H12}{h12}$													

3.3　极限与配合的选择

极限与配合国家标准的应用，实际上是如何根据使用要求，正确合理地选择符合标准规定的孔、轴的公差带大小和公差带位置。极限与配合的选择是机械设计与制造中的一个重要环节，选用的合理与否直接影响着机械产品的使用性能和制造成本。其内容包括选择基准制、公差等级和配合种类三个方面。选择的原则是在满足使用要求的前提下，获得最佳的经济效益。

3.3.1　基准制的选择

基准制的选择主要考虑经济效益，同时兼顾到功能、结构、工艺条件和其他方面的要求。

(1) 一般情况下优先选用基孔制配合

在机械制造中，加工和检验较高精度的中等尺寸的孔，一般采用钻头、铰刀、拉刀、塞规等定值刀具和量具，且一把刀具只能加工一种尺寸的孔。因此，优先选用基孔制可以减少刀具、量具的规格数目，也有利于刀具、量具的标准化、系列化，有利于生产和降低成本，提高经济效益。

(2) 在某些情况下应选用基轴制

① 直接使用有一定公差等级（IT8～IT11）的冷拔钢材，不再进行切削加工时，可采用基轴制。在农业机械和纺织机械中，对于一些精度要求不高的配合，常用冷拉钢材直接做轴，可免去轴的加工，只需要根据不同的配合性能要求加工孔，就能得到不同性质的配合。

② 加工尺寸小于 1mm 的精密轴比同级孔要困难，因此在仪表制造、钟表生产、无线电

工程中，常使用光轧成形的钢丝直接做成轴，这时采用基轴制较经济。

③ 有些零件根据结构上的需要，在同一基本尺寸的轴上装配有不同配合要求的几个孔件时应采用基轴制。例如，发动机的活塞销轴与连杆铜套和活塞孔之间的配合，如图 3-18（a）所示。根据工作需要及装配性，活塞轴与活塞孔采用过渡配合，而与连杆铜套采用间隙配合。若采用基孔制配合，销轴将做成阶梯状，如图 3-18（b）所示。而采用基轴制配合，销轴可做成光轴，如图 3-18(c) 所示。这不仅有利于轴的加工，并且能够保证它们在装配中的配合质量。

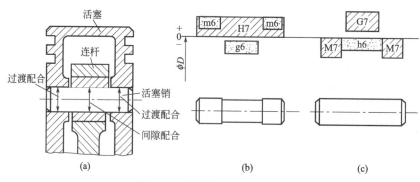

图 3-18　基准制选择示例（1）

（3）与标准件配合时应按标准件确定

若与标准件配合，应以标准件为基准件来确定基准制。例如，滚动轴承为标准件，它的内圈与轴颈的配合应采用基孔制，外圈与壳体孔的配合应采用基轴制。

（4）特殊需要时采用非基准制配合

非基准制的配合是指相配合的两个零件既无基准孔 H 又无基准轴 h 的配合。当一个孔与几个轴相配合或一个轴与几个孔相配合，其配合要求各不相同时，则有的配合要出现非基准制的配合。如图 3-19 所示，在箱体孔中配有滚动轴承和轴承端盖，滚动轴承是标准件，它与箱体孔的配合采用基轴制配合。由于轴承端盖需要经常拆卸，所以应选用间隙配合 j7/f9。

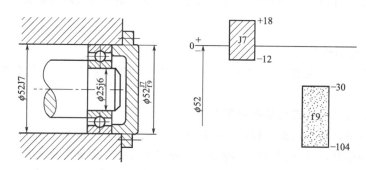

图 3-19　基准制选择示例（2）

3.3.2　公差等级的选择

合理地选用公差等级，就是为了解决机械零部件使用要求与制造工艺及成本之间的矛盾。因此，选择公差等级的原则是，在满足使用性能的前提下，尽量选取较低的公差等级。

公差等级的选用常采用类比法，也就是参考从生产实践中总结出来的经验资料，进行选择。

　　用类比法选择公差等级时，首先应熟悉各个公差等级的应用范围。各级公差的应用范围如表 3-7 所示，各种加工方法可能达到的公差等级如表 3-8 所示，表 3-9 为各种公差等级的具体应用。

表 3-7　公差等级的应用

应用	公差等级（IT）																			
	01	0	1	2	3	4	5	6	7	8	9	10	11	12	13	14	15	16	17	18
量块	—	—	—																	
量规			—	—	—	—	—	—	—											
配合尺寸							—	—	—	—	—	—	—	—						
特别精密的配合				—	—	—	—													
非配合尺寸														—	—	—	—	—	—	—
原材料										—	—	—	—	—	—	—				

注："—"表示应用的公差等级。

表 3-8　各种加工方法可能达到的公差等级

项目	01	0	1	2	3	4	5	6	7	8	9	10	11	12	13	14	15	16	17	18
研磨	—	—	—	—	—	—	—													
珩磨						—	—	—	—											
圆磨							—	—	—	—										
平磨							—	—	—	—										
金刚石车							—	—	—											
金刚石镗							—	—	—											
拉削							—	—	—	—										
铰孔								—	—	—	—	—								
精车精镗									—	—	—									
粗车												—	—	—						
粗镗												—	—	—						
铣										—	—	—	—							
刨、插												—	—	—						
钻削												—	—	—	—					
冲压												—	—	—	—	—				
滚压、挤压												—	—							
锻造																	—	—		
砂型铸造																		—	—	
金属型铸造																	—	—		
气割																		—	—	

注："—"表示应用的公差等级。

表 3-9　公差等级的主要应用范围

公差等级	主要应用范围
IT01、IT0、IT1	一般用于精密标准量块。IT1 也用于检验 IT6、IT7 级轴用量规的校对量规
IT2～IT7	用于检验工件 IT5～IT16 的量规的尺寸公差
IT3、IT5(孔的 IT6)	用于精度要求很高的配合，例如，机床主轴与精密滚动轴承的配合；发动机活塞销与连杆孔和活塞孔的配合 配合公差很小，对加工要求很高，应用较少
IT6(孔的 IT7)	用于机床、发动机和仪表中的重要配合。例如，机床传动机构中的齿轮与轴的配合；轴与轴承的配合；发动机中活塞与汽缸、曲轴与轴承、气门杆与导套等的配合 配合公差较小，一般精密加工能够实现，在精密机械中广泛应用
IT7、IT8	用于机床和发动机中的次要配合上，也用于重型机械、农业机械、纺织机械、机车车辆等的重要配合上。例如，机床上操纵杆的支承配合；发动机中活塞环与活塞环槽的配合；农业机械中齿轮与轴的配合等 配合公差中等，加工易于实现，在一般机械中广泛应用
IT9、IT10	用于一般要求，或长度精度要求较高的配合。某些非配合尺寸的特殊要求，例如飞机机身的外壳尺寸，由于重量限制，要求达到 IT9 或 IT10
IT11、IT12	用于不重要的场合，多用于各种没有严格要求，只要求便于连接的配合。例如螺栓和螺孔、铆钉和孔等的配合
IT12～IT18	用于未注公差的尺寸和粗加工的工序尺寸上，例如手柄的直径、壳体的外形、壁厚尺寸、断面之间的距离

在用类比法选择公差等级时，除了参考以上各表外，还应考虑以下几个方面：

① 相配合的孔和轴应保证工艺等价性　即相配合的孔和轴加工难易程度应相同。在常用尺寸段内，对于较高精度（IT≤8 级）的配合，孔比同级轴的加工困难，其加工成本也较高，其工艺是不等价的。为了使组成配合的孔、轴工艺等价，孔的公差等级比轴的公差等级低一级选用。当公差等级大于 8 级时，孔、轴采用同级配合。

② 相配零件或部件的精度要匹配　例如，与齿轮的基准孔配合的轴的公差等级由相关齿轮精度等级确定，与滚动轴承相配合的轴颈或壳体孔的公差等级与相配合的滚动轴承公差等级有关。

③ 联系配合与成本　相配合的孔、轴公差等级的选择，在满足使用要求的前提下，为了降低加工成本，不重要的配合件的公差等级可以低两三级。如图 3-19 中箱体孔与轴承端盖的配合。

3.3.3　配合种类的选择

配合种类的选用是在确定了基准制的基础上，根据使用中允许间隙或过盈量的大小及其变化范围，确定非基准件的基本偏差代号。

首先，应掌握各种配合的特征和应用场合，了解它们的应用实例，然后根据具体情况加以选择。

(1) 配合种类的选择

对孔、轴配合的使用要求，一般有三种情况：如装配后有相对运动要求，应选用间隙配合；如装配后需要靠过盈传递载荷的，应选用过盈配合；如装配后有定位精度要求或需要拆卸的，应选用过渡配合或小间隙、小过盈的配合。具体选择配合类别时可参考表 3-10。

表 3-10　配合种类的选择

			过盈配合	
无相对运动	需传递力矩	精确定心	不可拆卸	过盈配合
			可拆卸	过渡配合或基本偏差为 H(h)的间隙配合加键、销紧固件
		不需精确定心		间隙配合加键、销紧固件
	不需传递力矩			过渡配合或过盈较小的过盈配合
有相对运动	缓慢转动或移动			基本偏差为 H(h)、G(g)等过盈配合
	转动、移动或复合运动			基本偏差为 A～F(a～f)等间隙配合

(2) 配合种类选择的方法

配合种类的选择方法有三种：计算法、试验法和类比法。

计算法是根据理论公式，计算出使用要求的间隙或过盈大小来选定配合的方法。如根据液体润滑理论，计算保证液体摩擦状态所需要的最小间隙。对于依靠过盈来传递运动和负载的过盈配合时，可根据弹性变形理论公式，计算出能保证传递一定负载所需要的最小过盈和不使工件损坏的最大过盈来选择配合。由于影响间隙和过盈的因素很多，理论的计算也是近似的，所以在实际应用中还需经过试验来确定。一般情况下，很少使用计算法。

试验法是用试验的方法确定满足产品工作性能的间隙或过盈范围。该方法主要用于对产品性能影响大而又缺乏经验的场合。试验法比较可靠，但周期长、成本高，应用较少。

类比法就是参照同类型机器或机构中经过生产实践验证的配合的实际情况，再结合所设计产品的使用要求和应用条件来确定配合，该方法应用最广。

(3) 用类比法选择配合时应考虑的因素

在实际工作中，大多数是采用类比法来选择配合。因此，要掌握各种配合的特征和应用场合，尤其是对国家标准所规定的常用与优先配合更为熟悉。表 3-11 所示为尺寸至 500mm 基孔制常用和优先配合的特征及应用场合。

表 3-11　尺寸至 500mm 基孔制常用和优先配合的特征及应用

配合类别	配合特征	配合代号	应用
间隙配合	特大间隙	$\dfrac{H11}{a11} \dfrac{H11}{b11} \dfrac{H12}{b12}$	用于高温或工作时要求较大间隙的配合
	很大间隙	$\left(\dfrac{H11}{c11}\right)\dfrac{H11}{d11}$	用于工作条件较差、受力变形或为了便于装配而需要大间隙的配合和高温工作的配合
	较大间隙	$\dfrac{H9}{c9} \dfrac{H10}{c10} \dfrac{H8}{d8} \left(\dfrac{H9}{d9}\right)\dfrac{H10}{d10} \dfrac{H8}{e7} \dfrac{H8}{e8} \dfrac{H9}{e9}$	用于高速重载的滑动轴承或大直径的滑动轴承，也可用于大跨距或多支点支承的配合
	一般间隙	$\dfrac{H6}{f5} \dfrac{H7}{f6} \left(\dfrac{H8}{f7}\right)\dfrac{H8}{f8} \dfrac{H9}{f9}$	用于一般转速的动配合。当温度影响不大时，广泛应用于普通润滑油润滑的支承处
	较小间隙	$\left(\dfrac{H7}{g6}\right)\dfrac{H8}{g7}$	用于精密滑动零件或缓慢间歇回转的零件的配合部位
	很小间隙和零间隙	$\dfrac{H6}{g5} \quad \dfrac{H6}{h5} \quad \left(\dfrac{H7}{h6}\right)\left(\dfrac{H8}{h7}\right) \dfrac{H8}{h8}$ $\left(\dfrac{H9}{h9}\right)\dfrac{H10}{h10}\left(\dfrac{H11}{h11}\right)\dfrac{H12}{h12}$	用于不同精度要求的一般定位的配合和缓慢移动和摆动零件的配合
	绝大部分有微小间隙	$\dfrac{H6}{js5} \dfrac{H7}{js6} \dfrac{H8}{js7}$	用于易于装拆的定位配合或加紧固件后可传递一定静载荷的配合
	大部分有微小间隙	$\dfrac{H6}{k5} \left(\dfrac{H7}{k6}\right)\dfrac{H8}{k7}$	用于稍有振动的定位配合。加紧固件可传递一定载荷，装拆方便，可用木锤敲入

配合类别	配合特征	配合代号	应用
过渡配合	大部分有微小过盈	$\dfrac{H6}{m5}\dfrac{H7}{m6}\dfrac{H8}{m7}$	用于定位精度较高且能抗振的定位配合。加键可传递较大载荷。可用铜锤敲入或小压力压入
	绝大部分有微小过盈	$\left(\dfrac{H7}{n6}\right)\dfrac{H8}{n7}$	用于精确定位或紧密组合件的配合。加键能传递大力矩或冲击性载荷。只在大修时拆卸
	绝大部分有较小过盈	$\dfrac{H8}{p7}$	加键后能传递很大力矩，且承受振动和冲击的配合，装配后不再拆卸
过盈配合	轻型	$\dfrac{H6}{n5}\dfrac{H6}{p5}\left(\dfrac{H7}{p6}\right)\dfrac{H6}{r5}\dfrac{H7}{r6}\dfrac{H8}{r7}$	用于精确的定位配合。一般不能靠过盈传递力矩。要传递力矩尚需加紧固件
	中型	$\dfrac{H6}{s5}\left(\dfrac{H7}{s6}\right)\dfrac{H8}{s7}\dfrac{H6}{t5}\dfrac{H7}{t6}\dfrac{H8}{t7}$	不需加紧固件就可传递较小力矩和轴向力。加紧固件后可承受较大载荷或动载荷的配合
	重型	$\left(\dfrac{H7}{u6}\right)\dfrac{H8}{u7}\dfrac{H7}{v6}$	不需加紧固件就可传递和承受大的力矩和动载荷的配合。要求零件材料有高强度
	特重型	$\dfrac{H7}{x6}\dfrac{H7}{y6}\dfrac{H7}{z6}$	能传递和承受很大力矩和动载荷的配合，需经试验后方可应用

各种基本偏差的应用实例见表 3-12。

表 3-12　各种基本偏差的应用实例

配合	基本偏差	各种基本偏差的应用实例
间隙配合	a(A) b(B)	可得到特别大的间隙，很少应用。主要用于工作时温度高、变形大的零件的配合，如发动机中活塞与缸套的配合为 H9/a9
	c(C)	可得到很大的间隙。一般用于工作条件较差（如农业机械）、工作时受力变形大及装配工艺性不好的零件的配合，也适用于高温工作的间隙配合，如内燃机排气阀与导杆的配合为 H8/c7
	d(D)	与 IT7～IT11 对应，适用于较松的配合（如滑轮、空转的带轮与轴的配合），以及大尺寸滑动轴承与轴颈的配合（如涡轮机、球磨机等的滑动轴承）。活塞环与活塞槽的配合可用 H9/d9
	e(E)	与 IT6～IT9 对应，具有明显的间隙，用于大跨距及多支点的转轴与轴承的配合以及高速、重载的大尺寸轴颈与轴承的配合，如大型电机、内燃机的主要轴承处的配合为 H8/e7
	f(F)	与 IT6～IT8 对应，用于一般的转动配合，受温度影响不大，采用普通润滑油的轴颈与滑动轴承的配合，如齿轮箱、小电机、泵等的转轴轴颈与滑动轴承的配合为 H7/f6
	g(G)	与 IT5～IT7 对应，形成配合的间隙较小，用于轻载精密装置中的转动配合，用于插销定位配合，滑阀、连杆销等处的配合，钻套导向孔多用 G6
	h(H)	与 IT4～IT11 对应，广泛用于无相对转动的配合、一般的定位配合。若没有温度、变形的影响，也可用于精密滑动轴承，如车床尾座导向孔与滑动套筒的配合为 H6/h5
过渡配合	js(JS)	多用于 IT4～IT7 具有平均间隙的过渡配合，用于略有过盈的定位配合，如联轴器、齿圈与轮毂的配合，滚动轴承外圈与外壳孔的配合多用 JS7。一般用手或木锤装配
	k(K)	多用于 IT4～IT7 平均间隙接近零的配合，用于定位配合，如滚动轴承内、外圈分别与轴颈、外壳孔的配合，用木锤装配
	m(M)	多用于 IT4～IT7 平均过盈较小的配合，用于精密的定位配合，如蜗轮的青铜轮缘与轮毂的配合为 H7/m6
	n(N)	多用于 IT4～IT7 平均过盈较大的配合，很少形成间隙。用于加键传递较大转矩的配合，如冲床上齿轮的孔与轴的配合。用木锤或压力机装配
过盈配合	p(P)	用于小过盈量配合。与 H6 或 H7 的孔形成过盈配合，而与 H8 孔形成过渡配合。碳钢和铸铁零件形成的配合为标准压入配合，如卷扬机绳轮的轮毂与齿圈的配合为 H7/p6。合金钢零件的配合需要小过盈量时可用 p 或 P
	r(R)	用于传递大的转矩或受冲击负荷而需要加键的配合，如蜗轮孔与轴的配合为 H7/r6。须注意 H8/r8 配合在基本尺寸＜100mm 时，为过渡配合

续表

配合	基本偏差	各种基本偏差的应用实例
过盈配合	s(S)	用于钢和铸铁零件的永久结合和半永久性结合,可产生相当大的结合力,如套环压在轴、阀座上用 H7/s6 配合
	t(T)	用于钢和铸铁零件的永久结合,不用键可传递转矩,需用热套法或冷轴法装配,如联轴器与轴的配合为 H7/t6
	u(U)	用于大过盈量的配合,最大过盈需验算,用热套法进行装配。如火车轮毂和轴的配合为 H6/u5
	v(V) x(X) y(Y) z(Z)	用于特大过盈量配合,目前使用的经验和资料很少,须经实验后才能应用。一般不推荐

用类比法选择配合时还必须考虑如下一些因素:

① 受载荷情况　若载荷较大,对过盈配合,过盈量要增大;对间隙配合,要减小间隙;对过渡配合,要选用过盈概率大的过渡配合。

② 孔和轴的定心精度要求　孔和轴相配合,如果定心精度要求高时,不宜采用间隙配合。通常采用的是过渡配合或过盈量较小的过盈配合。

③ 拆装情况　需要经常拆装的孔和轴的配合,为了便于拆装,它要比不拆装零件的配合松些。有些零件虽然不经常拆装,但一旦要拆装却很困难,也要采用松的配合。

④ 配合件的结合长度和形位误差　若零件上有配合要求的部位结合面较长时,由于受形位误差的影响,实际形成的配合比结合面的配合要紧些,所以在选择配合时应适当减小过盈或增大间隙。

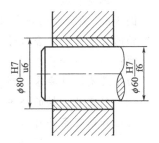

图 3-20　会产生装配变形结构示例

⑤ 孔和轴工作时的温度影响　如相互配合的孔和轴工作时与装配的温度差别较大,在选择配合时要考虑热变形的影响。

⑥ 装配变形的影响　主要针对一些薄壁零件的装配,如图 3-20 所示,套筒外表面与机座孔的配合为过盈配合 $\phi80H7/u6$,套筒内孔与轴的配合为间隙配合 $\phi60H7/f6$。由于套筒外表面与机座孔的装配会产生较大过盈,当套筒压入机座孔后套筒内孔会收缩,使内孔变小,因此,在选择套筒内孔与轴的配合时应考虑此变形量的影响。解决的办法有两个:一是将内孔做大些,比 $\phi60H7$ 稍大点以补偿装配变形;二是用工艺措施来保证,将套筒压入机座孔后,再按 $\phi60H7$ 加工套筒内孔。

⑦ 生产类型　在大批量生产时,多用调整法加工,加工后尺寸的分布通常按正态分布。而单件小批量生产时,多用试切法加工,所加工孔的尺寸多偏向最小极限尺寸,所加工轴的尺寸多偏向最大极限尺寸。即大批量生产时,孔与轴装配后形成的配合要比单件小批量生产时,孔与轴的配合紧些。不同工作情况对过盈和间隙的影响见表 3-13。

表 3-13　不同工作条件影响配合间隙或过盈的趋势

具 体 情 况	过盈增或减	间隙增或减
材料强度低	减	—
经常拆卸	减	—
有冲击载荷	减	减

续表

具 体 情 况	过盈增或减	间隙增或减
工作时孔温高于轴温	增	减
工作时轴温高于孔温	减	增
配合长度增大	减	增
配合面形状和位置误差增大	减	增
装配时可能歪斜	减	增
旋转速度增高	减	增
有轴向运动	—	增
润滑油黏度增大	—	增
表面趋向粗糙	减	减
单件生产相对于成批生产	减	增

(4) 选用实例

例 3-6 某配合的基本尺寸为 $\phi50\text{mm}$，要求间隙在 $0.022\sim0.066\text{mm}$，试确定此配合的孔和轴的公差带和配合代号。

解：(1) 选择基准制

由于没有特殊要求，所以应优先选用基孔制，即孔的基本偏差代号为 H，EI＝0。

(2) 确定孔、轴的公差等级

由已知给定条件可知，此孔、轴的配合为间隙配合，其允许的配合公差为

$$T_f = X_{max} - X_{min} = (0.066 - 0.022)\text{mm} = 0.044\text{mm}$$

因为 $T_f = T_h + T_s = 0.044\text{mm}$，假设孔与轴为同级配合，则

$$T_h = T_s = T_f/2 = 0.044\text{mm}/2 = 0.022\text{mm}$$

查表 3-2 可知，0.022mm 介于 IT6＝0.016mm 和 IT7＝0.025mm 之间，而在这个公差等级范围内，国家标准要求孔比轴低一级配合，于是取孔的公差等级为 IT7，轴的公差等级为 IT6

$$\text{IT6} + \text{IT7} = 0.016\text{mm} + 0.025\text{mm} = 0.041\text{mm} \leqslant T_f$$

(3) 确定轴的基本偏差代号

由于采用的是基孔制配合，则孔的基本偏差代号为 H7，孔的基本偏差为 EI＝0，孔的另一个极限偏差为 ES＝EI＋IT7＝0＋0.025＝＋0.025mm，所以孔的公差带为 $\phi50\text{H7}\left(^{+0.025}_{0}\right)$。

因为是间隙配合，$X_{min} = \text{EI} - \text{es} = 0 - \text{es} = 0.022\text{mm}$，所以 es＝－0.022mm。查表 3-3，取轴的基本偏差 es＝－0.025mm，则 ei＝es－IT6＝(－0.025－0.016)mm＝－0.041mm，所以轴的公差带为 $\phi50\text{f6}\left(^{-0.025}_{-0.041}\right)$。

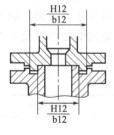

(4) 选择的配合为 $\phi50\ \dfrac{\text{H7}\left(^{+0.025}_{0}\right)}{\text{f6}\left(^{-0.025}_{-0.041}\right)}$

(5) 验算

$$X_{max} = \text{ES} - \text{ei} = [(+0.025) - (-0.041)]\text{mm} = 0.066\text{mm}$$

$$X_{min} = \text{EI} - \text{es} = [0 - (-0.025)]\text{mm} = 0.025\text{mm}$$

故间隙在 $0.022\sim0.066\text{mm}$，设计结果满足使用要求。

图 3-21　带榫槽的法兰盘

(5) 各种配合的特征及应用

为了便于在实际设计中合理地确定其配合，下面举例说明某些配

合在实际中的应用，供参考。

① 间隙配合　属于基孔制间隙配合轴的基本偏差代号为 a～h，其中与轴 a 形成的配合间隙最大，与轴 h 形成的配合间隙最小，其最小间隙为零。

a. H/a、H/b、H/c 配合　这三种配合的间隙很大，应用较少。一般用于工作条件较差、或受力变形较大、或在高温下工作需保证有较大间隙的场合。如管道法兰的配合连接，如图 3-21 所示。起重机吊钩的铰链，如图 3-22 所示。内燃机的排气阀和导管，如图 3-23 所示。

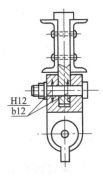

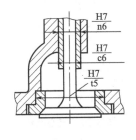

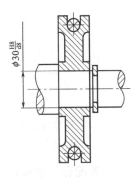

图 3-22　起重机吊钩　　　　图 3-23　内燃机的　　　　图 3-24　滑轮与
　　的铰链　　　　　　　　排气阀和导管　　　　　轴承的配合

b. H/d、H/e 配合　这两种配合的间隙较大，用于要求不高、易于转动的支承。H/d 适用于较松的配合，如密封盖、滑轮和空转带轮与轴的配合。也适用于大直径滑动轴承配合，如球磨机、轧钢机等重型机械的滑动轴承，适用于 IT7～IT11 级。如图 3-24 所示为滑轮与轴承的配合。H/e 配合多用于 IT7～IT9 级，适用于要求有明显间隙、易于转动的支承配合。如大跨距支承、大支点支承的配合。高等级的也适用于大直径、高速、重载的支承，如蜗轮发电机、大电动机的支承以及凸轮轴支承等。如图 3-25 所示为内燃机主轴承的配合。

c. H/f 配合　此配合的间隙适中，多用于 IT6～IT8 级的一般转动配合。如齿轮箱、小电动机和泵的转轴与滑动轴承的配合。如齿轮轴套与轴的配合，如图 3-26 所示；C616 床头箱与衬套的配合，如图 3-27 所示。

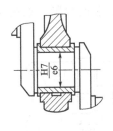

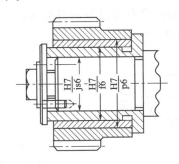

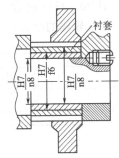

图 3-25　内燃机　　　　图 3-26　齿轮轴套与　　　　图 3-27　C616 床头箱
　主轴承的配合　　　　　轴的配合　　　　　　X 轴与衬套的配合

d. H/g 配合　此配合的间隙很小，多用于 IT5～IT7 级，除用在很轻负荷的精密机构外，一般不用于轴转动配合。适合于作往复摆动和滑动的精密配合，如图 3-28 所示为钻套与衬套的配合。有时也用于插销等定位配合，如精密机床的主轴与轴承、分度头轴颈与轴承的配合等。

　　e. H/h 配合　此配合的间隙最小为零，多用于 IT4～IT11 级，适用于无相对转动而有定心和导向要求的定位配合。若无温度、变形的影响，也用于精密滑动配合。推荐的配合为 H7/h6、H8/h7、H9/h9 和 H11/h11。如定心凸缘的配合，如图 3-29 所示；螺旋搅拌器的轴与桨叶的配合，如图 3-30 所示。

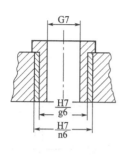

图 3-28　钻套与衬套
的配合

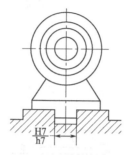

图 3-29　定心凸缘
的配合

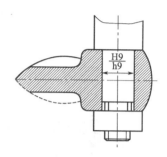

图 3-30　螺旋搅拌器的
轴与桨叶的配合

　　② 过渡配合　基准孔 H 与相应公差等级的轴的基本偏差代号 j～n 形成过渡配合，适用于 IT4～IT7 级。这类配合一般根据经验确定，选用时应考虑孔与轴的定心要求、装拆的经常性和方便性、承受载荷的大小和类型。对于定心要求较高而不经常拆卸的，选用较紧的配合；对于定心要求不高而又经常拆卸的，以及易损部件，选用较松的配合；对于承受大转矩或动载荷的结合部位，选用较紧的配合；而在拆卸不方便处，可选用较松的配合。

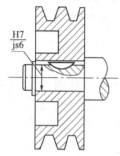

图 3-31　带轮与轴
的配合

　　a. H/j、H/js 配合　这两种配合获得间隙的机会比较多，适用于要求间隙比 h 小并略有过盈的定位配合，如联轴器、齿圈与钢制轮毂及滚动轴承与箱体的配合等，如图 3-31 所示为带轮与轴的配合。

　　b. H/k 配合　此配合获得的平均间隙接近零，定心较好，装配后零件受到的接触应力较小，能够拆卸，如刚性联轴器的配合，如图 3-32 所示。

　　c. H/m、H/n 配合　这两种配合获得过盈的机会多，定心好，装配较紧。如蜗轮青铜轮缘与铸铁轮辐的配合，如图 3-33 所示。

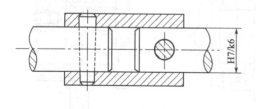

图 3-32　刚性联轴器的配合

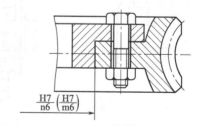

图 3-33　蜗轮青铜轮缘与轮辐的配合

　　③ 过盈配合　基准孔 H 与相应公差等级的轴 p～zc 形成过盈配合，其特点是由于有过盈，装配后的孔尺寸被胀大而轴的尺寸被压小，两者产生弹性变形，在结合面上产生一定的正压力和摩擦力，借以传动力矩和紧固零件。

选用过盈配合时，如不附加键或销等紧固件，则最小过盈量应能保证传递所需力矩，最大过盈应不使材料破坏，最小与最大过盈量不能相差太大，故一般过盈配合公差等级为 IT5～IT7 级。

a. H/p、H/r 配合　这两种配合在高公差等级时为过盈配合，主要用于定心精度很高、零件有足够的刚性、受冲击负荷的定位配合。可用锤打或压力机装配，只宜在大修时拆卸。如图 3-34 所示为连杆小头孔与衬套的配合。

b. H/s、H/t 配合　这两种配合属于中等过盈配合，多采用 IT6、IT7 级。主要用于钢铁件的永久或半永久结合。依靠过盈产生的结合力，可以直接传递中等负荷。一般用压力法装配，如柱、销、轴套等压入孔中的配合，也有用冷轴或热套法装配，如蜗轮轮缘与轮毂的配合，如图 3-35 所示，联轴器与轴的配合，如图 3-36 所示。

c. H/u、H/v、H/x、H/y、H/z 配合　这几种配合属于大过盈配合，适用于传递和承受大的转矩和动载荷，完全依靠过盈产生的结合力保证牢固的连接。通常采用热套或冷轴法装配。如火车轮与轴的配合，如图 3-37 所示。

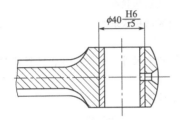

图 3-34　连杆小头孔与衬套的配合

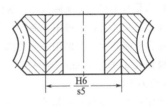

图 3-35　蜗轮轮缘与轮毂的配合

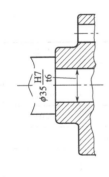

图 3-36　联轴器与轴的配合

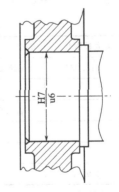

图 3-37　火车轮与轴的配合

总之，配合的选择应先根据使用要求确定配合的种类（间隙配合、过盈配合或过渡配合），然后按工作条件选出具体的公差带代号。

本　章　小　结

本章主要讲述了以下内容：

(1) 极限与配合的基本术语及定义

① 孔和轴；

② 尺寸、基本尺寸、极限尺寸、实际尺寸；

③ 偏差、公差、公差带；

④ 间隙配合、过渡配合、过盈配合。

（2）极限与配合的国家标准

① 基孔制和基轴制；

② 标准公差系列和基本偏差系列；

③ 公差带代号和配合代号；

④ 极限与配合在图样上的标注；

⑤ 优先和常用配合。

（3）极限与配合的选择

① 基准制的选择；

② 公差等级的选择；

③ 配合种类的选择。

思考与练习题

3-1　什么是基本尺寸、实际尺寸、极限尺寸？它们之间有何区别和联系？

3-2　什么是尺寸公差、极限偏差、实际偏差？它们之间有何区别和联系？

3-3　配合有哪几种？分别用公差带图表示。

3-4　根据孔 $\phi50^{+0.048}_{+0.039}$ mm，轴 $\phi50^{-0.025}_{-0.041}$ mm，试计算它们的基本尺寸、极限尺寸、极限偏差和公差，并画出尺寸公差带图。

3-5　使用标准公差和基本偏差表，查出下列公差带的上、下偏差。

(1) $\phi30e8$　　(2) $\phi60p6$　　(3) $\phi80v7$　　(4) $\phi65h10$　　(5) $\phi25k6$

(6) $\phi35C8$　　(7) $\phi40M7$　　(8) $\phi60Z7$　　(9) $\phi30JS6$　　(10) $\phi65P7$

3-6　计算出表 3-14 中空格处的数值，并按规定填写在空栏中。

表 3-14　思考与练习题 3-6 表　　　　　　　　　　　　　　　　　　mm

基本尺寸	最大极限尺寸	最小极限尺寸	上偏差	下偏差	公差	标注
孔 $\phi18$	$\phi18.034$	$\phi18.016$				
轴 $\phi20$			$+0.043$		0.021	
孔 $\phi30$		$\phi29.969$			0.013	
轴 $\phi40$			-0.025	-0.050		
孔 $\phi50$						$\phi50^{-0.043}_{-0.059}$
轴 $\phi80$	$\phi79.990$				0.019	

3-7　绘出下列三对孔、轴配合的公差带图，并分别计算出它们的极限间隙（X_{max}、X_{min}）或极限过盈（Y_{max}、Y_{min}）。

(1) 孔 $\phi20^{+0.033}_{0}$ mm、轴 $\phi20^{-0.065}_{-0.098}$ mm

(2) 孔 $\phi35^{+0.007}_{-0.018}$ mm、轴 $\phi35^{0}_{-0.016}$ mm

(3) 孔 $\phi55^{+0.030}_{0}$ mm、轴 $\phi55^{+0.060}_{+0.040}$ mm

3-8　在某配合中，已知孔的尺寸标注为 $\phi20^{+0.013}_{0}$，$X_{max}=+0.011$，$T_f=0.022$，求出轴的上、下偏差及其公差带代号。

3-9　若已知某孔轴配合的基本尺寸为 $\phi30$mm，最大间隙 $X_{max}=+23\mu m$，最大过盈 $Y_{max}=-10\mu m$，孔的尺寸公差 $T_h=20\mu m$，轴的上偏差 es=0，试确定孔、轴的极限偏差及公差带代号。

3-10　什么是基准制？为什么要规定基准制？在哪些情况下采用基轴制？

3-11　选择公差等级时一般考虑哪几方面？

3-12 如何选用配合种类?

3-13 有一孔、轴配合,基本尺寸为 $\phi 100$mm,要求配合的过盈或间隙在 $-0.048\sim +0.041$mm 范围内。试确定此配合的孔、轴公差带和配合代号。

3-14 有一孔、轴配合的基本尺寸为 $\phi 30$mm,要求配合间隙在 $+0.020\sim +0.055$mm,试确定孔和轴的精度等级和配合种类。

3-15 设有一基本尺寸为 $\phi 110$mm 的配合,经计算确定,为保证连接可靠,其过盈不得小于 40μm;为保证装配后不发生塑性变形,其过盈不得大于 110μm。若已决定采用基轴制,试确定此配合的孔、轴公差带代号,并画出尺寸公差带图。

第4章　形状和位置公差及其检测

本章基本要求

（1）本章主要内容

形位公差概念、项目、符号及标注；形位公差标注含义及公差带；形位误差评定；公差原则的基本内容；形位误差的检测方法。

（2）本章基本要求

① 理解形位公差的基本概念、形位公差项目符号和形位公差的标注方法。

② 理解形位公差标注及公差带含义。

③ 理解评定形状和位置误差时"最小条件"的概念及遵守"最小条件"的意义。

④ 理解单一要素采用包容要求及最大实体要求用于被测要素的情况。

⑤ 了解形位公差的等级与公差值的选用。

⑥ 了解形位误差的检测方法。

（3）本章重点难点

形位公差标注、公差带的含义，形位公差的应用，公差原则的内容及应用。

4.1　概述

零件经过加工后，其表面、轴线、中心对称平面等的实际形状和位置相对于所要求的理想形状和位置，不可避免地存在着误差，这种误差称为形状和位置误差，简称形位误差。零件的形位误差一般是由加工设备、刀具、夹具、原材料的内应力、切削力等因素造成的。零件的形位误差对机械产品的工作精度、配合性质、密封性、运动平稳性、耐磨性和使用寿命等都有很大影响。一个零件的形位误差越大，其形位精度越低；反之，则越高。为了保证机械产品的质量和零件的互换性，必须将形位误差控制在一个经济、合理的范围内。这一允许形状和位置误差变动的范围，称为形状和位置公差，简称形位公差。

我国关于形位公差的标准有 GB/T 1182—1996、GB/T 1184—1996、GB/T 4249—1996、GB/T 16671—1996 和 GB/T 13319—2003 等。

4.1.1　形位公差的研究对象——几何要素

零件的形状和结构虽各式各样，但它们都是由一些点、线、面按一定几何关系组合而成。几何要素就是指构成零件几何特征的点、线和面。如图 4-1 所示零件的球心、锥顶、轴线、素线、圆柱面、圆锥面和球面等都是组成该零件的几何要素。

几何要素根据不同情况，可分为以下几类：

（1）按存在的状态分

① 实际要素　零件上实际存在的要素，通常用测得要素来代替。由于存在测量误差，测得要素并非是实际要素的真实体现。

② 理想要素　具有几何学意义的要素，即设计图样上给出的要素，它不存在任何误差。

(2) 按所处的地位分

① 被测要素　零件设计图样上给出了形状或位置公差要求的要素，即需要检测的要素。

② 基准要素　用来确定被测要素方向或位置的要素。

(3) 按结构特征分

① 轮廓要素　构成零件外形的，人们看得见、摸得着、直接感觉得到的点、线、面。如图 4-1 中的球面、圆柱面、圆锥面、端平面、素线和锥顶。

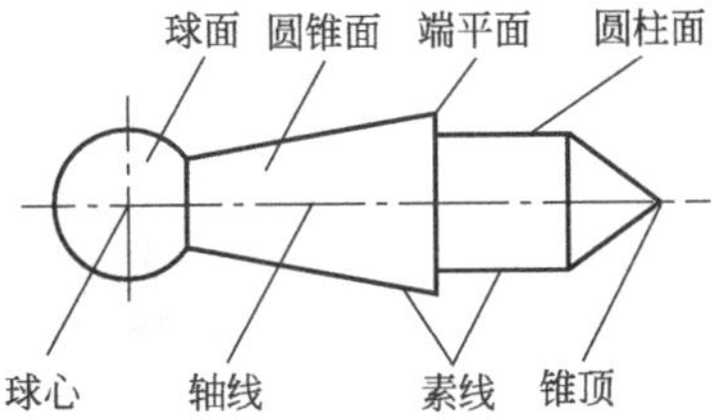

图 4-1　零件的几何要素

② 中心要素　对称轮廓要素的对称中心面、中心线或点。如图 4-1 中轴线、球心。

(4) 按功能关系分

① 单一要素　仅对其本身给出形状公差要求的要素。

② 关联要素　对其他要素有功能关系的要素，即给出位置公差要求的要素。

4.1.2　形位公差的特征项目及其符号

按国家标准 GB/T 1182—1996《形状和位置公差通则、定义、符号和图样表示法》的规定，形位公差共有 14 个特征项目，各个特征项目的名称及符号见表 4-1。

表 4-1　形位公差特征项目符号

公　差		特　征	符　号	有或无基准要求	公　差		特　征	符　号	有或无基准要求
形状	形状	直线度	—	无	位置	定向	平行度	//	有
							垂直度	⊥	有
		平面度	▱	无			倾斜度	∠	有
		圆度	○	无		定位	位置度	⊕	有或无
		圆柱度	⌭	无			同轴(同心)度	◎	有
形状或位置	轮廓	线轮廓度	⌒	有或无			对称度	=	有
		面轮廓度	⌓	有或无		跳动	圆跳动	↗	有
							全跳动	⌰	有

4.1.3　形位公差的标注方法

国家标准规定，在图样上形位公差的标注采用代号标注，当无法用代号标注时，才允许在技术要求中用文字说明。

形位公差代号包括：形位公差框格和指引线、形位公差项目符号、形位公差数值和有关符号以及基准代号等。

(1) 形位公差框格及基准代号

① 形位公差框格和指引线　形位公差的框格可沿水平或垂直方向用细实线绘制，根据公差的内容要求分为两格、三格或多格。第一格填写形位公差的项目符号；第二格填写公差数值和有关符号；第三格和以后各格填写基准字母和有关符号。框格需用带箭头的指引线指向被测要素，指引线一般允许弯折一次。如图 4-2 所示。

② 基准代号　基准要素用基准代号表示，基准代号的组成如图 4-3(a) 所示，基准代号

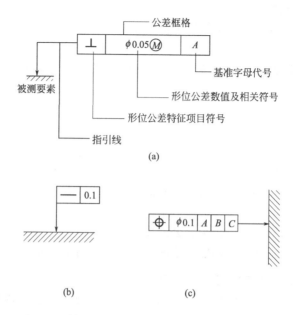

图 4-2　形位公差框格和指引线

的方向如图 4-3(b) 所示。在标注基准代号时，不论基准符号方向如何，圆圈内的字母都应水平书写。基准字母采用大写英文字母，为了不引起误解，其中 E、I、J、M、O、P、L、R、F 不用。

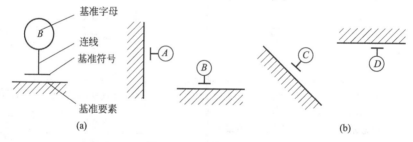

图 4-3　基准代号及方向

(2) 被测要素的标注

① 当被测要素为轮廓要素时，指引线的箭头应指在该要素的轮廓线或其延长线上，并应明显地与尺寸线错开，如图 4-4 所示。

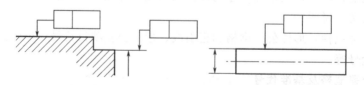

图 4-4　被测要素为轮廓要素时的标注

② 当被测要素为中心要素时，指引线的箭头应与该中心要素的轮廓尺寸线对齐，如图 4-5 所示。

③ 同一被测要素有多项形位公差要求且测量方向相同时可将这些框格绘制在一起，只画一条指引线，如图 4-6 所示。

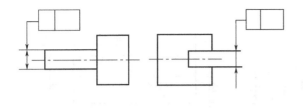

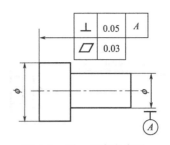

图 4-5　被测要素为中心要素时的标注　　　　图 4-6　同一要素有多项
形位公差要求的标注

④ 多个被测要素有相同的形位公差要求时，可以在从框格引出的指引线上绘制出多个箭头，并分别指向各被测要素，如图 4-7 所示。

⑤ 对于同样的结构要素具有相同的形位公差要求，可以只标注一个公差框格，并在框格上方加以文字说明，如图 4-8 所示。

(3) 基准要素的标注及基准种类

① 当基准要素为轮廓要素时，基准代号的短横线应靠近基准要素的轮廓线或其延长线，且与轮廓要素的尺寸线明显错开，如图 4-9 所示。

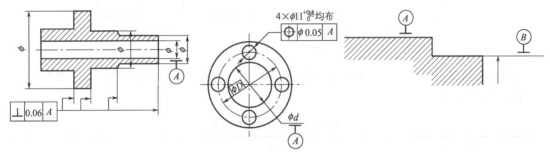

图 4-7　不同要素有相同　　　图 4-8　同样的结构要素　　　图 4-9　基准要素为轮廓要素
形位公差要求的标注　　　　具有相同形位公差
要求的标注

② 当基准要素为中心要素时，基准代号的连线应与该中心要素的轮廓的尺寸线对齐，如图 4-10 所示。

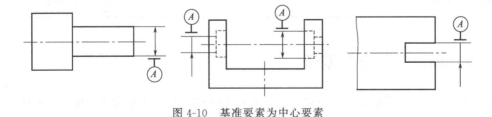

图 4-10　基准要素为中心要素

③ 基准的种类

a. 单一基准　由一个要素建立的基准称为单一基准，如图 4-11(a) 所示。

b. 组合基准（公共基准）　由两个或两个以上的同类要素所建立的一个独立的基准称为组合基准或公共基准，如图 4-11(b) 所示。

c. 三基面体系　由三个互相垂直的平面所构成的基准体系称为三基面体系，如图 4-11

（c）所示。

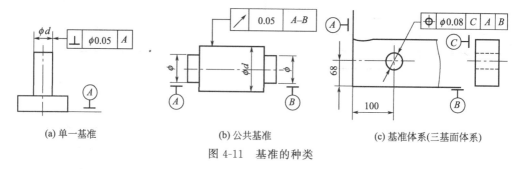

(a) 单一基准   (b) 公共基准   (c) 基准体系(三基面体系)

图 4-11 基准的种类

（4）特殊表示法

① 对适用于视图所示的所有轮廓线或轮廓面的形位公差要求，应采用全周符号，即在公差框格的指引线弯折处画一个细实线小圆圈。如图 4-12 所示。

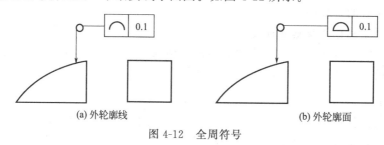

(a) 外轮廓线   (b) 外轮廓面

图 4-12 全周符号

② 在公差带内如果要进一步限制被测要素的形状，则应在公差值后面加注限制符号，限制符号的规定见表 4-2。

表 4-2 公差值的限制符号

含　义	符　号	举　例
只许中间向材料内凹下	(—)	— | t (—)
只许中间向材料外凸起	(+)	▢ | t (+)
只许从左至右减小	(▷)	⌒ | t (▷)
只许从右至左减小	(◁)	⌒ | t (◁)

4.2　形位公差及公差带

形位公差是用来限制零件形位误差的，它是实际被测要素的允许变动量。而形位公差是由形位公差带来表达的，即形位公差带是限制被测实际要素变动的区域，它是一个几何图形。零件的实际要素如果在该区域之内，就表示该要素的形状和位置符合设计要求。

形位公差带具有形状、大小、方向和位置四个要素。

形位公差带的形状由被测要素的理想形状和给定的公差特征所决定，主要有 11 种，如表 4-3 所示。

形位公差带的大小由公差值 t 确定，一般指的是公差带的距离、宽度或直径等。

表 4-3　形位公差带的形状

1. 两平行线之间的区域	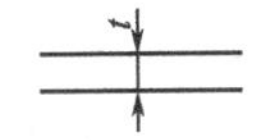	7. 两同轴圆柱面之间的区域	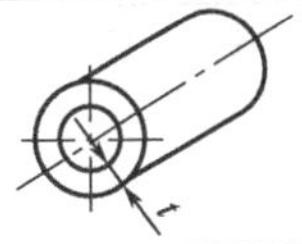
2. 两等距曲线之间的区域	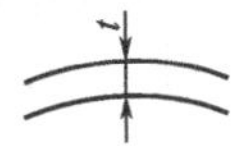	8. 两平行平面之间的区域	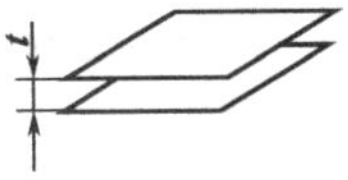
3. 两同心圆之间的区域	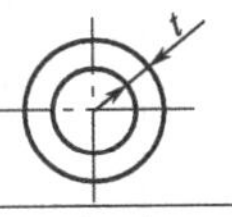	9. 两等距曲面之间的区域	
4. 一个圆内的区域	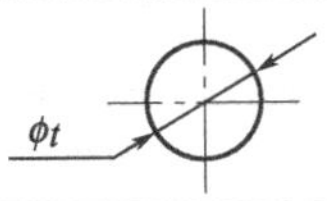 ϕt		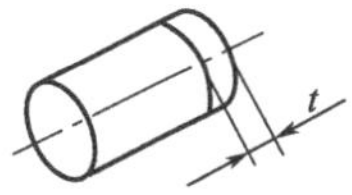
5. 一个球体内的区域	$S\phi t$	10. 一小段圆柱表面	
6. 一个圆柱内的区域	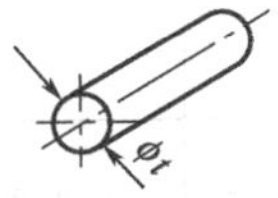 ϕt	11. 一小段圆锥表面	

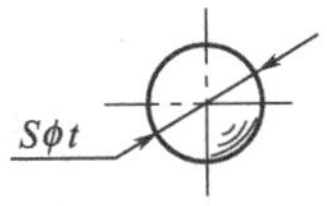

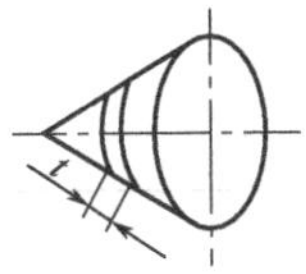

　　公差带的方向指公差带相对基准在方向上的要求，一般有公差带与基准平行、垂直和倾斜某一角度（0°～90°）之间的要求。

　　公差带的位置指公差带相对基准在位置上的要求，分为固定和浮动两种。当公差带相对基准有确定位置时，则称为公差带位置固定；当公差带位置随实际尺寸的变化而变化时，则称为公差带位置浮动。

4.2.1　形状公差及公差带

　　形状公差是指单一实际要素的形状所允许的变动全量，形状公差有直线度、平面度、圆度和圆柱度 4 个项目。形状公差带是限制单一实际要素变动的一个区域。形状公差标注及公差带含义见表 4-4。

表 4-4　形状公差标注及公差带的含义

项　　目		公差带定义	标注和解释
直线度	给定平面直线度	在给定平面内，公差带是距离为公差值 t 的两平行直线之间的区域 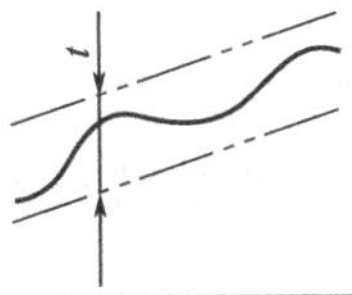	被测表面的素线必须位于平行于图样所示的投影面且距离为公差值 0.1mm 的两平行直线内 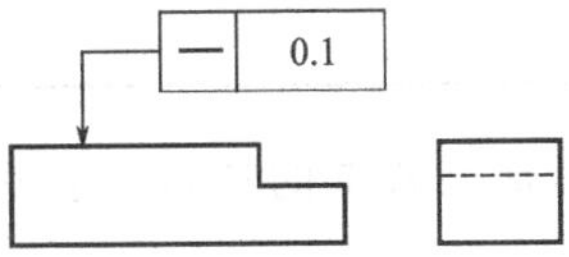
	给定方向直线度	在给定方向上，公差带是距离为公差值 t 的两平行平面之间的区域 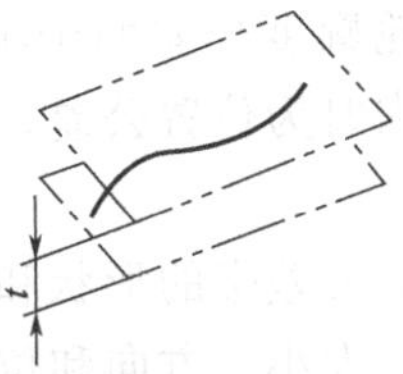	被测圆柱面的任一素线必须位于距离为公差值 0.1mm 的两平行平面之内 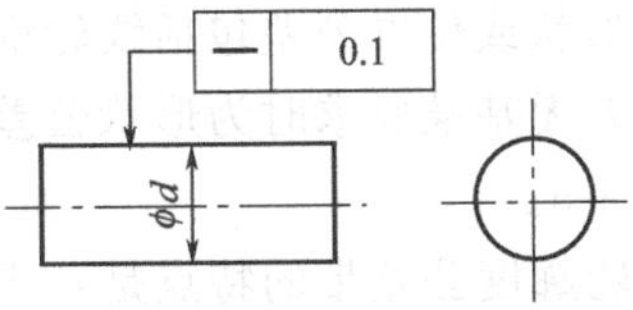

项　目		公差带定义	标注和解释
直线度	任一方向直线度	如在公差值前加注 ϕ，则公差带是直径为 ϕt 的圆柱面内的区域	被测圆柱的轴线必须位于直径为 $\phi 0.08$mm 的圆柱面内
平面度		公差带是距离为公差值 t 的两平行平面之间的区域	被测表面必须位于距离为公差值 0.06mm 的两平行平面内
圆度		公差带是在同一正截面上，半径差为公差值 t 的两同心圆之间的区域	被测圆柱面和圆锥面任一正截面的圆周必须位于半径差为公差值 0.01mm 的两同心圆之间
圆柱度		公差带是半径差为公差值 t 的两同轴圆柱面之间的区域	被测圆柱面必须位于半径差为 0.05mm 的两同轴圆柱面之间

　　形状公差带的特点是：公差带的大小和形状是确定的，公差带的方向和位置是浮动的。

4.2.2　形状或位置公差及公差带

　　形状或位置公差包括线轮廓度公差和面轮廓度公差两个项目（简称轮廓度公差）。轮廓度公差无基准要求时为形状公差，有基准要求时为位置公差。轮廓度公差标注及公差带含义见表 4-5。

　　轮廓度公差带的特点是：无基准要求时，公差带的形状和大小两要素确定，方向和位置两要素浮动。有基准要求时，公差带的形状、大小、方向和位置四要素均是确定的。

表 4-5　轮廓度公差标注及公差带含义

项目	公差带定义	标注和解释
线轮廓度	公差带是包络一系列直径为公差值 t 的圆的两包络线之间的区域。诸圆的圆心位于具有理论正确几何形状的线上 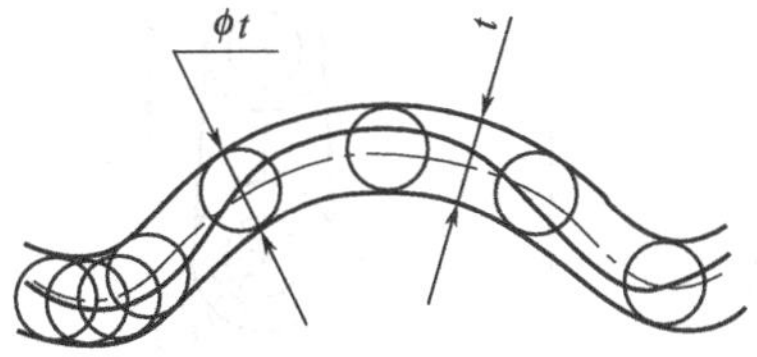 	在平行于图样所示投影面的任一截面上，被测轮廓线必须位于包络一系列直径为公差值 0.04mm，且圆心位于具有理论正确几何形状的线上的两包络线之间 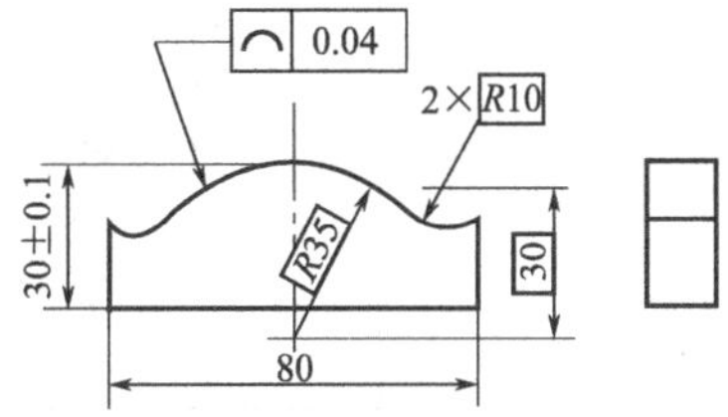 无基准要求 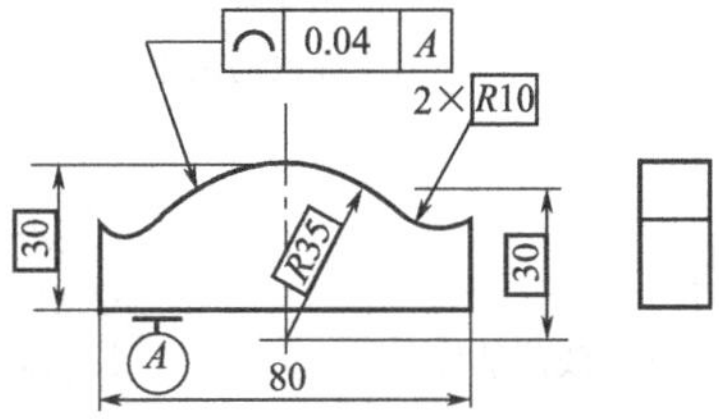 有基准要求
面轮廓度	公差带是包络一系列直径为公差值 t 的球的两包络面之间的区域。诸球的球心应位于具有理论正确几何形状的面上 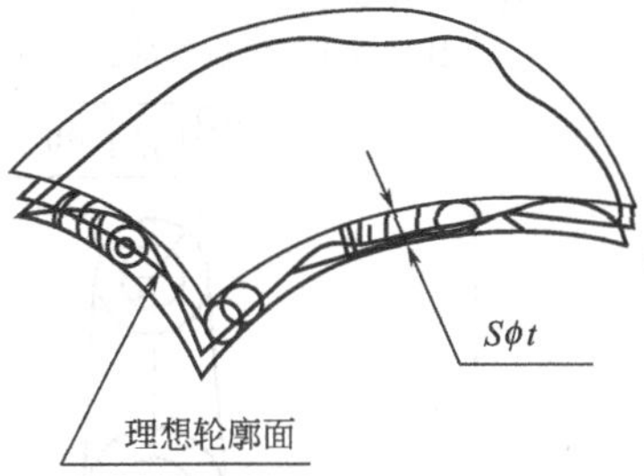 	被测轮廓面必须位于包络了一系列直径为公差值 0.1mm 的小球，且球心位于具有理论正确几何形状的线上的两包络面之间 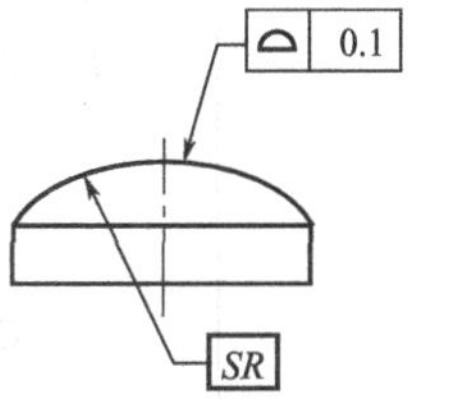 无基准要求 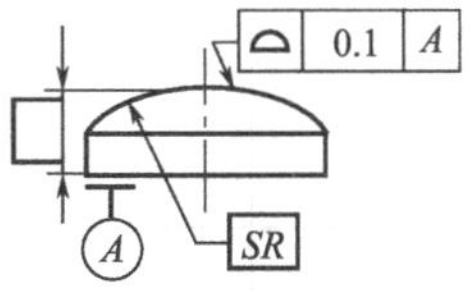 有基准要求

4.2.3　位置公差及公差带

位置公差是指关联实际要素的方向、位置相对基准要素所允许的变动全量。位置公差分为定向公差、定位公差和跳动公差 3 类。

(1) 定向公差

是指关联实际要素对基准要素在方向上允许的变动全量。

定向公差包括平行度公差、垂直度公差和倾斜度公差三项，每项都有面对面、面对线、线对面和线对线四种情况。定向公差带标注的含义及公差带定义见表 4-6。

表 4-6 定向公差带标注及公差带的含义

项　　目		公 差 带 定 义	标 注 的 含 义
平行度	线对线的平行度	给定一个方向时:公差带是距离为公差值 t 且平行基准轴线、位于给定方向上的两平行平面之间的区域	被测轴线必须位于距离为公差值 0.1mm 且在给定方向上平行于基准轴线 C 的两平行平面之间
		给定两个互相垂直方向时:公差带是两对相互垂直的距离分别为 t_1 和 t_2 且平行于基准线的两平行平面之间的区域	被测轴线必须位于距离分别为公差值 0.2mm 和 0.1mm,在给定的相互垂直方向上且平行于基准轴线的两组平行平面之间
		任意方向时:公差带是直径为公差值 t,且平行于基准轴线的圆柱面内的区域	被测轴线必须位于直径为公差值 0.1mm,且平行于基准轴线的圆柱面内
	线对面的平行度	公差带是距离为公差值 t 且平行于基准平面的两平行平面之间的区域	被测轴线必须位于距离为公差值 0.03mm,且平行基准平面 A 的两平行平面之间

项　目		公 差 带 定 义	标 注 的 含 义
平行度	面对线的平行度	公差带是距离为公差值 t 且平行于基准线的两平行平面之间的区域 基准线	被测表面必须位于距离为公差值 0.2mm 且平行于基准轴线 A 的两平行平面之间
	面对面的平行度	公差带是距离为公差值 t，且平行于基准平面的两平行平面之间的区域 基准平面	被测表面必须位于距离为公差值 0.05mm，且平行于基准平面 A 的两平行平面之间
垂直度	线对线的垂直度	公差带是距离为公差值 t 且垂直于基准线的两平行平面之间的区域 基准轴线 基准轴线	被测轴线必须位于距离为公差值 0.02mm，且垂直于基准轴线 A 的两平行平面之间
	线对面的垂直度	公差带是直径为公差值 t 且轴线垂直于基准平面的小圆柱面之间的区域 	被测轴线必须位于直径为公差值 0.05mm，且轴线垂直于基准平面 A 的小圆柱面之间

项　目		公差带定义	标注的含义
垂直度	面对线的垂直度	公差带是距离为公差值 t 且垂直于基准线的两平行平面之间的区域	被测表面必须位于距离为公差值 0.05mm，且垂直于基准轴线 A 的两平行平面之间
	面对面的垂直度	公差带是距离为公差值 t 且垂直于基准平面的两平行平面之间的区域	被测表面必须位于距离为公差值 0.05mm，且垂直于基准平面 A 的两平行平面之间
倾斜度	线对线的倾斜度	公差带是距离为公差值 t 且与基准线成一定角度的两平行平面之间的区域	被测轴线必须位于直径为公差值 0.1mm，且与基准轴线成 60° 的两平行平面之间的区域
	线对面的倾斜度	公差带是距离为公差值 t 且与基准面成一给定角度的两平行平面之间的区域	被测轴线必须位于距离为公差值 0.08mm 且与基准平面 A 成理论正确角度 60° 的两平行平面之间

续表

项　目		公差带定义	标注的含义
倾斜度	面对线的倾斜度	公差带是距离为公差值 t 且与基准线成一给定角度的两平行平面之间的区域 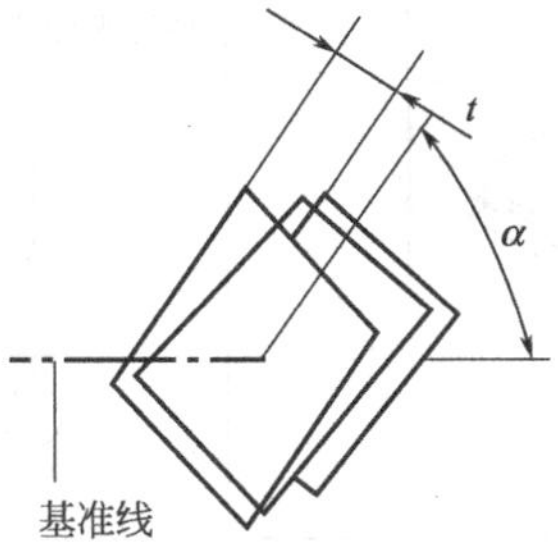 t　α 基准线	被测表面必须位于距离为公差值 0.05mm，且与基准轴线 A 成 60°的两平行平面之间 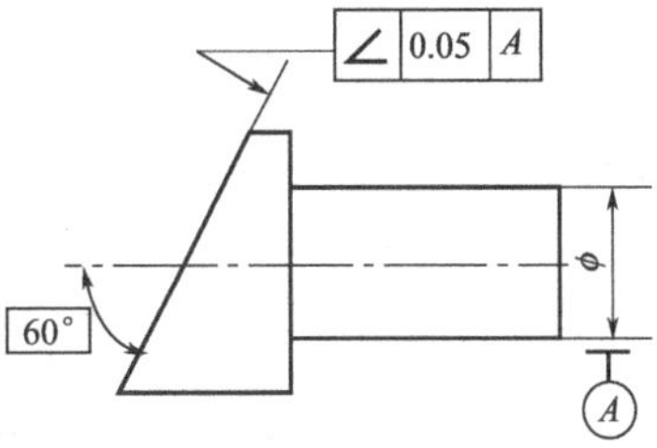 ∠ 0.05 A 60°　ϕ A
	面对面的倾斜度	公差带是距离为公差值 t，且与基准平面成一给定角度 α 的两平行平面之间的区域 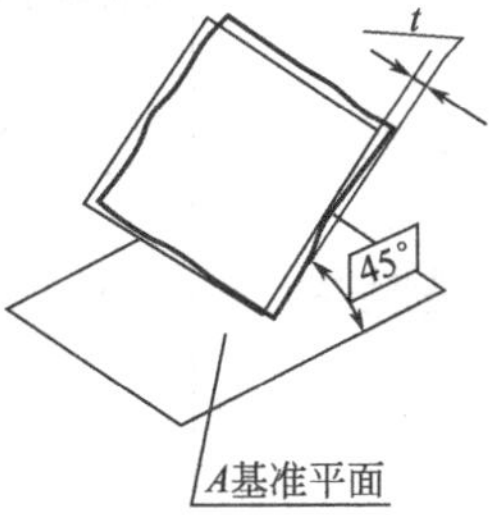 t　45° A 基准平面	被测平面必须位于距离为公差值 0.08mm，且与基准平面 A 成一理论正确角度 45°的两平行平面之间的区域 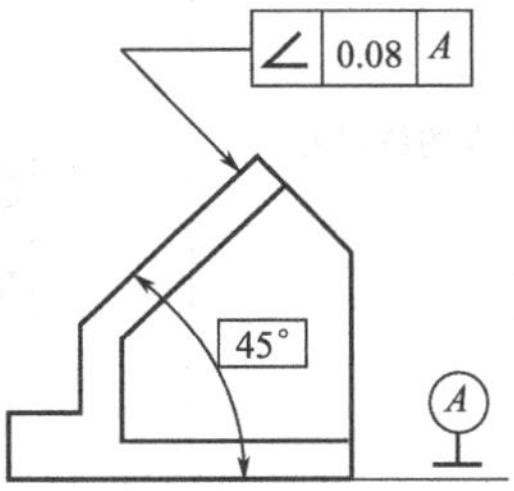 ∠ 0.08 A 45° A

　　定向公差带的特点：公差带的方向相对基准是确定的，而公差带的位置往往是浮动的，并具有综合控制被测要素的方向和形状的功能。如平面的平行度公差，既可控制平面对基准的平行度误差，又可控制该平面的平面度误差。一般情况下，对被测要素给出定向公差后，就不再给出形状公差。只有对形状公差有进一步要求时，可再给出形状公差，且形状公差值应小于定向公差值。

　　(2) 定位公差

　　是指关联实际要素对基准要素在位置上允许的变动全量。

　　定向公差包括同轴度公差、对称度公差和位置度公差三项。定位公差带标注的含义及公差带定义见表 4-7。

表 4-7　定位公差带标注及公差带的含义

项　目	公差带的定义	标注的含义
同轴度	公差带是直径为公差值 ϕt 的圆柱面内的区域，该圆柱面的轴线与基准轴线同轴 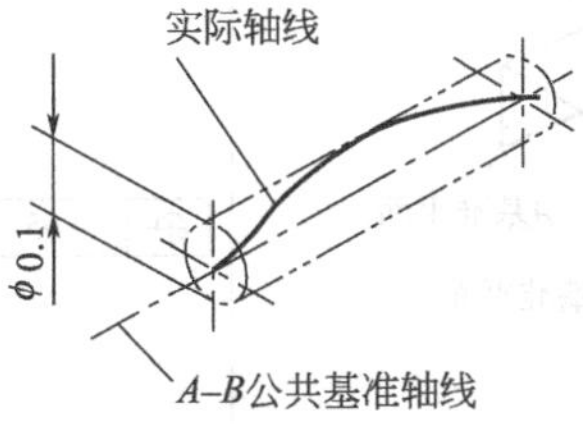 实际轴线 $\phi 0.1$ A-B 公共基准轴线	被测圆柱面的轴线必须位于直径为公差值 $\phi 0.1$mm 且与公共基准轴线 A—B 同轴的圆柱面内 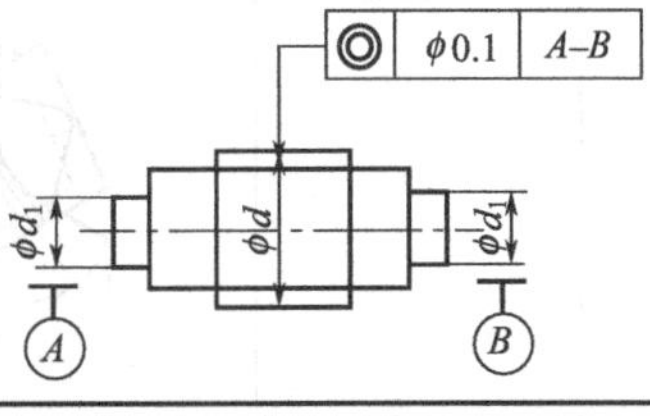 ◎ $\phi 0.1$ A-B ϕd_1　ϕp　ϕd_2 A　　　　　B

项　　目		公差带的定义	标注的含义
对称度		公差带是距离为公差值 t 且相对于基准中心平面对称配置的两平行平面之间的区域	被测中心平面必须位于距离为公差值 0.1mm 且相对基准中心平面 A 对称配置的两平行平面之间
位置度	点的位置度	公差带是直径为公差值 t 的球内的区域，其球心的位置由基准 A、B 和理论正确尺寸 L 确定	被测球心必须位于以基准 A、B 和距离 L 所确定的点的理想位置为球心，直径为公差值 0.08mm 的球内
	线的位置度	公差带是直径为 t 的圆柱面内的区域。公差带的轴线的位置由相对于三基面体系的理论正确尺寸确定	被测轴线必须位于直径为公差值 0.08mm 且以相对于 C、A、B 基准表面的理论正确尺寸所确定的理想位置为轴线的圆柱面内
	面的位置度	公差带是距离为公差值 t 且以面的理想位置为中心对称配置的两平行平面之间的区域。面的理想位置由相对于三基面体系的理论正确尺寸确定	被测平面必须位于距离为公差值 0.05mm，由以相对于基准轴线 B 和基准平面 A 的理论正确尺寸所确定的理想位置对称配置的两平行平面之间

　　定位公差带的特点：公差带相对基准有确定的位置，公差带的位置由基准和理论正确尺寸确定。同轴度和对称度的理论正确尺寸为零，图上省略不注。

　　定位公差带具有综合控制被测要素的位置、方向和形状的功能。在满足使用要求的前提下，对被测要素给出定位公差后，就不再给出定向公差和形状公差。只有对方向和形状有进一步要求时，可另外给出定向和形状公差，但其数值应小于定位公差值。

(3) 跳动公差

　　跳动公差是关联实际要素绕基准轴线回转一周或连续回转时所允许的最大跳动量，它是以测量方法为依据规定的一种几何公差，用于综合限制被测要素的形状和位置误差。表 4-8 为圆跳动公差带定义及标注的含义。

表 4-8　圆跳动公差带定义及标注的含义

项　　目		公差带定义	标注的含义
圆跳动	径向圆跳动	公差带是垂直于基准轴线的任一测量平面内，半径差为公差值 t 且圆心在基准轴线上的两同心圆之间的区域 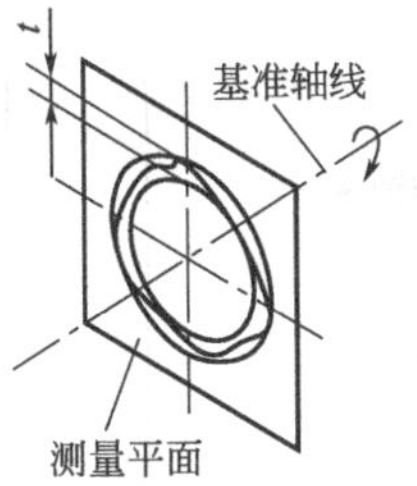	被测圆柱面绕公共基准轴线 A—B 旋转一周时，在任一测量平面内的径向跳动量均不得大于公差值 0.05mm 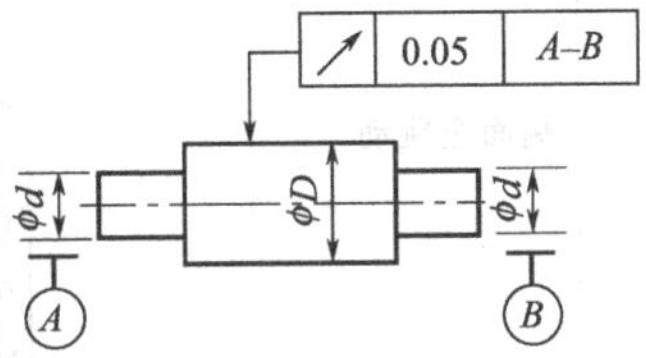
	端面圆跳动	公差带是在与基准轴线同轴的任一半径位置的测量圆柱面上距离为公差值 t 的圆柱面区域 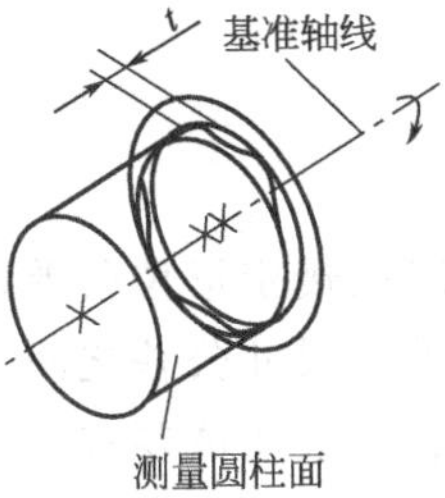	被测面围绕基准线 A 作无轴向移动旋转一周时，在任一测量圆柱面内的轴向跳动量均不得大于 0.06mm 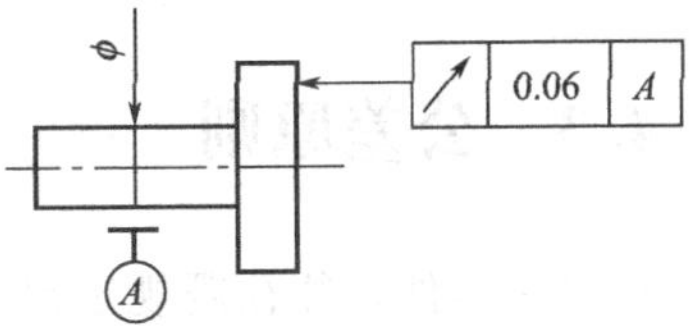
	斜向圆跳动	公差带是在与基准轴线同轴的任一测量圆锥面上距离为 t 的两圆之间的区域，除另有规定，其测量方向应与被测曲面垂直 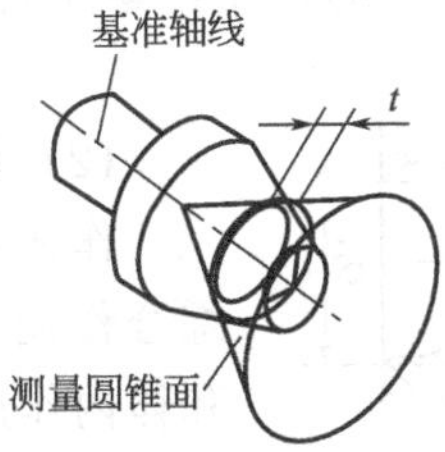	被测面绕基准轴线 A 作无轴向移动旋转一周时，在任一测量圆锥面上的跳动量均不得大于 0.05mm 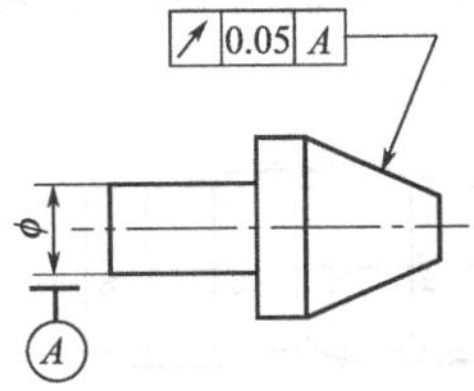

续表

项　目		公差带定义	标注的含义
全跳动	径向全跳动	公差带是半径差为公差值 t，且与基准同轴的两圆柱面之间的区域 基准轴线 t	被测圆柱面绕公共基准轴线 $A—B$ 作若干次旋转，并在测量仪器与工件间同时作轴向移动，此时在被测圆柱面上各点间的示值差均不得大于 0.2mm ⟋⟋ | 0.2 | $A—B$
	端面全跳动	公差带是距离为公差值 t，且与基准垂直的两平行平面之间的区域 t 基准轴线	被测面绕基准轴线 A 作若干次旋转，并在测量仪器与工件间同时作径向的移动，此时在被测面上各点间的示值差不得大于 0.05mm ⟋⟋ | 0.05 | A

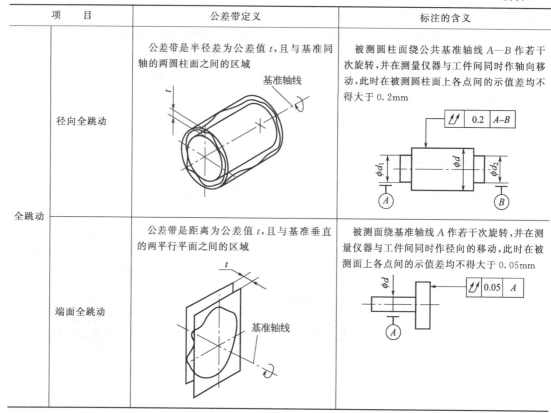

跳动公差带的特点：公差带相对基准有确定的方向和位置。跳动公差带能综合控制同一被测要素的形状、方向和位置。例如，径向全跳动公差带能综合控制圆柱度误差和同轴度误差，端面全跳动公差带能综合控制端面对基准轴线的垂直度误差和平面度误差。

4.3　公差原则

对同一零件，往往既规定尺寸公差，同时又规定形位公差，它们之间可能有关系，也可能无关系，而公差原则就是用于处理形位公差与尺寸公差之间关系的。公差原则可分为独立原则和相关要求，相关要求又分为包容要求、最大实体要求、最小实体要求和可逆要求。

4.3.1　公差原则的有关术语及定义

(1) 局部实际尺寸

在实际要素的任意正截面上，两对应点之间测得的距离称为局部实际尺寸。内、外表面的实际尺寸分别用 D_a、d_a 表示。由于各种误差的存在，零件上各部位的实际尺寸往往不同，如图 4-13 所示。

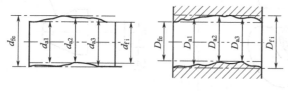

图 4-13　局部实际尺寸和作用尺寸

(2) 作用尺寸

作用尺寸是实际尺寸和形位误差综合作用的尺寸，分为体外作用尺寸和体内作用尺寸两种。

① 体外作用尺寸 D_{fe}、d_{fe}　在被

测要素的给定长度上，与实际外表面（轴）体外相接的最小理想面或与实际内表面（孔）体外相接的最大理想面的直径或宽度，称为体外作用尺寸。内、外表面的体外作用尺寸分别用 D_{fe}、d_{fe} 表示，如图 4-13 所示。

对于关联要素，其理想面的轴向或中心平面必须与基准保持图样给定的几何关系。

② 体内作用尺寸 D_{fi}、d_{fi}　在被测要素的给定长度上，与实际外表面（轴）体内相接的最大理想面或与实际内表面（孔）体内相接的最小理想面的直径或宽度，称为体内作用尺寸。内、外表面的体内作用尺寸分别用 D_{fi}、d_{fi} 表示，如图 4-13 所示。

对于关联要素，其理想面的轴向或中心平面必须与基准保持图样给定的几何关系。

(3) 实体状态、实体尺寸和实体边界

① 最大实体状态　实际要素在给定长度上处处位于尺寸极限之内，并具有实体最大（即材料最多）时的状态称为最大实体状态。

② 最大实体尺寸　最大实体状态下对应的极限尺寸称为最大实体尺寸。内、外表面的最大实体尺寸分别用 D_M、d_M 表示。

内表面（孔）　　　　　　　　　$D_M = D_{min}$

外表面（轴）　　　　　　　　　$d_M = d_{max}$

③ 最大实体边界　边界是设计所给定的具有理想形状的极限包容面。边界的尺寸为极限包容面的直径或距离。

尺寸为最大实体尺寸的边界称为最大实体边界，用 MMB 表示。

④ 最小实体状态　实际要素在给定长度上处处位于尺寸极限之内，并具有实体最小（即材料最少）时的状态称为最小实体状态。

⑤ 最小实体尺寸　最小实体状态下对应的极限尺寸称为最小实体尺寸。内、外表面的最小实体尺寸分别用 D_L、d_L 表示。

内表面（孔）　　　　　　　　　$D_L = D_{max}$

外表面（轴）　　　　　　　　　$d_L = d_{min}$

⑥ 最小实体边界　尺寸为最小实体尺寸的边界称为最小实体边界，用 LMB 表示。

(4) 实体实效状态、实体实效尺寸和实体实效边界

① 最大实体实效状态　在给定长度上，实际要素处于最大实体状态，且中心要素的形状或位置误差等于给出公差值时的综合极限状态称为最大实体实效状态。

② 最大实体实效尺寸　最大实体实效状态下的体外作用尺寸称为最大实体实效尺寸。如图 4-14 所示，内、外表面分别用 D_{MV}、d_{MV} 表示。

$$D_{MV} = D_{min} - t$$

$$d_{MV} = d_{max} + t$$

③ 最大实体实效边界　尺寸为最大实体实效尺寸的边界称为最大实体实效边界，用 MMVB 表示。

④ 最小实体实效状态　在给定长度上，实际要素处于最小实体状态，且中心要素的形状或位置误差等于给出的公差值时的综合极限状态称为最小实体实效状态。

⑤ 最小实体实效尺寸　最小实体实效状态下的体内作用尺寸称为最小实体实效尺寸，如图 4-15 所示。

内、外表面的最小实体实效尺寸分别用 D_{LV} 和 d_{LV} 表示。

$$D_{LV} = d_{min} - t$$

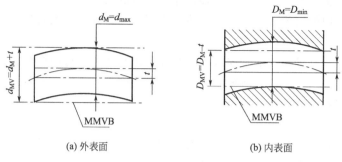

图 4-14 最大实体实效尺寸及边界

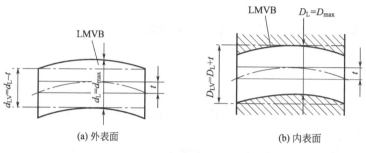

图 4-15 最小实体实效尺寸及边界

$$D_{LV} = D_{max} + t$$

⑥ 最小实体实效边界 尺寸为最小实体实效尺寸的边界称为最小实体实效边界，用 LMVB 表示，如图 4-15 所示。

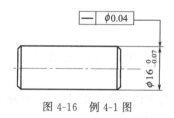

图 4-16 例 4-1 图

例 4-1 加工如图 4-16 所示的轴零件，测得直径尺寸为 $d_a = \phi 16mm$，轴线的直线度误差 $f_{形位} = 0.02mm$，试求出轴的最大、最小实体尺寸；体外、体内作用尺寸；最大、最小实体实效尺寸。

解：最大实体尺寸 $d_M = d_{max} = \phi 16mm$

最小实体尺寸 $d_L = d_{min} = 16 + (-0.07) = \phi 15.93mm$

体外作用尺寸 $d_{fe} = d_a + f_{形位} = 16 + 0.02 = \phi 16.02mm$

体内作用尺寸 $d_{fi} = d_a - f_{形位} = 16 - 0.02 = \phi 15.98mm$

最大实体实效尺寸 $d_{MV} = d_M + t = 16 + 0.04 = \phi 16.04mm$

最小实体实效尺寸 $d_{LV} = d_L - t = 15.93 - 0.04 = \phi 15.89mm$

例 4-2 加工如图 4-17 所示的孔，测得直径尺寸为 $D_a = \phi 20.01mm$，轴线的垂直度误差 $f_{形位} = 0.01mm$，试求出孔的最大、最小实体尺寸；体外、体内作用尺寸；最大、最小实体实效尺寸。

解：最大实体尺寸 $D_M = D_{min} = \phi 20mm$

最小实体尺寸 $D_L = D_{max} = 20 + 0.02 = \phi 20.02mm$

体外作用尺寸 $D_{fe} = D_a - f_{形位} = 20.01 - 0.01 = \phi 20mm$

体内作用尺寸 $D_{fi} = D_a + f_{形位} = 20.01 + 0.01 = \phi 20.02mm$

最大实体实效尺寸 $D_{MV} = D_M - t = 20 - 0.02 = \phi 19.98mm$

最小实体实效尺寸 $D_{LV} = D_L + t = 20.02 + 0.02 = \phi 20.04mm$

4.3.2　独立原则

独立原则是指图样上给出的尺寸公差和形位公差各自独立，只需分别满足各自要求的公差原则。

(1) 图样标注

运用独立原则时，在图样上形位公差和尺寸公差应分别标注，不附加任何标记，如图 4-18 所示。

(2) 合格条件

被测要素的尺寸公差和形位公差应分别满足各自要求。即被测要素的实际尺寸应在两个极限尺寸之间，被测要素的形位误差应小于或等于给出的形位

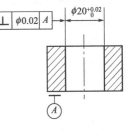

图 4-17　例 4-2 图

公差，表达式如下：

对于外表面（轴）：　　$d_{min} \leqslant d_a \leqslant d_{max}$

对于内表面（孔）：　　$D_{min} \leqslant D_a \leqslant D_{max}$

$$f_{形位} \leqslant t_{形位}$$

(3) 应用实例

以图 4-18 所示零件为例，其实际尺寸必须在 $\phi 15.97 \sim 16\text{mm}$，且不论实际尺寸为多少，其直线度误差

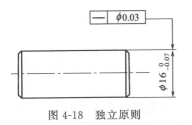

图 4-18　独立原则

都不允许大于 $\phi 0.03\text{mm}$。

独立原则是尺寸公差和形位公差相互关系应遵循的基本原则，应用广泛。

4.3.3　相关要求

相关要求是指尺寸公差和形位公差相互有关的公差要求。国标规定相关要求包括包容要求、最大实体要求、最小实体要求和可逆要求。

(1) 包容要求

包容要求就是将被测实际要素控制在理想包容面（最大实体尺寸）内的一种公差要求，包容要求适用于单一要素（圆柱面、两平行平面）。包容要求的符号为 Ⓔ。

① 图样标注　遵守包容要求时，应在被测要素尺寸极限偏差或公差带代号后加注符号 Ⓔ，如图 4-19 所示。

② 被测要素遵守的边界　采用包容要求时，被测要素应遵守最大实体边界 MMB（边界尺寸为最大实体尺寸）。即当实际尺寸处处为最大实体尺寸时，其形状公差为零；当实际尺寸偏离最大实体尺寸时，允许形状公差相应增加，增加量为实际尺寸与最大实体尺寸之差（绝对值），其最大增加量等于尺寸公差。

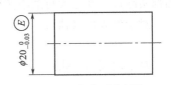

图 4-19　包容要求标注

③ 合格条件　其合格条件是：其体外作用尺寸不超过最大实体尺寸，且其局部实际尺寸不超过最小实体尺寸，表达式如下：

对于外表面（轴）：　　$d_{fe} \leqslant d_M (d_{max})$

$$d_a \geqslant d_L (d_{min})$$

对于内表面（孔）：　　$D_{fe} \geqslant D_M (D_{min})$

$$D_a \leqslant D_L (D_{max})$$

④ 应用举例　如图 4-19 所示的轴采用包容要求，表示轴的局部实际尺寸不得大于 $\phi 20\text{mm}$，不得小于 $\phi 19.7\text{mm}$；当轴的实际尺寸处处为 $\phi 20\text{mm}$ 时，不允许存在轴线直线度

误差之类的形状误差，即形状误差必须为零才能合格，而轴的实际尺寸处处为 $\phi19.9\text{mm}$ 时，其形状误差允许值为 0.1mm，而轴的实际尺寸处处为 $\phi19.7\text{mm}$ 时，其形状误差允许值可达到 0.3mm，如图 4-20 所示。实际尺寸与形状公差的关系可用动态公差带图表示，如图 4-21 所示。

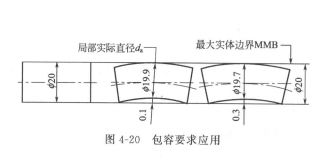

图 4-20　包容要求应用

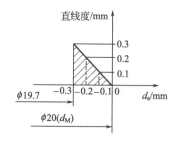

图 4-21　动态公差带图

（2）最大实体要求

最大实体要求是控制被测要素的实际轮廓处于其最大实体实效边界之内的一种公差要求，最大实体要求适用于中心要素（轴线、中心平面）。它既可以应用被测要素，也可以应用于基准要素。最大实体要求的符号为 $\textcircled{M}$。

① 最大实体要求应用于被测要素

a. 图样标注　在形位公差框格中公差值后面加注符号 $\textcircled{M}$，表示最大实体要求用于被测要素，如图 4-22 所示。

b. 被测要素遵守的边界　最大实体要求应用于被测要素时，被测要素的形位公差值是在该要素处于最大实体状态时给出的，此时被测要素应遵守最大实体实效边界。当被测要素的实际轮廓偏离其最大实体状态，即实际尺寸偏离最大实体尺寸时，可用偏离的尺寸公差补偿形位公差，即允许其形位公差值相应增大。偏离多少，就增大多少，其最大增加量等于该要素的尺寸公差值。

c. 合格条件　被测要素的合格条件是：体外作用尺寸不超过其最大实体实效尺寸，且局部实际尺寸在最大与最小实体尺寸之间。表达式如下：

对于外表面（轴）：
$$d_{fe} \leqslant d_{MV}(=d_{max}+t)$$
$$d_M(d_{max}) \geqslant d_a \geqslant d_L(d_{min})$$

对于内表面（孔）：
$$D_{fe} \geqslant D_{MV}(=D_{min}-t)$$
$$D_M(D_{min}) \leqslant D_a \leqslant D_L(D_{max})$$

d. 应用举例（动态公差带图）　如图 4-22 所示的轴，轴线的直线度公差采用最大实体要求。轴的实际尺寸应在 $\phi19.7\sim20\text{mm}$ 之内。当轴颈处于 $\phi20\text{mm}$ 时，其直线度公差为 $\phi0.1\text{mm}$；当轴颈处于 $\phi19.9\text{mm}$ 时，其直线度公差增大到 $\phi0.2\text{mm}$；当轴颈处于 $\phi19.7\text{mm}$ 时，其直线度公差增大到 $\phi0.4\text{mm}$。动态公差带图如图 4-23 所示。

② 最大实体要求用于基准要素

a. 图样标注　如在基准字母后面同时加注 $\textcircled{M}$，表示最大实体要求应用于基准要素，如图 4-24 所示。

b. 基准要素应遵守的边界　最大实体要求用于基准要素时，如图 4-24 所示，基准要素应遵守相应的边界。若基准要素的实际轮廓偏离其相应的边界，即其体外作用尺寸偏离其相应的边界尺寸，则允许基准要素在一定范围内浮动，其浮动范围等于基准要素的体外作用尺寸与其相应边界尺寸之差。

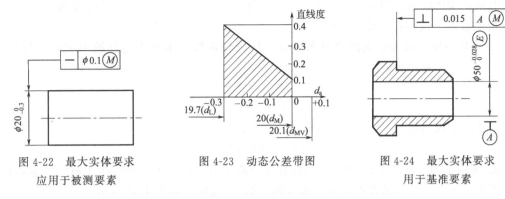

图 4-22　最大实体要求　　　　　　　图 4-23　动态公差带图　　　　　图 4-24　最大实体要求
　　应用于被测要素　　　　　　　　　　　　　　　　　　　　　　　　　　用于基准要素

最大实体要求用于基准要素时，基准要素应遵守的边界有两种情况：

当基准要素本身采用最大实体要求时，其相应的边界为最大实体实效边界。

当基准要素本身不采用最大实体要求时，其相应的边界为最大实体边界。

c. 应用举例　　如图 4-24 所示的零件的垂直度公差要求为最大实体要求用于基准要素，此时基准要素遵守的是最大实体边界，边界尺寸为 $\phi50$mm。当基准的实际尺寸为 $\phi50$mm 时，其垂直度公差为给定值 0.015mm；当基准的实际尺寸为 $\phi50.028$mm 时，其垂直度公差达到最大，为 0.043mm。

③ 最大实体要求同时用于被测要素和基准要素　　如在公差值和基准字母后面同时加注 Ⓜ，表示最大实体要求同时应用于被测要素和基准要素，如图 4-25 所示。

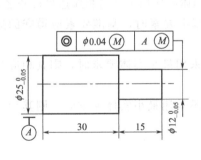

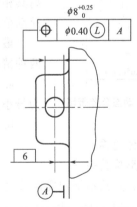

图 4-25　最大实体要求同时用于　　　　　　图 4-26　最小实体要求用于被测要素
　　被测要素和基准要素

(3) 最小实体要求

最小实体要求是控制被测要素的实际轮廓处于其最小实体实效边界之内的一种公差要求，最小实体要求适用于中心要素（轴线、中心平面）。它既可以应用于被测要素，也可以应用于基准要素。最小实体要求的符号为 Ⓛ。

① 最小实体要求应用于被测要素

a. 图样标注　　在形位公差框格中公差值后面加注符号 Ⓛ，表示最小实体要求用于被测要素，如图 4-26 所示。

b. 遵守边界　最小实体要求应用于被测要素时，被测要素的形位公差值是在该要素处于最小实体状态时给出的。此时被测要素应遵守最小实体实效边界，当被测要素的实际轮廓偏离其最小实体状态，即实际尺寸偏离最小实体尺寸时，可允许其形位公差值相应增大，其最大增加量等于该要素的尺寸公差值。

c. 合格条件　被测要素的合格条件是：体内作用尺寸不允许超过最小实体实效尺寸，局部实际尺寸不超出极限尺寸，表达式如下：

对于外表面（轴）：
$$d_{fi} \geq d_{LV}(=d_{min}-t)$$
$$d_{max} \geq d_a \geq d_{min}$$

对于内表面（孔）：
$$D_{fi} \leq D_{LV}(=D_{max}+t)$$
$$D_{max} \geq D_a \geq D_{min}$$

d. 应用举例　如图 4-26 所示孔的位置度公差要求为最小实体要求用于被测要素，被测要素实际尺寸与位置度公差的关系见表 4-9，动态公差带图如图 4-27 所示。

表 4-9　实际尺寸与位置度公差的关系　　　　　mm

实际尺寸	位置度公差	增大值	实际尺寸	位置度公差	增大值
8.25	0.40	0	8.05	0.60	0.2
8.15	0.50	0.1	8	0.65	0.25

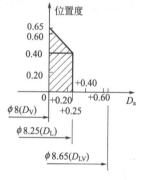

图 4-27　动态公差带图

② 最小实体要求用于基准要素　在形位公差框格中基准字母后面加注符号Ⓛ，表示最小实体要求用于基准要素。

最小实体要求用于基准要素时，基准要素应遵守相应的边界。若基准要素的实际轮廓偏离其边界，即其体内作用尺寸偏离其相应的边界尺寸，则允许基准要素在一定范围内浮动，其浮动范围等于基准要素的体内作用尺寸与相应边界尺寸之差。

最小实体要求用于基准要素时，基准要素应遵守的边界有两种情况：

a. 当基准要素本身采用最小实体要求时，则其相应的边界为最小实体实效边界。

b. 当基准要素本身不采用最小实体要求时，则其相应的边界为最小实体边界。

（4）零形位公差

零形位公差是指被测要素采用最大（或最小）实体要求时，其给出的形位公差值为零时的公差要求，用 0 Ⓜ（或 0 Ⓛ）表示，如图 4-28 所示。此要求应用于关联要素。

零形位公差可看成是最大（或最小）实体要求的特例，此时，被测要素的最大实体实效边界与最大（或最小）实体边界重合，最大（或最小）实体实效尺寸与最大（或最小）实体尺寸相等。

（5）可逆要求

可逆要求是一种尺寸公差与形位公差可以相互补偿的公差要求。但是可逆要求不能单独采用，只能与最大实体要求或最小实体要求联合使用，并且只能用于被测要素，不能用于基准要素。

① 可逆要求用于最大实体要求

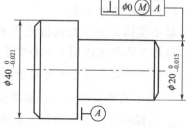

图 4-28　零形位公差

　　a. 图样标注　　在形位公差框格中公差值后面符号Ⓜ的后面再加注Ⓡ时，则表示被测要素遵守最大实体要求的同时遵守可逆要求，如图 4-29 所示。

　　b. 遵守边界　　可逆要求用于最大实体要求时，除了具有最大实体要求用于被测要素的含义外，还表示当形位误差小于给定的形位公差时，可允许实际尺寸超出最大实体尺寸。当形位误差为零时允许尺寸超出量最大，为形位公差值，从而实现尺寸公差与形位公差相互转换的可逆要求。此时被测要素仍然遵守最大实体实效边界。

　　c. 应用举例　　如图 4-29 所示轴的轴线直线度公差为 ϕ0.1mm，同时采用了最大实体要求和可逆要求，此时被测要素遵守的边界尺寸为最大实体实效尺寸 ϕ20.1mm。当轴的实际直径为最大实体尺寸 ϕ20mm 时，直线度公差为 ϕ0.1mm；当轴的实际直径偏离最大实体尺寸为 ϕ19.7mm 时，偏离量 0.3mm 可补偿给直线度公差，直线度公差增大到 ϕ0.4mm；当直线度误差小于 ϕ0.1mm 为 0 时，实际直径可超出最大实体尺寸 0.1mm，达到 ϕ20.1mm。其动态公差带图如图 4-30 所示。

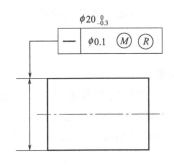

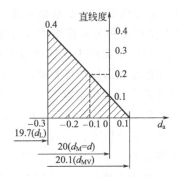

图 4-29　可逆要求用于最大实体要求　　　　　　　图 4-30　动态公差带图

　　② 可逆要求用于最小实体要求　　在形位公差框格中公差值后面的符号Ⓛ的后面再加注Ⓡ时，则表示被测要素遵守最小实体要求的同时遵守可逆要求。

　　可逆要求用于最小实体要求时，除了具有最小实体要求用于被测要素的含义外，还表示当形位误差小于给定的形位公差时，可允许实际尺寸超出最小实体尺寸。当形位误差为零时允许尺寸超出量最大，为形位公差值。此时被测要素仍然遵守最小实体实效边界。

4.4　形位公差的选择

　　正确选择形位公差对标注零件的功能要求及提高经济效益都很重要。形位公差的选择主要包括形位公差项目的选择、形位公差值的选择及公差原则的选择。

4.4.1　形位公差项目的选择

　　选择形位公差项目的基本原则是：在保证零件功能要求的前提下，从零件的几何特征、使用要求及检测的方便性等方面考虑，同时应尽量减少所选公差项目的数量，以便获得较好的经济效益。

(1) 零件的几何特征

　　零件产生的形位误差与零件几何特征有密切联系，因此在选择形位公差项目时应充分考虑零件的几何特征。例如：圆柱形零件，可选圆度、圆柱度、轴线或素线的直线度；平面零件可选平面度；阶梯轴、孔可选同轴度。

(2) 零件的使用要求

机器对零件的功能要求不同,决定零件需选用的形位公差项目就不同。例如,为保证机床工作台或刀架运动轨迹的精度,应对导轨提出直线度要求;圆柱形零件,当仅需顺利装配时,可对轴线提出直线度要求;如果孔轴之间有相对运动,要求均匀接触,或为保证密封性,应规定圆柱度公差,以综合控制圆度、素线直线度和轴线直线度。

(3) 检测的方便性

为了检测方便,有时可将所需的公差项目用控制效果相同或相近的公差项目来代替。例如,常用径向圆跳动公差或径向全跳动公差代替圆度或同轴度公差,端面全跳动公差代替垂直度公差等。

用径向全跳动公差综合控制圆柱度和同轴度公差,用端面全跳动综合控制垂直度和平面度,可以减少形位公差项目。

4.4.2 公差原则的选择

选择公差原则时,主要根据零件的功能要求、装配性能和使用场合来决定,充分发挥公差的职能和选择该种公差原则的可行性、经济性。

① 独立原则主要用于保证功能性要求的场合。

a. 尺寸精度和形位精度都要求很高,需分别满足要求。

b. 尺寸精度和形位精度要求相差较大的非配合零件,如印刷机的滚筒,尺寸精度要求低,圆柱度要求高;平板的尺寸精度要求低,平面度要求高,应分别满足要求。

c. 为保证运动精度、密封性等特殊要求,单独提出与尺寸精度无关的形位公差要求。

d. 零件上的未注形位公差一律遵守独立原则。

② 包容要求主要用于保证配合性质,特别是要求精密配合的场合,用于机器零件上的配合性质要求较严格的表面。如回转轴的轴颈和滑动轴承孔、滑块和滑块槽等。

③ 最大实体要求主要用于对零件配合性质要求不严,但要求保证零件可装配性的场合。如用于穿过螺栓的通孔的位置度公差。

④ 最小实体要求常用于保证零件最小截面或最小壁厚,即保证必要的强度要求的场合。

⑤ 可逆要求与最大实体(或最小实体)要求联用,能充分利用公差带,扩大了被测要素实际尺寸的范围,使尺寸超过最大实体尺寸而体外作用尺寸未超过最大实体实效边界(或尺寸超过最小实体尺寸而体内作用尺寸未超过最小实体实效边界)的废品变为合格品。在不影响使用要求的情况下采用此要求,可提高经济效益。

4.4.3 形位公差等级(公差值)的选择

形位公差等级的选择主要根据被测要素的功能要求和加工经济性来选择。

(1) 形位公差等级及公差值

GB/T 1184—1996 规定:直线度、平面度、平行度、垂直度、倾斜度、同轴度、对称度、圆跳动、全跳动公差分 12 级,即 1～12 级;圆度和圆柱度公差共分 13 级,即 0 级、1～12 级,精度依次降低,其公差值见表 4-10～表 4-13。位置度公差未规定公差等级,只规定了数系,见表 4-14。

形位公差等级的选用原则是:在满足零件功能要求的前提下,尽量选用精度较低的公差等级。同时还应注意以下三方面。

① 协调好各类公差之间的关系,如同一要素上给定的形状公差值要小于位置公差值,形位公差值要小于尺寸公差值。

表 4-10　直线度、平面度公差值（摘自 GB/T 1184—1996）　　μm

主参数 L/mm	公差等级											
	1	2	3	4	5	6	7	8	9	10	11	12
≤10	0.2	0.4	0.8	1.2	2	3	5	8	12	20	30	60
>10~16	0.25	0.5	1	1.5	2.5	4	6	10	15	25	40	80
>16~25	0.3	0.6	1.2	2	3	5	8	12	20	30	50	100
>25~40	0.4	0.8	1.5	2.5	4	6	10	15	25	40	60	120
>40~63	0.5	1	2	3	5	8	12	20	30	50	80	150
>63~100	0.6	1.2	2.5	4	6	10	15	25	40	60	100	200
>100~160	0.8	1.5	3	5	8	12	20	30	50	80	120	250
>160~250	1	2	4	6	10	15	25	40	60	100	150	300
>250~400	1.2	2.5	5	8	12	20	30	50	80	120	200	400
>400~630	1.5	3	6	10	15	25	40	60	100	150	250	500
>630~1000	2	4	8	12	20	30	50	80	120	200	300	600
>1000~1600	2.5	5	10	15	25	40	60	100	150	250	400	800
>1600~2500	3	6	12	20	30	50	80	120	200	300	500	1000
>2500~4000	4	8	15	25	40	60	100	150	250	400	600	1200
>4000~6300	5	10	20	30	50	80	120	200	300	500	800	1500
>6300~10000	6	12	25	40	60	100	150	250	400	600	1000	2000

注：主参数 L 为被测要素的长度。

表 4-11　圆度、圆柱度公差值（摘自 GB/T 1184—1996）　　μm

主参数 d(D) /mm	公差等级												
	0	1	2	3	4	5	6	7	8	9	10	11	12
≤3	0.1	0.2	0.3	0.5	0.8	1.2	2	3	4	6	10	14	25
>3~6	0.1	0.2	0.4	0.6	1	1.5	2.5	4	5	8	12	18	30
>6~10	0.12	0.25	0.4	0.6	1	1.5	2.5	4	6	9	15	22	36
>10~18	0.15	0.25	0.5	0.8	1.2	2	3	5	8	11	18	27	43
>18~30	0.2	0.3	0.6	1	1.5	2.5	4	6	9	13	21	33	52
>30~50	0.25	0.4	0.6	1	1.5	2.5	4	7	11	16	25	39	62
>50~80	0.3	0.5	0.8	1.2	2	3	5	8	13	19	30	46	74
>80~120	0.4	0.6	1	1.5	2.5	4	6	10	15	22	35	54	87
>120~180	0.6	1	1.2	2	3.5	5	8	12	18	25	40	63	100
>180~250	0.8	1.2	2	3	4.5	7	10	14	20	29	46	72	115
>250~315	1.0	1.6	2.5	4	6	8	12	16	23	32	52	81	130
>315~400	1.2	2	3	5	7	9	13	18	25	36	57	89	140
>400~500	1.5	2.5	4	6	8	10	15	20	27	40	63	97	155

注：主参数 d(D) 为被测要素的直径。

表 4-12　平行度、垂直度、倾斜度公差值（摘自 GB/T 1184—1996）　　μm

主参数 L、d(D) /mm	公差等级											
	1	2	3	4	5	6	7	8	9	10	11	12
≤10	0.4	0.8	1.5	3	5	8	12	20	30	50	80	120
10~16	0.5	1	2	4	6	10	15	25	40	60	100	150
16~25	0.6	1.2	2.5	5	8	12	20	30	50	80	120	200
25~40	0.8	1.5	3	6	10	15	25	40	60	100	150	250
40~63	1	2	4	8	12	20	30	50	80	120	200	300
63~100	1.2	2.5	5	10	15	25	40	60	100	200	300	400
100~160	1.5	3	6	12	20	30	50	80	120	200	250	500
160~250	2	4	8	15	25	40	60	100	150	250	400	600
250~400	2.5	5	10	20	30	50	80	120	200	300	500	800
400~630	3	6	12	25	40	60	100	150	250	400	600	1000
630~1000	4	8	15	30	50	80	120	200	300	500	800	1200
1000~1600	5	10	20	40	60	100	150	250	400	600	1000	1500
1600~2500	6	12	25	50	80	120	200	300	500	800	1200	2000
2500~4000	8	15	30	60	100	150	250	400	600	1000	1500	2500
4000~6300	10	20	40	80	120	200	300	500	800	1200	2000	3000
6300~10000	12	25	50	100	150	250	400	600	1000	1500	2500	4000

注：1. 主参数 L 为给定平行度时被测要素的长度，或给定垂直度、倾斜度时被测要素的长度。

2. 主参数 d(D) 为给定面对线垂直度时，被测要素的直径。

表 4-13　同轴度、对称度、圆跳动、全跳动公差值（摘自 GB/T 1184—1996）　　μm

主参数 $d(D)$、B、L/mm	公差等级											
	1	2	3	4	5	6	7	8	9	10	11	12
1	0.4	0.6	1.0	1.5	2.5	4	6	10	15	25	40	60
1～3	0.4	0.6	1.0	1.5	2.5	4	6	10	20	40	60	120
3～6	0.5	0.8	1.2	2	3	5	8	12	25	50	80	150
6～10	0.6	1	1.5	2.5	4	6	10	15	30	60	100	200
10～18	0.8	1.2	2	3	5	8	12	20	40	80	120	250
18～30	1	1.5	2.5	4	6	10	15	25	50	100	150	300
30～50	1.2	2	3	5	8	12	20	30	60	120	200	400
50～120	1.5	2.5	4	6	10	15	25	40	80	150	250	500
120～250	2	3	5	8	12	20	30	50	100	200	300	600
250～500	2.5	4	6	10	15	25	40	60	120	250	400	800
500～800	3	5	8	12	20	30	50	80	150	300	500	1000

注：主参数 L 为给定两孔对称度时的孔心距。

表 4-14　位置度公差值系数

1	1.2	1.5	2	2.5	3	4	5	6	8
$1×10^n$	$1.2×10^n$	$1.5×10^n$	$2×10^n$	$2.5×10^n$	$3×10^n$	$4×10^n$	$5×10^n$	$6×10^n$	$8×10^n$

　　② 在满足零件功能要求的前提下，根据零件结构特点、加工难易程度及经济性等，可适当调整形位公差等级。如孔相对于轴、细长的孔或轴、宽度较大的零件表面、线对线（或线对面）相对于面对面的平行度（或垂直度）等的公差等级均可降低 1～2 级。

　　③ 凡有关标准对形位公差作出规定的，都应按相应的标准确定。如与滚动轴承相配合的轴和壳体孔的圆柱度公差等。

（2）形位公差等级的应用

　　形位公差等级的应用可参考表 4-15～表 4-18。

表 4-15　直线度、平面度公差等级的应用

公差等级	应 用 举 例
5	1 级平板，2 级宽平尺，平面磨床的纵导轨、垂直导轨、立柱导轨及工作台，液压龙门刨床和转塔车床床身导轨，柴油机进气，排气阀门导杆
6	普通机床导轨面，如卧式车床、龙门刨床、滚齿机、自动车床等的床身导轨，立柱导轨，柴油机壳体
7	2 级平板，机床主轴箱，摇臂钻床底座和工作台，镗床工作台，液压泵盖，减速器壳体结合面
8	机床传动箱体，挂轮箱体，车床溜板箱体，柴油机汽缸体，连杆分离面，缸盖结合面，汽车发动机缸盖、曲轴箱结合面，液压管件和法兰连接面
9	3 级平板，自动车床床身底面，摩托车曲轴箱体，汽车变速箱壳体，手动机械的支承面

表 4-16　圆度、圆柱度公差等级的应用

公差等级	应 用 举 例
5	一般计量仪器主轴，测杆外圆柱面，陀螺仪轴颈，一般机床主轴轴颈及主轴轴承孔，柴油机、汽油机活塞、活塞销，与 E 级滚动轴承配合的轴颈
6	仪表端盖外圆柱面，一般机床主轴与前轴承孔，泵、压缩机的活塞，汽缸，汽油发动机凸轮轴，纺机锭子，减速传动轴轴颈，高速船用柴油机、拖拉机曲轴主轴颈，与 E 级滚动轴承配合的外壳孔，与 G 级滚动轴承配合的轴颈
7	大功率低速柴油机曲轴轴颈、活塞、活塞销，连杆、汽缸，高速柴油机箱体轴承孔，千斤顶或压力油缸活塞，机车传动轴，水泵及通用减速器转轴轴颈，与 G 级滚动轴承配合的外壳孔
8	低速发动机，大功率曲柄轴轴颈，压气机连杆盖、体，拖拉机汽缸、活塞，炼胶机冷铸轴辊，印刷机传墨辊，内燃机曲轴轴颈，柴油机凸轮轴承孔，凸轮轴，拖拉机、小型船用柴油机汽缸套
9	空气压缩机缸体，液压传动筒，通用机械杠杆与拉杆用套筒销子，拖拉机活塞环、套筒孔

表 4-17　平行度、垂直度、倾斜度公差等级的应用

公差等级	应 用 举 例
4,5	卧式车床导轨,重要支承面,机床主轴孔对基准的平行度,精密机床重要零件,计量仪器、量具、模具的基准面和工作面,床头箱体重要孔,通用减速器壳体孔,齿轮泵的油孔端面,发动机轴和离合器的凸缘,汽缸支承端面,安装精密滚动轴承的壳体孔的凸肩
6,7,8	一般机床的基准面和工作面,压力机和锻锤的工作面,中等精度钻模的工作面,机床一般轴承孔对基准面的平行度,变速器箱体孔,主轴花键对定心直径部位轴线的平行度,重型机械轴承盖端面,卷扬机、手动传动装置中的传动轴,一般导轨,主轴箱体孔,刀架,砂轮架,汽缸配合面对基准轴线,活塞销孔对活塞中心线的垂直度,滚动轴承内、外圈端面对轴线的垂直度
9,10	低精度零件,重型机械滚动轴承端盖,柴油机、煤气发动机箱体曲轴孔,曲轴颈,花键轴和轴肩端面,皮带运输机法兰盘等端面对轴线的垂直度,手动卷扬机及传动装置中的轴承端面,减速器壳体平面

表 4-18　同轴度、对称度、跳动公差等级的应用

公差等级	应 用 举 例
5,6,7	这是应用范围较广的公差等级。用于形位精度要求较高,尺寸公差等级为 IT8 及高于 IT8 的零件。5 级常用下机床轴颈,计量仪器的测量杆,汽轮机主轴,柱塞油泵转子,高精度滚动轴承外圈,一般精度滚动轴承内圈,回转工作台端面跳动。7 级用于内燃机曲轴、凸轮轴、齿轮轴、水泵轴、汽车后轮输出轴,电动机转子,印刷机传墨辊的轴颈,键槽
8,9	常用于形位精度要求一般,尺寸公差等级 IT9～IT11 的零件。8 级用于拖拉机发动机分配轴轴颈,与 9 级精度以下齿轮相配的轴,水泵叶轮,离心泵体,棉花精梳机前后滚子,键槽等。9 级用于内燃机汽缸套配合面,自行车中轴

(3) 未注形位公差的规定

图样上没有标注形位公差的要素也都有形位公差要求。国家标准规定对于一般机床加工就能保证的形位公差要求,均可不在图样上标出,称未注公差。其公差要求应按 GB/T 1184—1996《形状和位置公差未注公差的规定》执行。采用未注公差的优点是简化图样,突出重点。未注形位公差的规定如下:

① 直线度、平面度、垂直度、对称度和圆跳动的未注公差值各规定了 H、K、L 三个公差等级,其值见表 4-19～表 4-22。采用规定的未注公差时,应在标题栏附近或技术要求中注出标准编号及公差等级代号,如 GB/T 1184-K。

表 4-19　直线度和平面度未注公差值　　　　　　　　　　　mm

公差等级	直线度和平面度基本长度范围					
	～10	>10～30	>30～100	>100～300	>300～1000	>1000～3000
H	0.02	0.05	0.1	0.2	0.3	0.4
K	0.05	0.1	0.2	0.4	0.6	0.8
L	0.1	0.2	0.4	0.8	1.2	1.6

表 4-20　对称度未注公差值　　　　　　　　　　　mm

公 差 等 级	基本长度范围			
	～100	>100～300	>300～1000	>1000～3000
H	0.5			
K	0.6		0.8	1
L	0.6	1	1.5	2

表 4-21　垂直度未注公差值　　　　　　　　　　　mm

公 差 等 级	直线度和平面度基本长度范围			
	～100	>100～300	>300～1000	>1000～3000
H	0.2	0.3	0.4	0.5
K	0.4	0.6	0.8	1
L	0.6	1	1.5	2

表 4-22　圆跳动未注公差值　　　　　　　　　mm

公　差　等　级	公　差　值
H	0.1
K	0.2
L	0.5

② 圆度的未注公差值等于标准的直径公差值，但不能大于表中的径向圆跳动值。

③ 圆柱度的未注公差值不作规定，由圆度、直线度和素线平行度注出或未注公差控制。

④ 平行度的未注公差值等于给出的尺寸公差值，或是直线度和平面度未注公差值中的较大者。

⑤ 同轴度的未注公差未做规定可考虑与径向圆跳动的未注公差相等。

⑥ 其他项目（线轮廓度、面轮廓度、倾斜度、位置度、全跳动）的未注公差由各要素的注出或未注形位公差、尺寸公差或角度公差控制。

4.5　形位误差的检测

形位误差是指被测实际要素对其理想要素的变动量，零件的形位误差值不大于形位公差值，则认为该零件合格。

4.5.1　形位误差的检测原则

由于零件的形状和结构不同，形位误差项目又较多，所以形位误差的检测方法很多。国家标准根据各种检测方法整理概括出五条检测原则。

（1）与理想要素比较原则

与理想要素比较原则是指测量时将实际被测要素与其理想要素相比较，用直接或间接测量法测得形位误差值。运用该检测原则时，必须要有理想要素作为测量时的标准。理想要素可用模拟法获得，例如用刀口尺、拉紧的钢丝等体现理想直线、平台或平板的工作面体现理想平面等。

（2）测量坐标值原则

测量坐标值原则是指利用计量器具固有的坐标系，测出实际被测要素上各测点的相对坐标值，再经过数据处理从而确定形位误差值的原则。这项原则适于测量形状复杂的表面，但数据处理有些烦琐，随着计算机技术的发展，其应用将会越来越广。

（3）测量特征参数原则

测量特征参数原则是指测量实际被测要素上具有代表性的参数，用以表示形位误差值的原则，例如用两点法、三点法测量圆度误差。该原则所得到的形位误差值与按定义确定的形位误差值相比，只是个近似值，但可以简化测量过程和设备，数据处理比较简单，因此该原则在生产现场应用较多。

（4）测量跳动原则

测量跳动原则是针对圆跳动和全跳动的定义与实现方法进而概括出的检测原则，即在被测实际要素绕基准轴线回转过程中，沿给定方向（径向、端面、斜向）测量它对某基准点（或轴线）的变动量（指示表最大与最小读数之差）。此测量方法和设备均较简单，适合车间里使用，主要用于图样上标注了圆跳动和全跳动误差的测量。

（5）控制实效边界原则

控制实效边界原则是通过检测实际被测要素是否超过最大实体实效边界，以判断其是否合格的原则。该原则用于被测要素采用最大实体要求的场合，最有效的方法是采用功能量规检验。

4.5.2 形位误差及其评定

(1) 形状误差及其评定

形状误差是指实际被测要素的形状对其理想要素的变动量，而理想要素的位置应符合最小条件。

① 形状误差评定原则——最小条件 所谓最小条件是指确定理想要素位置时，应使理想要素与实际要素相接触，并使被测实际要素对其理想要素的最大变动量为最小。

② 形状误差评定方法——最小区域法 根据最小条件，形位误差值可用最小包容区域（简称最小区域）的宽度或直径表示。最小包容区域是指包容被测实际要素，且具有最小宽度 f 或直径 ϕf 的区域。

如图 4-31 所示为评定直线度误差时，A_1B_1、A_2B_2、A_3B_3 分别是处于不同位置的理想要素，h_1、h_2、h_3 分别是被测实际要素对三个不同位置的理想要素的最大变动量，且 $h_1 < h_2 < h_3$，因为 h_1 最小，则理想要素在 A_1B_1 处符合最小条件，符合最小条件的包容区域的宽度 h_1 即为直线度误差。

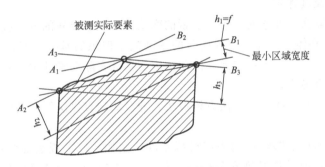

图 4-31 最小条件和最小区域

与其他评定方法比较，按最小条件评定的形状误差最为理想，符合国家标准规定的形状误差定义。但在很多情况下，寻找和判断符合最小条件的理想要素的方位很麻烦且困难，所以在满足零件功能要求的前提下，允许采用近似方法来评定形状误差。

③ 最小区域的判别

a. 评定给定平面内的直线度误差时，由两平行直线形成包容区，实际直线与包容直线至少有高、低相间的三点接触，这个包容区域就是最小区域，如图 4-32 所示。

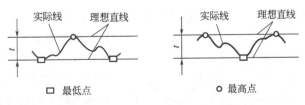

图 4-32 直线包容时的最小区域

b. 评定圆度误差时，由两同心圆形成包容区，实际圆轮廓应至少有内、外交替的四点与两包容圆接触，此时两同心圆的半径差最小，如图 4-33 所示，该两同心圆构成一最小区域，其半径差即为圆度误差。这种接触形式又称交叉准则。

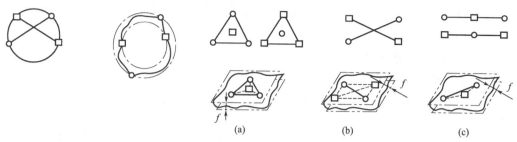

图 4-33 两同心圆包容时的最小区域

图 4-34 平行平面包容时的最小区域

c. 评定平面度误差时，由两平行平面包容实际要素时，实际平面至少有三点或四点与两平行平面分别接触，且需满足下列 3 种准则之一，即为最小区域。

三角形准则：一个最低（高）点的投影正好落在三个最高（低）点所组成的三角形之内，如图 4-34(a) 所示。

交叉准则：两个最高点的投影位于两个最低点连线的两侧，如图 4-34(b) 所示。

直线准则：一个最低（高）点的投影位于两个最高（低）点的连线上，如图 4-34(c) 所示。

(2) 位置误差及其评定

位置误差是关联实际要素对其理想要素的变动量，理想要素的方向或位置由基准确定。

① 基准的建立和体现　评定位置误差的基准应是理想的基准要素，但基准要素本身也是实际加工出来的，也存在形状误差。因此，应用基准实际要素的理想要素来建立基准，理想要素的位置应符合最小条件。

在实际检测中，基准的体现方法有模拟法、分析法和直接法等，其中用得最广泛的是模拟法。

模拟法是采用形状足够精确的表面模拟基准。例如，以平板表面模拟基准平面，如图 4-35 所示；以心轴表面模拟基准孔的轴线，如图 4-36 所示；以 V 形架表面模拟基准轴线等，如图 4-37 所示。

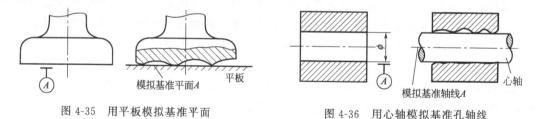

图 4-35　用平板模拟基准平面

图 4-36　用心轴模拟基准孔轴线

② 定向误差及其评定　定向误差是指被测实际要素对具有确定方向的理想要素的变动量，理想要素的方向由基准确定。定向误差包括平行度、垂直度和倾斜度三个项目，在评定定向误差时，理想要素相对基准的方向应保持图样上给定的几何关系，同时应使实际被测要素对理想要素的最大变动量为最小。

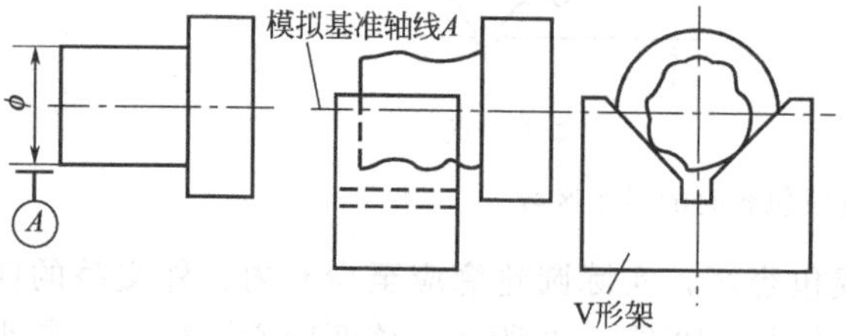

定向误差值用定向最小包容区域的宽度 f 或直径 ϕf 表示，定向最小包容

图 4-37　用 V 形架模拟基准轴线

区域的形状与定向公差带的形状相同，如图 4-38 所示。采用定向最小区域的方法表示整个被测实际要素的定向误差值，直观方便，且结果是唯一的。

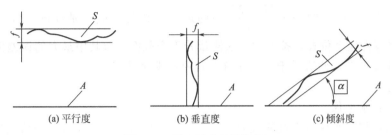

| (a) 平行度 | (b) 垂直度 | (c) 倾斜度 |

图 4-38　定向最小区域示例

③ 定位误差及其评定　定位误差是指被测实际要素对具有确定位置理想要素的变动量，理想要素的位置由基准和理论正确尺寸确定。

定位误差值用定位最小包容区域的宽度 f 或直径 ϕf 表示，如图 4-39 所示。

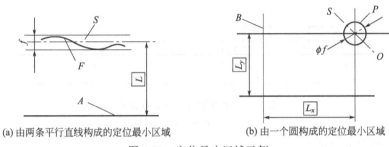

(a) 由两条平行直线构成的定位最小区域　　(b) 由一个圆构成的定位最小区域

图 4-39　定位最小区域示例

采用定位最小区域的方法表示整个被测实际要素的定位误差值，直观方便，且结果是唯一的。

（3）几种形位误差的测量方法

① 直线度误差的测量

a. 间隙法。

检测器具：刀口形直尺（或样板直尺）、塞尺。

检测方法：用刀口尺的刃口模拟理想直线，将刀口尺的刃口与被测要素接触，使刃口尺和被测要素间的最大间隙为最小，此最大间隙即为被测要素的直线度误差，如图 4-40 所示。其间隙量可用塞尺测量（或与标准间隙比较获得）。该方法适用于给定方向或给定平面内的直线度误差的测量。

图 4-40　间隙法测量直线度误差

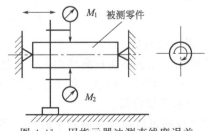

图 4-41　用指示器法测直线度误差

b. 指示器法。

检测器具：平板、顶尖、支架及指示表（百分表或千分表）。

检测方法：将被测零件安装在平行于平板的两顶尖之间，在支架上装上两个测量头相对的指示表，沿零件铅垂截面的两条素线测量，同时分别记录两指示表在各自测点的读数 M_1 和 M_2，取各测点读数差的一半 $\dfrac{M_1-M_2}{2}$ 中的最大值作为该截面轴线的直线度误差，如图 4-41 所示。将零件换个位置，按上述方法测量若干个截面，取其中最大的误差值作为被测零件轴线的直线度误差，此法适于测量任意方向的直线度误差。

c. 节距法。

检测器具：水平仪。

检测方法：将水平仪放在被测表面上，将被测长度分成若干小段，逐段测出每一小段的相对读数，最后通过计算法或作图法求出直线度误差，如图 4-42 所示，测量时，一般首先将被测要素调成近似水平，以保证水平仪读数方便，还可在水平仪下面放入桥板，桥板跨距可按被测要素的长度和测量精度的高低来确定。该方法适用于精度较高且长度较长的直线度误差的测量。

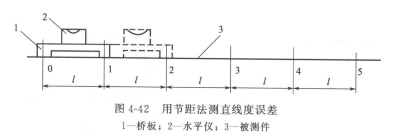

图 4-42　用节距法测直线度误差
1—桥板；2—水平仪；3—被测件

② 平面度误差的测量

a. 用指示表测量。

将被测零件支承在平板上，如图 4-43 所示，并将被测平面上对角线的角点调成等高（称对角线法）或将被测表面距离最远的三点调成等高（称三远点法），然后按一定布点测量被测表面，指示表的最大与最小示值之差即为该平面的平面度误差，如图 4-43(a) 所示。该方法适用于测量中、小型平面。

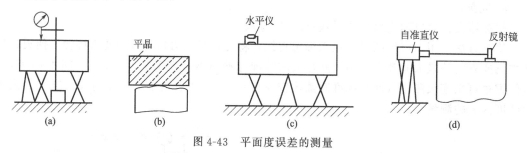

图 4-43　平面度误差的测量

b. 用平晶测量。

将平面平晶紧贴在被测平面上，根据所产生干涉条纹的数量，经过计算可得到平面度误差值，如图 4-43(b) 所示。该方法适于测量高精度的小平面。

c. 用水平仪测量。

水平仪通过桥板放在被测平面上，用水平仪按一定的布点和方向逐点测量，经过计算得到平面度误差值，如图 4-43(c) 所示。

d. 用自准直仪和反射镜测量。

将自准直仪固定在平面外的一定位置，反射镜放在被测平面上。调整自准直仪，使其和

被测表面平行，按一定布点和方向逐点测量，经过计算得
到平面度误差值，如图 4-43(d) 所示。

③ 圆度误差的测量

a. 圆度仪测量。

如图 4-44 所示，圆度仪上回转轴带着传感器转动使传
感器上测量头沿被测表面回转一圈，测量头的径向位移由
传感器转换成电信号，经放大器放大，通过记录装置将被
测表面的实际轮廓准确地描绘在坐标纸上，然后按最小包
容区域法求出圆度误差。

b. 近似测量法。

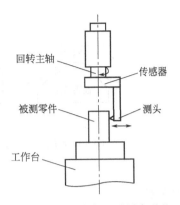

图 4-44　用圆度仪测量圆度误差

两点法：两点法测量是用游标卡尺、千分尺或百分表
等通用量具测出同一径向截面中的最大直径差，此差的一
半 $(d_{max} - d_{min})/2$ 即为该截面的圆度误差，如图 4-45 所示。测量多个截面，取其中最大值
作为被测零件的圆度误差。此方法支承点一个，加上一个测量点，故称为两点法，适合测量
已知棱数为偶数的圆度误差。

三点法：测量时，将工件放在 V 形架或鞍形块上，如图 4-46 所示。使其轴线垂直于测量截
面，同时固定轴向位置，工件回转一周，根据指示器的最大与最小读数差计算出圆度误差。

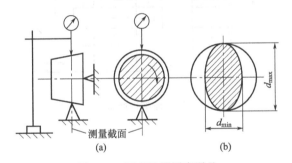

图 4-45　两点法测圆度误差

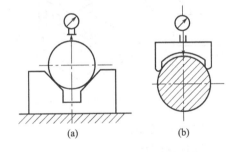

图 4-46　三点法测圆度误差

④ 轮廓度误差的测量

a. 用轮廓样板测量。

用轮廓样板模拟理想轮廓曲线，与实际轮廓进行比较，即将轮廓样板按规定的方向放置
在被测零件上，如图 4-47(a) 所示，根据光隙法估读间隙的大小，取最大间隙为该零件的线
轮廓度误差。

b. 用坐标测量仪测量。

用坐标测量仪测量曲线或曲面上若干点的坐标值如图 4-47(b) 所示，将被测零件放置
在仪器工作台上，并进行正确定位。测出实际曲面轮廓上若干个点的坐标值，并将测得值与
理想轮廓的坐标值进行比较，取其中差值最大的绝对值的 2 倍，作为该零件的面轮廓度
误差。

⑤ 平行度误差的测量

a. 面对面平行度误差的测量。

检测器具：平板、带指示表的测量架。

测量方法：将被测零件直接放在平板上（以平板体现基准），如图 4-48 所示，用指示表
在整个被测表面上方多方向移动进行测量，取指示表最大与最小读数之差作为该零件的平行

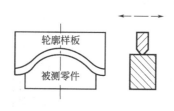 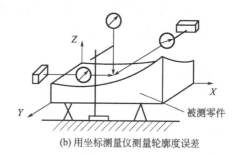

(a) 用轮廓样板测量轮廓度误差　　　　　(b) 用坐标测量仪测量轮廓度误差

图 4-47　轮廓度误差的测量

度误差。

b. 线对面平行度误差的测量。

测量方法：如图 4-49 所示，测量时以平板模拟基准平面，心轴模拟被测孔的轴线，用指示表在距离为 L_2 的两个位置测得的读数为 M_1、M_2，则平行度误差为：

$$f = |M_1 - M_2| \frac{L_1}{L_2}$$

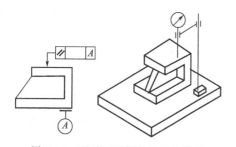 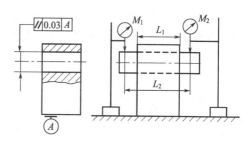

图 4-48　面对面平行度误差的测量　　　　图 4-49　线对面平行度误差的测量

⑥ 跳动误差的测量

a. 径向圆跳动误差的测量。

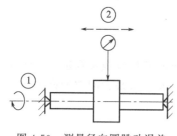

图 4-50　测量径向圆跳动误差

该方法是用一对顶尖模拟基准，将被测零件装卡在两顶尖之间，并将指示器的测头沿与轴线垂直的方向与被测圆柱面的最高点接触。使被测圆柱面绕基准轴线回转一周，指示表读数最大差值即为单个测量截面上的圆跳动误差值。如图 4-50 所示，按上述方法测量若干个截面，取各截面上测得的跳动量中的最大值，作为该零件的径向圆跳动误差。

b. 端面圆跳动的测量。

如图 4-51 所示，该方法是用一个 V 形架顶尖模拟基准，将被测零件放在 V 形架上，并在轴向固定，使指示器的测头与被测端面垂直接触。使被测面绕基准轴线回转一周，指示表读数最大差值即为单个测量圆柱面上的端面圆跳动误差。按上述方法测量若干个圆柱面，取各圆柱面上测得的跳动量中的最大值，作为该零件的端面圆跳动误差。

c. 斜向圆跳动的测量。

该方法是用一个导向套筒模拟基准，将被测零件支承在导向套筒内，并在轴向固定，使指示器的测头与被测表面垂直接触。如图 4-52 所示，使被测面绕基准轴线回转一周，指示表读数最大差值即为单个测量圆锥面上的斜向圆跳动误差。按上述方法在若干个圆锥面上测量，取各圆锥面上测得的跳动量中的最大值，作为该零件的斜向圆跳动误差。

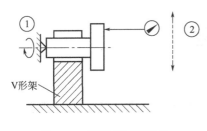

图 4-51 测量端面圆跳动

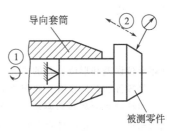

图 4-52 测量斜向圆跳动

d. 径向全跳动误差的测量。

将被测零件放在两个同轴的导向套筒内（也可用一对同轴顶尖或一对等高的 V 形架模拟基准），如图 4-53 所示，使其轴线与平板平行，并在轴向固定。使被测零件连续回转，同时使指示表沿基准轴向方向作直线移动，在整个测量过程中指示表反映的最大差值即为该零件的径向全跳动误差。

e. 端面全跳动误差的测量。

将被测零件放在导向套筒内（也可用 V 形架模拟基准），并在轴向固定。如图 4-54 所示，导向套筒的轴线应与平板垂直，使被测零件连续回转，同时使指示表沿被测表面的径向作直线移动，在整个测量过程中指示表反映的最大差值即为该零件的径向全跳动误差。

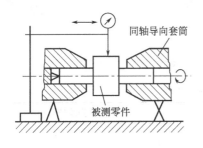

图 4-53 测量径向全跳动

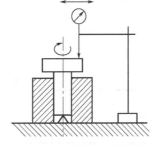

图 4-54 测量端面全跳动

本 章 小 结

本章重点介绍了形位公差的研究对象、项目、符号及标注，形位公差的作用及应用；形位公差与尺寸公差的关系；形位公差的选择；形位误差的检测原则及评定方法。

① 形位公差的研究对象是几何要素，几何要素根据不同情况可分为：理想要素与实际要素、轮廓要素与中心要素、被测要素与基准要素、单一要素与关联要素。

② 形位公差项目共有 14 项，其中形状公差有 4 项、形状或位置公差有 2 项、位置公差有 8 项。

③ 形位公差标注方法：被测要素的标注和基准要素的标注，形位公差公差带的四要素。

④ 评定形位误差的"最小条件"的概念：所谓最小条件是指确定理想要素的位置时，应使理想要素与实际要素相接触，并使被测实际要素对其理想要素的最大变动量为最小。

⑤ 未注形位误差的规定：对于精度较低，在一般机床上加工就能保证的形位公差要求，图样上不必标注出来，称未注公差。未注公差按国家标准 GB/T 1184—1996 来控制。

⑥ 形位公差与尺寸公差的关系——公差原则：公差原则是用于处理形位公差和尺寸公

差之间关系的,分为独立原则和相关要求,相关要求又分为包容要求、最大实体要求、最小实体要求和可逆要求。

思考与练习题

4-1　试述形位误差和形位公差的概念。

4-2　什么是零件的几何要素?几何要素分为哪几种?

4-3　什么叫被测要素和基准要素?什么叫单一要素和关联要素?并在图 4-55 中指出各要素。

4-4　试写出形位公差特征项目名称和符号。

4-5　什么叫形位公差带,形位公差带的四个要素是什么?

4-6　形位公差带的形状有哪几种?

4-7　试将图 4-56 中形位公差代号的含义填写在表 4-23 里。

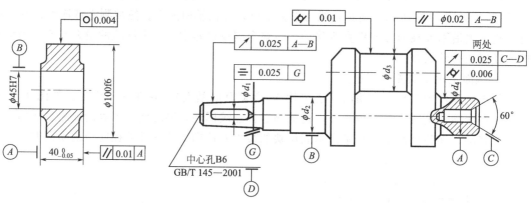

图 4-55　思考与练习题 4-3 图　　　　　图 4-56　思考与练习题 4-7 图

表 4-23　思考与练习题 4-7 表

代　号	解释代号含义	公差带形状
⟋⟍ 0.01		
↗ 0.025 A—B		
≡ 0.025 G		
// φ0.02 A—B		
↗ 0.025 C—D		
⟋⟍ 0.006		

4-8　试将下列技术要求标注在图 4-57 上:

(1) 大端圆柱面的尺寸要求为 $\phi 45_{-0.02}^{0}$ mm,并采用包容原则。

(2) 小端圆柱面的尺寸要求为 $\phi(25\pm0.007)$ mm,素线直线度公差为 0.01mm,并采用包容原则。

(3) 小端圆柱面轴线对大端圆柱面轴线的同轴度公差为 0.03mm。

4-9　试将下列技术要求标注在图 4-58 上:

(1) $\phi 100h6$ 圆柱表面的圆度公差为 0.005mm。

(2) $\phi 100h6$ 轴线对 $\phi 40P7$ 孔轴线的同轴度公差为 $\phi 0.015$mm。

(3) $\phi 40P7$ 孔的圆柱度公差为 0.005mm。

（4）左端凸台平面对 ϕ40P7 孔轴线的垂直度公差为 0.01mm。

（5）右端凸台端面对左端凸台端面的平行度公差为 0.02mm。

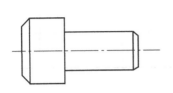

图 4-57　思考与练习题 4-8 图

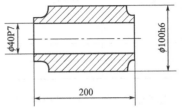

图 4-58　思考与练习题 4-9 图

4-10　改正图 4-59 中各项形位公差标注上的错误（不得改变形位公差项目）。

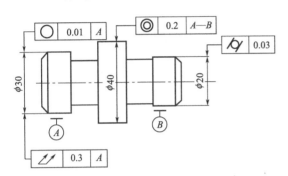

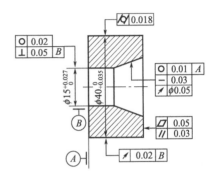

图 4-59　思考与练习题 4-10 图

4-11　如图 4-60 所示，被测要素采用的公差原则是＿＿＿＿＿＿＿＿，最大实体尺寸是＿＿＿＿＿＿＿＿ mm，最小实体尺寸是＿＿＿＿＿＿＿＿ mm，最大实体实效尺寸是＿＿＿＿＿＿＿＿ mm，垂直度公差给定值是＿＿＿＿＿＿＿＿ mm，垂直度公差最大补偿值是＿＿＿＿＿＿＿＿ mm。当孔的实际尺寸处处都为 ϕ60mm 时，垂直度公差是＿＿＿＿＿＿＿＿ mm，当实际尺寸处处都为 ϕ60.10mm 时，垂直度公差是＿＿＿＿＿＿＿＿ mm。

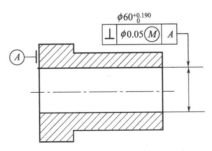

图 4-60　思考与练习题 4-11 图

4-12　按图 4-61 标注填写表 4-24。

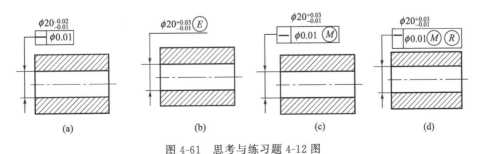

图 4-61　思考与练习题 4-12 图

表 4-24 思考与练习题 4-12 表

图号	采用公差原则或要求	遵守边界及边界尺寸	最大和最小实体尺寸	形位公差给定值	形位公差最大值	实际尺寸范围
(a)						
(b)						
(c)						
(d)						

4-13 公差原则有哪几种？其应用情况有何差异？

4-14 什么是最小条件？评定形位误差时是否一定要符合最小条件？

第5章 表面粗糙度及其检测

本章基本要求

（1）本章主要内容

零件表面粗糙度对力学性能的影响；表面粗糙度的评定参数及其数值标准的基本内容和特点；表面粗糙度的选用原则；表面粗糙度在图样上的表达方法。

（2）本章基本要求

① 了解表面粗糙度的概念及对零件使用性能的影响。

② 掌握表面粗糙度的评定参数的含义及应用。

③ 掌握表面粗糙度的最新标注方法。

④ 了解表面粗糙度的选用方法。

⑤ 了解表面粗糙度的测量方法。

（3）本章重点、难点

表面粗糙度的评定参数和标注。

5.1 概述

机械零件的表面在经过加工后，总会存在一定的几何形状误差，如图 5-1 所示。几何形状误差根据波距 λ（相邻两波峰或两波谷之间的距离）的大小，分为三种：波距小于 1mm 的属于表面粗糙度；波距在 $1\sim10$mm 的属于表面波纹度；波距大于 10mm 的属于形状误差，如图 5-2 所示。

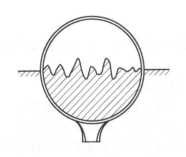

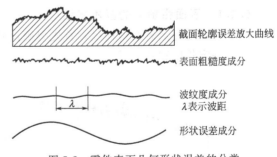

图 5-1 零件表面几何形状误差　　　　图 5-2 零件表面几何形状误差的分类

5.1.1 表面粗糙度的定义

表面粗糙度是指零件加工表面上由较小间距的峰谷组成的微观几何形状特征。它是由于加工时机床、刀具的振动及材料在切削中产生的变形、刀痕等原因造成的，是评定零件表面质量的一项重要指标。

5.1.2 表面粗糙度对零件使用性能的影响

表面粗糙度对零件使用性能的影响很大，主要表现在以下几个方面：

（1）对耐磨性的影响

零件表面越粗糙，摩擦阻力就越大，零件的磨损也越快。但零件表面过于光滑，一方面将增加制造成本，另一方面会不利于润滑油的储存，形成干摩擦，也使磨损加剧。

（2）对配合性能的影响

对于间隙配合，表面越粗糙，就越容易磨损，使工作过程中的配合间隙逐渐增大；对于过盈配合，孔轴在压入装配时会把粗糙表面凸峰挤平，减小实际有效过盈量，降低连接强度。因此，表面粗糙度影响配合性质的稳定性。

（3）对工作精度的影响

表面粗糙的两个物体相互接触，由于实际接触面积小，容易产生变形，影响机器的工作精度。

（4）对疲劳强度的影响

零件表面越粗糙，较大的微观峰谷对应力集中就越敏感，特别是在交变应力作用下，零件的疲劳强度大大降低。

（5）对耐腐蚀性的影响

零件表面越粗糙，则集聚在表面上的腐蚀气体和液体就越多，在微观凹谷中堆积并渗入到金属内部，使腐蚀加剧。

此外，表面粗糙度对零件表面的密封性及零件的外观都有很大影响。因此，在保证零件尺寸、形状和位置精度的同时，对表面粗糙度要有相应的要求，特别是对高速度、高精度和密封要求较高的产品，尤为重要。

5.2　表面粗糙度的国家标准及评定参数

表面粗糙度的国家标准有：GB/T 3505—2000《产品几何技术规范　表面结构　轮廓法　表面结构的术语、定义及参数》；GB/T 1031—1995《表面粗糙度　参数及其数值》；GB/T 131—2006/ISO 1302：2002《产品几何技术规范（GPS）技术产品文件中表面粗糙度的表示法》。

5.2.1　表面粗糙度的基本术语

为了客观地评定表面粗糙度，首先要确定测量的长度范围和方向，即评定基准，包括取样长度、评定长度和基准线。

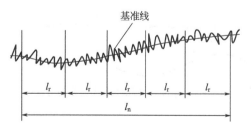

图 5-3　取样长度和评定长度

（1）取样长度 l_r

取样长度是在测量表面粗糙度时所取的一段与轮廓总的走向一致的基准线长度，如图5-3所示。标准规定取样长度按表面粗糙程度合理取值。取样长度过短，不能反映表面粗糙度的实际情况；取样长度过长，表面粗糙度的测量值又会把表面波度的成分包括进去。在取样长度范围内，一般应包含 5 个以上的轮廓峰和轮廓谷。

（2）评定长度 l_n

一个零件的表面粗糙度不一定很均匀，在一个取样长度内不能完全合理地反映被测表面的表面粗糙度，所以需要在几个取样长度上分别测量，然后取其平均值作为测量结果。评定长度是指评定轮廓表面粗糙度所必需的一段长度 l_n。它可以包括一个或多个取样长度，一般情况下取 $l_n = 5l_r$。

国家标准规定的取样长度与评定长度见表 5-1。

表 5-1　取样长度与评定长度的选用值（摘自 GB/T 1031—1995）

$Ra/\mu m$	$Rz/\mu m$	l_r/mm	$l_n(l_n=5l_r)/mm$
≥0.008～0.02	≥0.025～0.10	0.08	0.4
>0.02～0.1	>0.10～0.50	0.25	1.25
>0.1～2.0	>0.50～10.0	0.8	4.0
>2.0～10.0	>10.0～50.0	2.5	12.5
>10.0～80.0	>50.0～320	8.0	40.0

（3）基准线

用以评定表面粗糙度参数大小的一条参考线称为基准线，基准线通常有轮廓最小二乘中线和轮廓算术平均中线两种。

① 轮廓的最小二乘中线　在取样长度范围内，使轮廓线上的各点到一条假想线的距离的平方和为最小，即 $\sum\limits_{i=1}^{n} z_i^2 = \min$。这条假想线就是最小二乘中线，如图 5-4 所示。

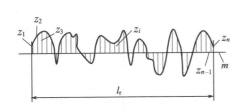

图 5-4　轮廓最小二乘中线

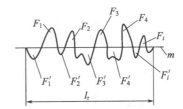

图 5-5　轮廓算术平均中线

② 轮廓算术平均中线　在取样长度内，由一条假想线将实际轮廓分成上、下两部分，而且使上下两部分面积相等，即 $\sum\limits_{i=1}^{n} F_i = \sum\limits_{i=1}^{n} F_i'$。这条假想线就是轮廓算术平均中线，如图 5-5 所示。

标准规定，一般以轮廓的最小二乘中线为基准线。但由于确定最小二乘中线比较困难，而算术平均中线与最小二乘中线差别很小，通常算术平均中线可以用目测法确定，实际测量时常用它来代替最小二乘中线。

5.2.2　表面粗糙度的评定参数

国家标准 GB/T 3505—2000 规定的评定表面粗糙度的参数有幅度参数、间距参数、混合参数以及曲线和相关参数等。其中 2 个幅度参数最为重要。

（1）幅度参数

① 轮廓算术平均偏差 Ra　在一个取样长度 l_r 内，轮廓上各点至基准线的距离的绝对值的算术平均值。如图 5-6 所示。用公式表示为

$$Ra = \frac{1}{l_r} \int_0^{l_r} |Z(x)| \, dx$$

其近似值为
$$Ra = \frac{1}{n}\sum_{i=1}^{n}|Z_i|$$

式中　Z——轮廓偏距（轮廓上各点到基准线的距离）；

　　　　Z_i——第 i 点的轮廓偏距。

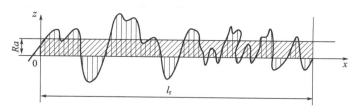

图 5-6　轮廓算术平均偏差 Ra

一般来说，测得的 Ra 值越大，则表面越粗糙。Ra 值能够全面客观地反映表面微观几何形状特征，测量方法比较简单，是评定表面粗糙度的主要参数，也是应用最多的评定参数。其标准数值系列见表 5-2。

表 5-2　标准数值系列

基本系列	补充系列	基本系列	补充系列	基本系列	补充系列	基本系列	补充系列
	0.008						
	0.010						
0.012			0.125		1.25	12.5	
	0.016		0.160	1.60			16.0
	0.020	0.20			2.0		20
0.025			0.25		2.5	25	
	0.032		0.32	3.2			32
	0.040	0.40			4.0		40
0.050			0.50		5.0	50	
	0.063		0.63	6.3			63
	0.080	0.80			8.0		80
0.100			1.00		10.0	100	

② 轮廓最大高度 Rz　在一个取样长度 l_r 内，最大轮廓峰高 z_p 和最大轮廓谷深 z_v 之和的高度。如图 5-7 所示。用公式表示为

$$Rz = z_p + z_v$$

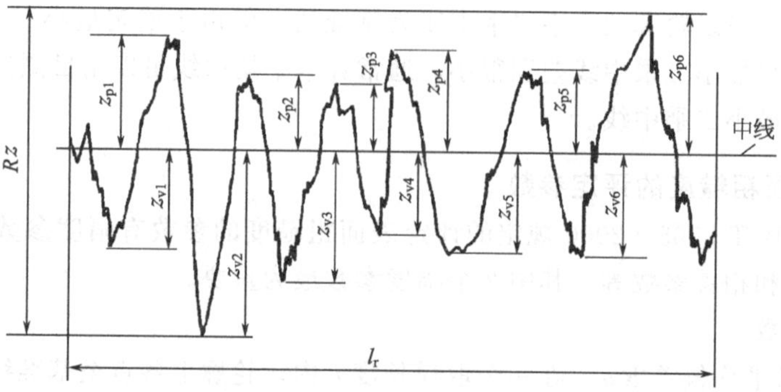

图 5-7　轮廓最大高度 Rz

Rz 值越大，表面加工的痕迹越深，表面也越粗糙，但它不如 Ra 对表面粗糙程度反映

得客观全面。对某些不允许出现较深加工痕迹且常在交变应力作用下的工作表面，常标注 Rz 参数，其标准数值系列见表 5-3。

表 5-3　Rz 的数值（摘自 GB/T 1031—1995）　　　　　　　　　μm

基本系列	补充系列	基本系列	补充系列	基本系列	补充系列	基本系列	补充系列	基本系列	补充系列	基本系列	补充系列
			0.125		1.25	12.5			125		1250
			0.160	1.6			16.0		160	1600	
		0.20			2.0		20	200			
0.025			0.25		2.5	25			250		
	0.032		0.32	3.2			32		320		
	0.040	0.40			4.0		40	400			
0050			0.50		5.0	50			500		
	0.063		0.63	6.3			63		630		
	0.080	0.80			8.0		80	800			
0.100			1.0		10.0	100			1000		

（2）间距参数

一个轮廓峰和其相邻的一个轮廓谷的组合称为轮廓单元。在一个取样长度 l_r 内，轮廓单元宽度的平均值，称为轮廓单元的平均宽度，如图 5-8 所示，轮廓单元的平均宽度用 RSm 表示。RSm 的数学表达式为

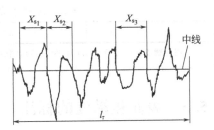

图 5-8　轮廓单元的平均宽度

$$RSm = \frac{1}{m}\sum X_{s_i}$$

RSm 值愈小，表示轮廓表面越细密，密封性愈好。其标准系列值见表 5-4。

表 5-4　RSm 的数值（摘自 GB/T 1031—1995）

基本系列	补充系列	基本系列	补充系列	基本系列	补充系列	基本系列	补充系列
	0.002	0.025			0.25		2.5
	0.003		0.032		0.32	3.2	
	0.004		0.040	0.40			4.0
	0.005	0.050			0.50		5.0
0.006			0.063		0.63	6.3	
	0.008		0.080	0.80			8.0
	0.010	0.100			1.00		10.0
0.0125			0.125		1.25	12.5	
	0.016		0.160	1.60			
	0.020	0.20			2.0		

（3）曲线参数

在给定水平位置 c 上用一条平行于中线的线与轮廓单元相截所获得的各段截线长度之和，称为轮廓的实体材料长度 $Ml(c)$，轮廓实体材料长度 $Ml(c)$ 与评定长度 l_n 的比率，称为轮廓的支承长度率 $Rmr(c)$，如图 5-9 所示。

用公式表示为

$$Rmr(c) = \frac{Ml(c)}{l_n}$$

$Rmr(c)$ 的值是对应于不同的 c 值给出的，当 c 值一定时，$Rmr(c)$ 值越大，表示表面

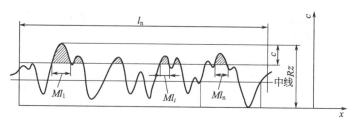

图 5-9 轮廓的支承长度率 $Rmr(c)$

实体材料越长，则支承能力和耐磨性越好，如图 5-10 所示。$Rmr(c)$ 的数值系列见表 5-5。

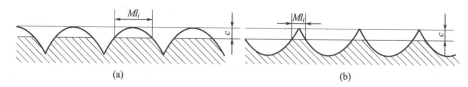

图 5-10 不同形状轮廓的支承长度

表 5-5 $Rmr(c)$ 的数值（摘自 GB/T 1031—1995）

10	15	20	25	30	40	50	60	70	80	90

注：选用轮廓支承长度率 $Rmr(c)$ 时，必须同时给出轮廓水平平截距 c 值。c 值可用 μm 或 Rz 的百分数表示，其系列如下：Rz 的 5%，10%，15%，20%，25%，30%，40%，50%，60%，70%，80%，90%。

5.3 表面粗糙度的标注

表面粗糙度评定参数及其数值确定后，须在零件图上正确标出。国标 GB/T 131—2006 规定了表面粗糙度的符号、代号及其在图样上的注法。

(1) 表面粗糙度的符号

表面粗糙度要求应按国标规定标注在零件图上，图样上所标注的表面粗糙度的符号、意义及说明见表 5-6。

表 5-6 表面粗糙度的符号及其意义

符 号	意 义
$\sqrt{}$	基本符号，表示表面可用任何方法获得。当不加注粗糙度参数值或有关说明（例如表面处理、局部处理状况等）时，仅适用于简化代号标注
$\sqrt{}$	基本符号加一短画，表示表面是用去除材料的方法获得。例如车、铣、钻、磨、剪切、抛光、腐蚀、电火花加工、气割等
$\sqrt{}$	基本符号加一小圆，表示表面是用不去除材料的方法获得。例如铸、锻、冲压变形、热轧、冷轧、粉末冶金等或者是用于保持供应状况的表面（包括保持上道工序的状况）
$\sqrt{}$ $\sqrt{}$ $\sqrt{}$	在上述三个符号的长边上均可加一横线，用于标注有关参数和说明
$\sqrt{}$ $\sqrt{}$ $\sqrt{}$	在上述三个符号上均可加一小圆，表示所有表面具有相同的表面粗糙度要求

(2) 表面粗糙度的代号

为了明确表面粗糙度的要求，除了标注表面粗糙度单一要求（参数代号和数值）外，必要时应标注补充要求。补充要求包括传输带、取样长度、加工工艺、表面纹理方向、加工余

量等。在表面粗糙度的代号中，单一要求（图 5-11 中 a）和补充
要求（图 5-11 中 b～e）应注写在图 5-11 所示的指定位置。

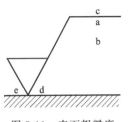

图 5-11　表面粗糙度
代号注法

位置 a：注写表面粗糙度的单一要求（即表面粗糙度的第一个
要求），它包含了表面粗糙度参数代号、极限值和传输带或取样长
度。为了避免误解，在参数代号和极限值之间应加一空格，在传
输带或取样长度与参数代号之间加"/"，如图 5-12（a）所示；如
果评定长度为默认值，则不用标注，若不是默认值，则在参数代
号后标注评定长度，如图 5-12（a）所示，"Rz"后面的"3"表示
评定长度为三个取样长度，如果是图形法，在传输带与参数代号

之间可标注评定长度，中间用"/"隔开，如图 5-12（b）所示；在表面粗糙度完整的图形符
号中，表示双向极限时应标注极限代号，上限值在参数代号前加"U"，如图 5-12（c）所示，
下限值在参数代号前加"L"。如果表面结构参数极限值采用 16％规划（对于按一个参数的
上限值规定要求时，如果在所选参数都用同一评定长度上的全部实测值中，大于图样或技术
文件中规定值的个数不超过总数的 16％，则该表面是合格的），即为默认规则，不用标注极
限值判断规则；若用最大规则（检验时，若规定了参数的最大值要求，则在被检的整个表面
上测得的参数值一个也不应超过图样或技术文件的规定值），应在参数符号后面增加一个
"max"标记，如图 5-12（c）所示。

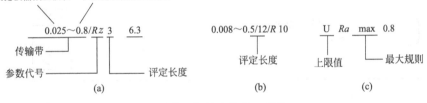

(a) 　　　　　　　　　　(b) 　　　　　　　　　(c)

图 5-12　表面粗糙度的单一要求

位置 a、b：注写两个表面粗糙度要求。如图 5-13 所示，在位置 a 注写第一个表面粗糙
度要求，在位置 b 注写第二个表面粗糙度要求。

Ramax 0.8
Rz1 3.2

U Rz 0.8
L Ra 0.2

图 5-13　两个表面粗糙度要求的注法

位置 c：注写加工方法、表面处理、涂层或其他
加工工艺要求等（如车、磨、镀等加工表面）。

位置 d：注写表面纹理及其方向。表面纹理及方
向的符号如表 5-7 所示。

位置 e：注写加工余量。

表面粗糙度代号的标注示例见表 5-8。带有补充注释的符号及含义见表 5-9。简化符号
及含义见表 5-10。

表 5-7　加工纹理方向符号

符　号	解　释	示　例
═══	纹理平行于视图所在的投影面	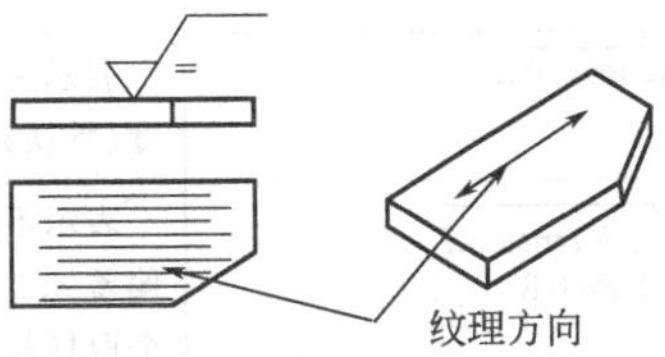 纹理方向

符　号	解　释	示　例
⊥	纹理垂直于视图所在的投影面	纹理方向
×	纹理呈两斜向交叉且与视图所在的投影面相交	纹理方向
M	纹理呈多方向	
C	纹理呈近似同心圆且圆心与表面中心相关	
R	纹理呈近似放射状且与表面圆心相关	
P	纹理呈微粒、凸起、无方向	

注：如果表面纹理不能清楚地用这些符号表示，必要时，可以在图样上加注说明。

表 5-8　表面粗糙度代号（GB/T 131—2006）

标注示例	含　义
√Rz 0.4	表示不允许去除材料，单向上限值，默认传输带，轮廓最大高度 $0.4\mu m$，评定长度为 5 个取样长度（默认），"16％规则"（默认）
√Rz max 0.2	表示去除材料，单向上限值，轮廓最大高度的最大值 $0.2\mu m$，评定长度为 5 个取样长度（默认），"最大规则"
√U Ra max 3.2 L Ra 0.8	表示不允许去除材料，双向极限值，两极限值均使用默认传输带，上限值：算术平均偏差 $3.2\mu m$，默认评定长度，"最大规则"；下限值：算术平均偏差 $0.8\mu m$，评定长度为 5 个取样长度（默认），"16％规则"（默认）

续表

标注示例	含 义
$L\,Ra\,1.6$	表示任意加工方法,默认传输带,单向下限值,算术平均偏差 $1.6\mu m$,评定长度为 5 个取样长度(默认),"16%规则"(默认)
$0.008\sim0.8/Ra\,3.2$	表示去除材料,单向上限值,传输带 $0.008\sim0.8mm$,算术平均偏差 $3.2\mu m$,评定长度为 5 个取样长度(默认),"16%规则"(默认)
$-0.8/Ra\,3\,3.2$	表示去除材料,单向上限值,传输带:根据 GB/T 6062,取样长度 $0.8\mu m$,算术平均偏差 $3.2\mu m$,评定长度包含 3 个取样长度,"16%规则"(默认)
磨 $Ra\,1.6$ $\perp-2.5/Rz\,max\,6.3$	两个单向上限值: ①$Ra=1.6\mu m$ "16%规则"(默认);默认传输带,默认评定长度 ②$Rz\,max=6.3\mu m$ 最大规则;传输带$-2.5\mu m$;默认评定长度 表面纹理垂直于视图的投影面;加工方法:磨削
铣 $0.008\sim4/Ra\,50$ $C\,0.008\sim4/Ra\,6.3$	双向极限值:上限值 $Ra=50\mu m$,下限值 $Ra=6.3\mu m$ 两个传输带均为 $0.008\sim4mm$ 默认的评定长度为 $5\times4mm=20mm$ "16%规则"(默认) 表面纹理呈近似同心圆且圆心与表面中心相关 加工方法:铣

表 5-9 带有补充注释的符号示例及含义

符 号	含 义
铣	加工方法:铣削
M	表面纹理:纹理呈多方向
⟨symbol⟩	对投影图上封闭的轮廓线所表示的各表面有相同的表面粗糙度要求
3	加工余量 3mm

表 5-10 简化符号及含义

符 号	含 义
	符号及所加字母的含义由图样中的标注说明

(3) 表面粗糙度在图样上的标注

① 表面粗糙度要求的注写方向。根据 GB/T 4458.4 的规定,表面粗糙度的注写和读取方向应与尺寸的注写和读取方向一致,如图 5-14 所示。

② 表面粗糙度要求可标注在轮廓线上,其符号应从材料外指向并接触表面。必要时,表面粗糙度符号也可用带箭头或黑点的指引线引出标注。如图 5-15 所示。

③ 在不致引起误解时,表面粗糙度要求可以标注在给定

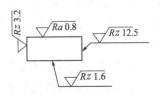

图 5-14 表面粗糙度
的注写方向

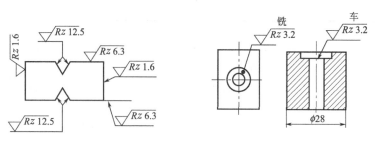

图 5-15　表面粗糙度在轮廓线上或指引线上的标注

的尺寸线上，如图 5-16 所示。

④ 表面粗糙度要求可标注在形位公差框格的上方，如图 5-17 所示。

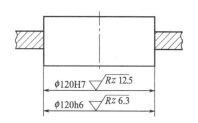

图 5-16　表面粗糙度要求可以
标注在给定的尺寸线上

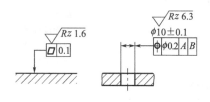

图 5-17　表面粗糙度要求标注在
形位公差框格的上方

⑤ 表面粗糙度要求可以直接标注在延长线上，或用带箭头的指引线引出标注，如图 5-18所示。圆柱和棱柱的表面粗糙度要求只标注一次。如果每个棱柱表面有不同的表面粗糙度要求，则应分别单独标注，如图 5-19 所示。

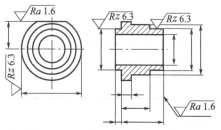

图 5-18　表面粗糙度要求标注
在圆柱特征的延长线上

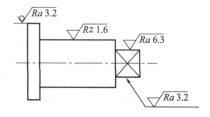

图 5-19　圆柱和棱柱的表面
粗糙度要求的注法

（4）表面粗糙度的简化注法

① 大多数表面有相同表面粗糙度要求时，可采用简化注法。

如果在工件的多数表面（包括全部）有相同的表面粗糙度要求，则其表面粗糙度要求可统一标注在图样的标题栏附近。此时（除了全部表面有相同要求的情况外），表面粗糙度的符号后面应有表示无任何其他标注的基本符号或不同的表面粗糙度要求。如图 5-20、图5-21所示。

② 当多个表面具有相同的表面粗糙度要求或图纸空间有限时，可采用简化注法：

a. 可用带字母的完整符号，以等式的形式在图形或标题栏附近标注，对有相同表面粗糙度要求的表面进行简化标注，如图 5-22(a) 所示。

b. 用表面粗糙度基本图形符号和扩展图形符号，以等式的形式给出多个表面共同的表面粗糙度要求，如图 5-22(b) ～(d) 所示。

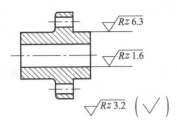

图 5-20　大多数表面有相同
粗糙度要求的简化注法（一）

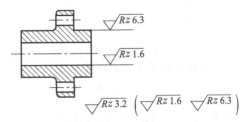

图 5-21　大多数表面有相同
粗糙度要求的简化注法（二）

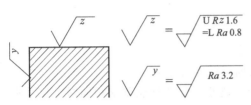

(a) 在图纸空间有限时的简化注法　　　　(b) 未指定工艺方法的多个表面粗糙度要求的简化注法

(c) 要求去除材料的多个表面粗糙度要求的简化注法　(d) 不允许去除材料的多个表面粗糙度要求的简化注法

图 5-22　多个表面有共同表面粗糙度要求的注法

③ 由几种不同的工艺方法获得的同一表面，当需要明确每种工艺方法的表面粗糙度要求时的标注方法如图 5-23 所示。

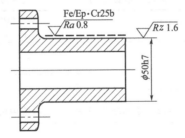

图 5-23　不同工艺获得同一表面粗糙度要求的注法
（同时给出镀覆前后的表面粗糙度要求的注法）

5.4　表面粗糙度的选用

5.4.1　表面粗糙度评定参数的选用

国家标准规定，轮廓的幅度参数（Ra 或 Rz）是必须标注的参数，其他参数［如 RSm、$Rmr(c)$］是附加参数。一般情况下选用 Ra 或 Rz 就可以满足要求。只有对于一些重要表面有特殊要求时，为了保证功能和提高产品质量，可以同时选用几个参数来综合控制表面质量。如当表面要求耐磨时，可以选用 Ra、Rz 和 $Rmr(c)$；当表面要求承受交变应力时，可选用 Rz 和 RSm；当表面要求外观质量和可漆性，可选用 Ra 和 RSm。

一般情况下可以从幅度参数 Ra 和 Rz 中选一个。国家标准推荐，在常用数值范围（Ra 为 $0.025\sim6.3\mu m$）内应优先选用 Ra 参数，因为 Ra 既能反映加工表面的微观几何形状特征，又能反映微观凸峰高度，而且能用电动轮廓仪或表面粗糙度参数测量仪分别测出。但对于要求过于光滑或过于粗糙的表面，不宜采用 Ra 作为评定参数。

Rz 参数虽然不如 Ra 参数反映的几何特征准确、全面，但 Rz 的概念简单、测量简便。Rz 主要用于测量部位小、峰谷少或有疲劳强度要求的零件表面的评定。

5.4.2　表面粗糙度参数值的选用

零件的表面粗糙度参数值在选用时，要综合考虑使用性能和经济性能两方面的因素，其选用原则是：在满足使用功能要求的前提下使参数的允许值尽可能大。在实际生产中，可参考经过验证的实例，采用类比法来确定。

① 同一零件，工作表面的粗糙度值应比非工作表面小。

② 摩擦表面的粗糙度值应比非摩擦表面小。

③ 承受高速、高压和交变应力作用的表面粗糙度值应小一些。

④ 配合性质要求越稳定，表面粗糙度值应越小。配合性质要求相同时，尺寸愈小的结合面，表面粗糙度值也应越小。

⑤ 同一精度等级，小尺寸比大尺寸、轴比孔的表面粗糙度值要小。

⑥ 表面粗糙度值应与尺寸公差、形位公差相适应。通常，零件的尺寸公差、形位公差要求高时，表面粗糙度值应较小。

⑦ 对于密封性、防腐性要求高的表面或外形美观的表面，其表面粗糙度参数值都应小些。

⑧ 凡有关标准已对表面粗糙度要求作出规定的（如轴承、键槽、齿轮等），应按标准规定确定表面粗糙度参数值。

选用表面粗糙度的参数值时可参考表 5-11～表 5-13。

表 5-11　表面粗糙度参数值与尺寸公差、形状公差的关系

形状公差 t 占尺寸公差 T 的百分比 t/T	表面粗糙度参数值占尺寸公差的百分比	
	Ra/T	Rz/T
≈60	≤5	≤20
≈40	≤2.5	≤10
≈25	≤1.2	≤5

表 5-12　表面粗糙度 Ra 的推荐选用值　　　　　　　　　　　　　μm

应用场合			基本尺寸/mm					
		公差等级	≤50		>50～120		>120～500	
			轴	孔	轴	孔	轴	孔
经常装拆零件的配合表面		IT5	≤0.2	≤0.4	≤0.4	≤0.8	≤0.4	≤0.8
		IT6	≤0.4	≤0.8	≤0.8	≤1.6	≤0.8	≤1.6
		IT7	≤0.8		≤1.6		≤1.6	
		IT8	≤0.8	≤1.6	≤1.6	≤3.2	≤1.6	≤3.2
过盈配合	压入装配	IT5	≤0.2	≤0.4	≤0.4	≤0.8	≤0.4	≤0.8
		IT6、IT7	≤0.4	≤0.8	≤0.8	≤1.6	≤1.6	
		IT8	≤0.8	≤1.6	≤1.6	≤3.2	≤3.2	
	热装	—	≤1.6	≤3.2	≤1.6	≤3.2	≤1.6	≤3.2

续表

应　用　场　合		基本尺寸/mm		
滑动轴承的配合表面	公差等级	轴	孔	
	IT6～IT9	≤0.8	≤1.6	
	IT10～IT12	≤1.6	≤3.2	
	液体湿摩擦条件	≤0.4	≤0.8	
圆锥结合的工作面		密封结合	对中结合	其他
		≤0.4	≤1.6	≤6.3

应　用　场　合		速度/(m/s)		
密封材料处的孔、轴表面	密封形式	≤3	3～5	≥5
	橡胶圈密封	0.8～1.6(抛光)	0.4～0.8(抛光)	0.2～0.4(抛光)
	毛毡密封	0.8～1.6(抛光)		
	迷宫式	3.2～6.3		
	涂油槽式	3.2～6.3		

应　用　场　合							
精密定心零件的配合表面	IT5～IT8	径向跳动	2.5	4	6	10	16	25
		轴	≤0.05	≤0.1	≤0.1	≤0.2	≤0.4	≤0.8
		孔	≤0.1	≤0.2	≤0.2	≤0.4	≤0.8	≤1.6

V 带和平带轮工作表面	带轮直径/mm		
	≤120	>120～315	>315
	1.6	3.2	6.3

箱体分界面(减速箱)	类型	有垫片	无垫片
	需要密封	3.2～6.3	0.8～1.6
	不需要密封	6.3～12.5	

表 5-13　表面粗糙度的表面特征、经济加工方法及应用举例

表面微观特性		$Ra/\mu m$	$Rz/\mu m$	加工方法	应用举例
粗糙表面	可见刀痕	>20～40	>80～60	粗车、粗刨、粗铣、钻、毛锉、锯断	半成品粗加工过的表面,非配合的加工表面,如轴端面、倒角、钻孔、齿轮、带轮侧面,键槽底面,垫圈接触面等
	微见刀痕	>10～20	>40～80		
半光表面	可见加工痕迹	>5～10	>20～40	车、刨、铣、镗、钻、粗铰	轴上不安装轴承、齿轮处的非配合表面,紧固件的自由装配表面,轴和孔的退刀槽等
	微见加工痕迹	>2.5～5	>10～20	车、刨、铣、镗、磨、拉、粗刮、滚压	半精加工表面,箱体,支架,盖面,套筒等和其他零件结合而无配合要求的表面,需要发蓝的表面等
	不可见加工痕迹	>1.25～2.5	>6.3～10	车、刨、铣、镗、磨、拉、刮、压、铣齿	接近于精加工表面,箱体上安装轴承的镗孔表面,齿轮的工作面
光表面	可见加工痕迹	>0.63～1.25	>3.2～6.3	车、镗、磨、拉、刮、精铰、磨齿、滚压	圆柱销、圆锥销与滚动轴承配合的表面,卧式车床导轨面,内、外花键定位表面
	微见加工痕迹	>0.32～0.63	>1.6～3.2	精铰、精镗、磨刮、滚压	要求配合性质稳定的配合表面,工作时受交变应力的重要零件,较高精度车床的导轨面
	不可见加工痕迹	>0.16～0.32	>0.8～1.6	精磨、珩磨、研磨、超精加工	精密机床主轴锥孔、顶尖圆锥面,发动机曲轴、凸轮轴工作表面,高精度齿轮齿面

续表

表面微观特性		$Ra/\mu m$	$Rz/\mu m$	加工方法	应用举例
极光泽面	暗光泽面	>0.08～0.16	>0.4～0.8	精磨、研磨、普通抛光	精密机床主轴轴颈表面,一般量规工作表面,汽缸套内表面,活塞销表面等
	亮光泽面	>0.04～0.08	>0.2～0.4	超精磨、精抛光、镜面磨削	精密机床主轴轴颈表面,滚动轴承的滚珠,高压液压泵中柱塞和与柱塞配合的表面
	镜状光泽面	>0.02～0.04	>0.1～0.2		
	雾状镜面	>0.01～0.02	>0.05～0.1	镜面磨削、超精研	高精度量仪、量块的工作表面,光学仪器中的金属镜面
	镜面	≤0.01	≤0.05		

5.5　表面粗糙度的检测

表面粗糙度常用的检测方法有比较法、光切法、干涉法和针描法。

(1) 比较法

比较法是把被检零件表面与粗糙度标准样板直接进行比较来确定被测表面粗糙度的一种方法。使用时,样板的材料、表面形状及加工纹理方向应尽可能与被检零件相同。

(2) 光切法

光切法是利用"光切原理"来测量表面粗糙度。如图 5-24 所示,常用双管显微镜测量,适于测量 Rz 值为 $0.5\sim0.6\mu m$ 的车、铣、刨等外表面。

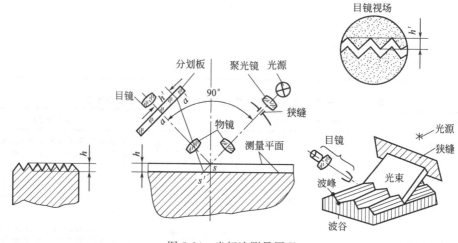

图 5-24　光切法测量原理

光切法的原理如图 5-24 所示,光源发出的光穿过聚光镜狭缝和物镜,以 45°倾角方向投射到被测表面上,再经被测表面反射通过物镜可看到一条光带,这条光带就是被测表面在 45°斜向截面上的实际轮廓线的影像,此轮廓线的波峰 s 与波谷 s' 通过物镜分别成像在分划板上的 a 和 a' 点,a 与 a' 点之间的距离就是波谷影像的高度差,被测表面的波谷高度 h 可根据下式计算:

$$h = h'\cos45°/V$$

式中　V——物镜放大倍数,用"标准玻璃刻度尺"确定;

　　　　h'——目镜中影像高度,可用测微目镜千分尺测量。

(3) 干涉法

干涉法利用光波干涉原理测量表面粗糙度。常用于测量 Rz 为 $0.025\sim0.8\mu m$ 的表面，常用仪器为干涉显微镜。

干涉显微镜的测量原理如图 5-25(a) 所示，光源 1 发出的光线，经 2、3 聚光滤色，再经光栏 4 和透镜 5 至分光镜 7 分成两束光，一束经补偿镜 8、物镜 9 到平面反射镜 10 返回到 7，再由 7 经聚光镜 11 到反射镜 16，再进入目镜 12；另一束光线经物镜 6 射向被测表面，由被测表面反射回来，通过分光镜 7、聚光镜 11 到反射镜 16 反射也进入目镜 12。在目镜 12 的视场里可看到这两束光线因光程差而形成的干涉条纹。若被测表面为理想平面，则干涉条纹为一组等距平直的平行光带；若被测表面粗糙不平，干涉条纹就会弯曲，如图 5-25(b) 所示。根据光波干涉原理，光程差每增加半个波长，就形成一条干涉带，所以被测表面的不平高度（峰与谷高度差）h 为

$$h = \frac{a}{b} \times \frac{\lambda}{2}$$

式中　a——干涉条纹的弯曲量；

　　　b——相邻干涉条纹的间距；

　　　λ——光波波长（绿色光 $\lambda = 0.53\mu m$）。

a、b 值可用测微目镜测出。

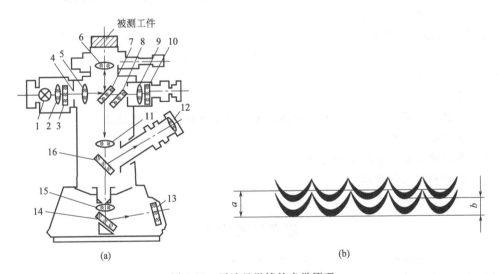

图 5-25　干涉显微镜的光学原理

1—光源；2、11、15—聚光镜；3—滤光片；4—光栏；5—透镜；6，9—物镜；7—分光镜；8—补偿镜；
10—平面反射镜；12—目镜；13—标准镜；14，16—反射镜

(4) 针描法

针描法也称为触针法，是一种接触式测量表面粗糙度的方法。如图 5-26 所示，通过金刚石触针针尖与被测表面相接触，当触针以一定的速度沿被测表面移动时，微观不平的痕迹，使触针作垂直于轮廓方向的运动，从而产生电信号。信号经过处理后，可以直接测出算术平均偏差 Ra 等评定表面粗糙度的参数值。这种方法适合测量 $0.025\sim5\mu m$ 的 Ra 值。

针描法测量迅速方便，测量精度高，测量结果可靠，并能直接读出参数值，应用广。光切法与光波干涉法测量表面粗糙度，虽然不接触零件表面，但一般只能测量 Rz 值，测量过程比较烦琐，测量误差较大。

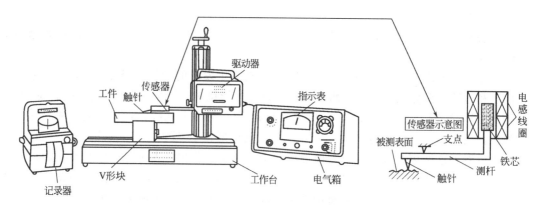

图 5-26　表面粗糙度检测仪示意图

本 章 小 结

本章重点介绍了表面粗糙度的概念、表面粗糙度的评定参数及标注、表面粗糙度参数的选择及表面粗糙度的检测方法。

（1）表面粗糙度的概念

表面粗糙度是指零件加工表面上由较小间距的峰谷组成的微观几何形状特征。

（2）表面粗糙度的评定参数

① 基本术语　取样长度、评定长度和基准线（最小二乘中线和轮廓算术平均中线）。

② 评定参数　轮廓算术平均偏差 Ra、轮廓最大高度 Rz、轮廓单元的平均宽度 RSm、轮廓的支承长度率 $Rmr(c)$。

（3）表面粗糙度的标注

表面粗糙度的符号及代号，表面粗糙度在图样上的标注及简化注法。

（4）表面粗糙度的选用

评定参数的选择、参数值的选择。

（5）表面粗糙度的检测

比较法、光切法、干涉法和针描法。

思考与练习题

5-1　什么是表面粗糙度？它对零件的使用性能有哪些影响？

5-2　什么是取样长度和评定长度？一般情况下如何确定取样长度和评定长度？

5-3　试述表面粗糙度评定参数 Ra、Rz 的含义。

5-4　在一般情况下，ϕ40H7 和 ϕ80H7 相比，ϕ40H6/f5 和 ϕ40H6/g5 相比，哪个应选用较小的粗糙度参数值？

5-5　选择表面粗糙度参数值时，主要考虑哪些因素？

5-6　表面粗糙度常用的检测方法有哪几种？

5-7　光切法、光干涉法和针描法各适用于测量哪些参数？

第6章 光滑极限量规

本章基本要求

本章重点介绍了光滑极限量规的概念、用途、分类，量规的设计原则，量规公差带及工作量规的设计。

要求准确掌握量规的概念、用途、分类，重点掌握量规公差标准知识及量规的设计方法，并能熟练绘出工作量规、校对量规的公差带图，理解量规的设计原则及量规的结构形式，了解量规的技术要求。

6.1 概述

光滑极限量规（简称量规）是一种没有刻度的定值测量工具。用它来检验工件时，只能确定工件的尺寸是否在极限尺寸的范围内，不能测出工件的实际尺寸。由于量规结构简单，使用方便，检验效率高，因而在生产中得到广泛应用，特别适用于大批量生产的场合。

量规按检验对象的不同分为塞规和卡规两种，塞规用于检验孔，卡规用于检验轴。量规都是成对使用的。孔用量规和轴用量规都有通规和止规，如图 6-1 所示。通规按工件的最大实体尺寸制造；止规按工件的最小实体尺寸制造。用它们检验工件时，通规控制作用尺寸，止规控制实际尺寸，只要通规能通过工件，止规不能通过工件，则认为该工件合格。

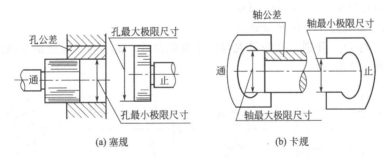

(a) 塞规　　　　　　　　　　　(b) 卡规

图 6-1　光滑极限量规

量规按其用途的不同可分为工作量规、验收量规和校对量规三类。

(1) 工作量规

工作量规是操作者在制造零件过程中，用来检验工件时使用的量规。它的通规和止规分别用代号"T"和"Z"表示。通常使用新的或者磨损较少的量规作为工作量规。

(2) 验收量规

验收量规是检验部门或用户代表验收产品时使用的量规。它也有通规和止规。验收量规一般不需要另行制造，它是从磨损量较多但未超过磨损极限的工作量规中挑选出来的，验收量规的止规应接近工件最小实体尺寸。这样，操作者用工作量规自检合格的工件，检验人员用验收量规验收时也一定合格。

(3) 校对量规

校对量规是检验、校对轴用工作量规（环规或卡规）的量规。因为轴用工作量规在制造或使用过程中经常会发生碰撞、变形，且通规经常通过零件，容易磨损，所以对轴用工作量规必须进行定期校对；而孔用工作量规的刚性较好，不易变形，也不易磨损，必要时也便于用通用测量仪器进行检验，故未规定专用的校对量规。

校对量规有三种：

① 校通-通，代号 TT。该量规是制造轴用通规时使用的量规，其作用是检验通规尺寸是否小于最小极限尺寸。检验时应该通过，否则通规不合格。

② 校止-通，代号 ZT。该量规是制造轴用止规时使用的量规，其作用是检验止规尺寸是否小于最小极限尺寸。检验时也应该通过，否则止规不合格。

③ 校通-损，代号 TS。该量规是校对轴用通规的量规，其作用是校对轴用通规是否已磨损到磨损极限。校对时不应该通过，如果通过，则表明轴用通规已磨损到磨损极限，不能再用，应予废弃。

用上述规定的量规检验产品时，如果判断有争议，应使用下述尺寸的量规来仲裁：

通规应等于或接近于最大实体尺寸。

止规应等于或接近于最小实体尺寸。

6.2   量规设计的原则

设计光滑极限量规时应遵守泰勒原则（极限尺寸设计原则）的规定。泰勒原则是指遵守包容要求的单一要素孔或轴的实际尺寸和形状误差综合形成的体外作用尺寸（D_{fe} 或 d_{fe}）不允许超越最大实体尺寸（D_M 或 d_M），在孔或轴的任何位置上的实际尺寸（D_a 或 d_a）不允许超越最小实体尺寸（D_L 或 d_L）。即

对于孔：$D_{fe} \geqslant D_{min}$ 且 $D_a \leqslant D_{max}$

对于轴：$d_{fe} \leqslant d_{max}$ 且 $d_a \geqslant d_{min}$

式中，D_{max} 与 D_{min} 分别为孔的最大与最小极限尺寸，d_{max} 与 d_{min} 分别为轴的最大与最小极限尺寸，如图 6-2 所示。

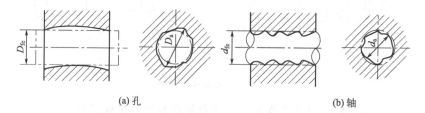

(a) 孔   (b) 轴

图 6-2   孔、轴体外作用尺寸 D_{fe}、d_{fe} 与实际尺寸 D_a、d_a

符合泰勒原则的量规如下：

(1) 量规尺寸要求

通规的基本尺寸应等于工件的最大实体尺寸（MMS）；止规的基本尺寸应等于工件的最小实体尺寸（LMS）。

(2) 量规形状的要求

通规用来控制工件的作用尺寸，它的测量面应是与孔或轴形状相对应的完整表面，且测量长度等于配合长度。因此通规常称为全形量规。止规用来控制工件的实际尺寸，它的测量

面应是点状的，且测量长度可以短些，止规表面与被测工件是点接触，常称为不全形量规。

　　用符合泰勒原则的量规检验工件时，若通规能通过而止规不能通过，则表示工件合格；反之，则表示工件不合格。如图 6-3 所示，孔的实际轮廓已超出尺寸公差带，应为废品。用全形通规检验时，不能通过；用两点状止规检验，沿 x 方向不能通过，但沿 y 方向却能通过。于是该孔被判断为废品。若用两点状通规检验，则可能沿 y 方向通过；用全形止规检验，则不能通过。这样因量规形状不正确，有可能把该孔误判为合格品。

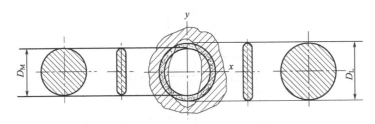

(a) 全形通规　(b) 两点状通规　(c) 工件　　(d) 两点状止规　(e) 全形止规

图 6-3　量规形状对检验结果的影响

　　在量规的实际应用中，由于量规在制造和使用方面的原因，完全按照泰勒原则往往很困难，甚至无法实现，因而可在保证被检验孔、轴的形状误差不致影响配合性质的条件下，允许采用偏离泰勒原则的量规。在国际标准和我国国家标准中，对此做了一些规定。

　　通规对泰勒原则的允许偏离如下。

　　① 长度偏离：允许通规长度小于工件配合长度。

　　② 形状偏离：大尺寸的孔和轴允许用非全形的通端塞规（或球端杆规）和卡规检验，以代替笨重的全形通规。曲轴的轴颈只能用卡规检验，而不能用环规。

　　止规对泰勒原则的允许偏离如下：

　　① 对点状测量面，由于点接触易于磨损，止规往往改用小平面、圆柱面或球面代替。

　　② 检验尺寸较小的孔时，为了增加刚度、耐磨性和便于制造，常改用全形塞规。

　　③ 对于刚性不好的薄壁零件，若用点状止规检验，会使工件发生变形，也改用全形塞规或环规。

　　为了尽量避免在使用偏离泰勒原则的量规检验时造成的误判，操作量规一定要正确。例如，在使用非全形通规检验孔或轴时，应在被测孔或轴的全长范围内的若干部位，并分别在围绕圆周的几个位置上进行检验。

6.3　量规公差带

　　量规是用于检验工件的专用量具，量规也是被制造出来的，有制造误差，并且要求它的制造精度比被检验工件的精度要高，为保证量规的制造精度，就要将量规的工作尺寸加工到某一规定值，故对量规工作尺寸也要规定制造公差。

　　由于通规在使用过程中会逐渐磨损，为使通规具有一定的寿命，需要留出适当的磨损储量，规定磨损极限。对于止规，由于它不通过工件，则不需要留磨损储量。校对量规也不留磨损储量。

6.3.1　工作量规的公差带

(1) 制造公差

国家标准 GB/T 1957—1981 规定量规的公差带不得超越工件的公差带。图 6-4 中 T 为量规的制造公差，Z 为通规尺寸公差带的中心到工件最大实体尺寸之间的距离。其允许磨损量以工件的最大实体尺寸为极限；止规的制造公差带是从工件的最小实体尺寸算起，分布在工件尺寸公差带之内，其分布如图 6-4 所示。

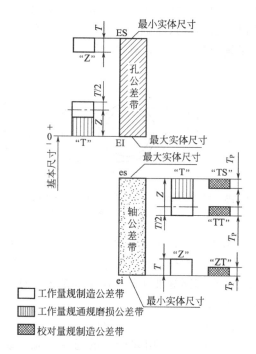

图 6-4　量规公差带

工作量规的制造公差 T 和通规公差带位置要素 Z 是综合考虑了量规的制造水平和一定的使用寿命，按被检验零件的公差等级和基本尺寸给定的，具体数值见表 6-1。

表 6-1　IT6～IT16 级工作量规制造公差与位置要素值　　μm

工件基本尺寸 D/mm	IT6			IT7			IT8			IT9			IT10			IT11		
	IT6	T	Z	IT7	T	Z	IT8	T	Z	IT9	T	Z	IT10	T	Z	IT11	T	Z
～3	6	1	1	10	1.2	1.6	14	1.6	2	25	2	3	40	2.4	4	60	3	6
＞3～6	8	1.2	1.4	12	1.4	2	18	2	2.6	30	2.4	4	48	3	5	75	4	8
＞6～10	9	1.4	1.6	15	1.8	2.4	22	2.4	3.2	36	2.8	5	58	3.6	6	90	5	9
＞10～18	11	1.6	2	18	2	2.8	27	2.8	4	43	3.4	6	70	4	8	110	6	11
＞18～30	13	2	2.4	21	2.4	3.4	33	3.4	5	52	4	7	84	5	9	130	7	13
＞30～50	16	2.4	2.8	25	3	4	39	4	6	62	5	8	100	6	11	160	8	16
＞50～80	19	2.8	3.4	30	3.6	4.6	46	4.6	7	74	6	9	120	7	13	190	9	19
＞80～120	22	3.2	3.8	35	4.2	5.4	54	5.4	8	87	7	10	140	8	15	220	10	22
＞120～180	25	3.8	4.4	40	4.8	6	63	6	9	100	80	12	160	9	18	250	12	25
＞180～250	29	4.4	5	46	5.4	7	72	7	10	115	9	14	185	10	20	290	14	29
＞250～315	32	4.8	5.6	52	6	8	81	8	11	130	10	16	210	12	22	320	16	32
＞315～400	36	5.4	6.2	57	7	9	89	9	12	140	11	18	230	14	25	360	18	36
＞400～500	40	6	7	63	8	10	97	10	14	155	12	20	250	16	28	400	20	40

续表

工件基本尺寸 D/mm	IT12			IT13			IT14			IT15			IT16		
	IT12	T	Z	IT13	T	Z	IT14	T	Z	IT15	T	Z	IT16	T	Z
～3	100	4	9	140	6	14	250	9	20	400	14	30	600	20	40
>3～6	120	5	11	180	7	16	300	11	25	480	16	35	750	25	50
>6～10	150	6	13	220	8	20	360	13	30	580	20	40	900	30	60
>10～18	180	7	15	270	10	24	430	15	35	700	24	50	1100	35	75
>18～30	210	8	18	330	12	28	520	18	40	840	28	60	1300	40	90
>30～50	250	10	22	390	14	34	620	22	50	1000	34	75	1600	50	110
>50～80	300	12	26	460	16	40	740	26	60	1200	40	90	1900	60	130
>80～120	350	14	30	540	20	46	870	30	70	1400	46	100	2200	70	150
>120～180	400	16	35	630	22	52	1000	35	80	1600	52	120	2500	80	180
>180～250	460	18	40	720	26	60	1150	40	90	1850	60	130	2900	90	200
>250～315	520	20	45	810	28	66	1300	45	100	2100	66	150	3200	100	220
>315～400	570	22	50	890	32	74	1400	50	110	2300	74	170	3600	110	250
>400～500	630	24	55	970	36	80	1550	55	120	2500	80	190	4000	120	280

（2）磨损极限

通规的磨损极限尺寸就是零件的最大实体尺寸。

如图 6-4 所示的几何关系，可以得出工作量规上、下偏差的计算公式，见表 6-2。

表 6-2　工作量规极限偏差的计算

项　目	检验孔的量规	检验轴的量规	项　目	检验孔的量规	检验轴的量规
通端上偏差	$T_s = EI + Z + T/2$	$T_{sd} = es - Z + T/2$	止端上偏差	$Z_s = ES$	$Z_{sd} = ei + T$
通端下偏差	$T_i = EI + Z - T/2$	$T_{id} = es - Z - T/2$	止端下偏差	$Z_i = ES - T$	$Z_{id} = ei$

6.3.2　验收量规的公差带

在量规的国家标准中，验收量规一般不需要另行制造，也就没有单独规定验收量规的公差带，但规定了验收部门应该使用磨损较多的通规，用户代表使用的通规应接近工件的最大实体尺寸，止规应接近工件的最小实体尺寸。

6.3.3　校对量规的公差带

如前所述，只有轴用量规才有校对量规。

校通-通量规（TT）。其作用是防止轴用通规的尺寸过小，其公差带从通规的下偏差起，向轴用通规公差带内分布，该校对塞规在检验时应通过轴用通规，否则该轴用通规应判为不合格。

校止-通量规（ZT）。其作用是防止轴用止规尺寸过小，其公差带是从止规的下偏差起，向轴用止规公差带内分布。该校对塞规在检验时应通过轴用止规，否则该轴用止规应判为不合格。

校通-损量规（TS）。用于检验使用中的轴用通规是否磨损，其作用是防止通规在使用中超过磨损极限，其公差带是从通规的磨损极限起，向轴用通规公差带内分布。

校对量规的尺寸公差 T_p 为工作量规尺寸公差 T 的一半，校对量规的形状公差应控制在其尺寸公差带内。

6.4 工作量规的设计内容

设计工作量规的步骤如下:

① 根据被检工件的尺寸大小和结构特点等因素选择量规的结构形式;

② 根据被检工件的基本尺寸和公差等级查出量规的位置要素 Z 和制造公差 T,画量规公差带图,计算量规工作尺寸的上、下偏差;

③ 查出量规的结构尺寸,画量规的工作图,标注尺寸及技术要求。

6.4.1 量规的结构形式

光滑极限量规的结构形式很多,合理的选择和使用,对判断检验结果的正确性影响很大。图 6-5、图 6-6 列出了国家标准推荐的常用量规的结构形式及其应用的尺寸范围,供设计时选用。具体应用时还可查阅 GB/T 6322—1986《光滑极限量规形式及尺寸》。

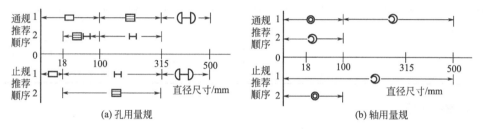

图 6-5　量规的结构形式和应用尺寸范围

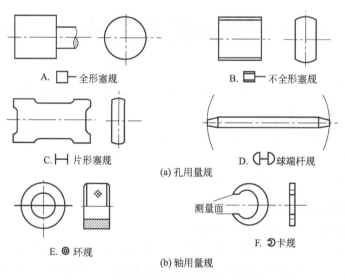

图 6-6　孔、轴用量规

孔用量规如图 6-6(a) 所示。

全形塞规:具有外圆柱形的测量面。

不全形塞规:具有部分外圆柱形的测量面。该塞规是从圆柱体上切掉两个轴向部分而形成的,主要是为了减轻重量。

片形塞规:具有较少部分外圆柱形的测量面。为了避免使用中的变形,片形塞规应具有一定的厚度而做成片形。

球端杆规：具有球形的测量面。每一端测量面与工件的接触半径不得大于工件最小极限尺寸的一半。为了避免使用中的变形，球端杆规应具有足够的刚度。这种量规有固定式和调整式两种。

轴用量规如图 6-6（b）所示。

环规：具有内圆柱面的测量面。为了防止使用中的变形，环规应有一定的厚度。

卡规：具有两个平行的测量面（可改用一个平面与一个球面或圆柱面；也可改用两个与被检工件的轴线平行的圆柱面）。这种卡规分为固定式和调整式两种类型。

6.4.2 量规的技术要求

（1）量规材料

量规测量面的材料与硬度对量规的使用寿命有一定的影响。量规可用合金工具钢（如 CrMn、CrWMn、CrMoV），碳素工具钢（如 T10A、T12A），渗碳钢（如 15 钢、20 钢）及其他耐磨材料（如硬质合金）等制造。手柄一般用 Q235 钢、LY11 等材料制造。量规测量面硬度为 58～65HRC。

（2）形位公差

国家标准规定了 IT6～IT12 工件的量规公差。量规的形位公差一般为量规制造公差的 50%。考虑到制造和测量的困难，当量规的尺寸公差小于或等于 0.002mm 时，其形位公差仍取 0.001mm。

（3）表面粗糙度

量规测量面不应有锈迹、毛刺、划痕等明显影响外观和使用质量的缺陷。量规测量面的表面粗糙度参数见表 6-3。

表 6-3 量规测量面的表面粗糙度参数 Ra 值

工作量规	工件基本尺寸/mm		
	≤120	>120～315	>315～500
	$Ra/\mu m$		
IT6 级孔用量规	≤0.025	≤0.05	≤0.1
IT6～IT9 级轴用量规 IT7～IT9 级孔用量规	≤0.05	≤0.1	≤0.2
IT10～IT12 级孔、轴用量规	≤0.1	≤0.2	≤0.4
IT13～IT16 级孔、轴用量规	≤0.2	≤0.4	≤0.4

6.4.3 量规设计应用举例

例 6-1 设计检验 $\phi25H8/f7$ 孔和轴用工作量规的工作尺寸。

解：（1）由表 3-2～表 3-4 查出并计算得孔和轴的极限偏差为：

$$ES=+0.033mm，EI=0；es=-0.020mm，ei=-0.041mm$$

（2）由表 6-1 查出工作量规制造公差 T 和位置要素 Z 的值，并确定形位公差。

塞规：制造公差 $T=0.0034mm$，位置要素 $Z=0.005mm$，形位公差 $T/2=0.0017mm$。

卡规：制造公差 $T=0.0024mm$，位置要素 $Z=0.0034mm$，形位公差 $T/2=0.0012mm$。

（3）画工件和量规的公差带图，如图 6-7 所示。

（4）计算量规的极限偏差

① $\phi25H8$ 孔用塞规

通规（T）：上偏差 $=EI+Z+T/2=(0+0.005+0.0017)mm=+0.0067mm$

下偏差 $=EI+Z-T/2=(0+0.005-0.0017)mm=+0.0033mm$

磨损极限 $=EI=0$

止规：（Z）：上偏差 $=ES=+0.033mm$

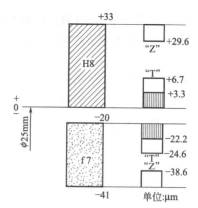

图 6-7 $\phi25H8/f7$ 孔、轴用工作量规公差带图

$$下偏差 = ES - T = (+0.033 - 0.0034)\text{mm} = +0.0296\text{mm}$$

② $\phi25f7$ 轴用卡规

通规（T）：上偏差 $= es - Z + T/2 = (-0.02 - 0.0034 + 0.0012)\text{mm} = -0.0222\text{mm}$

下偏差 $= es - Z - T/2 = (-0.02 - 0.0034 - 0.0012)\text{mm} = -0.0246\text{mm}$

磨损极限 $= es = -0.020\text{mm}$

止规（Z）：上偏差 $= ei + T = (-0.041 + 0.0024)\text{mm} = -0.0386\text{mm}$

下偏差 $= ei = -0.041\text{mm}$

（5）计算量规的极限尺寸以及磨损极限尺寸

① $\phi25H8$ 孔用塞规的极限尺寸和磨损极限尺寸

通规（T）：最大极限尺寸 $= (25 + 0.0067)\text{mm} = 25.0067\text{mm}$

最小极限尺寸 $= (25 + 0.0033)\text{mm} = 25.0033\text{mm}$

磨损极限尺寸 $= 25\text{mm}$

所以，塞规的通规尺寸为 $\phi25^{+0.0067}_{+0.0033}\text{mm}$，也可按工艺尺寸标注为 $\phi25.0067_{-0.0034}^{0}\text{mm}$。

止规（Z）：最大极限尺寸 $= (25 + 0.0330)\text{mm} = 25.0330\text{mm}$

最小极限尺寸 $= (25 + 0.0296)\text{mm} = 25.0296\text{mm}$

所以塞规的止规尺寸为 $\phi25^{+0.0330}_{+0.0296}\text{mm}$，也可按工艺尺寸标注为 $\phi25.033_{-0.0034}^{0}\text{mm}$。

② $\phi25f7$ 轴用卡规的极限尺寸和磨损极限尺寸

通规（T）：最大极限尺寸 $= [25 + (-0.0222)]\text{mm} = 24.9778\text{mm}$

最小极限尺寸 $= [25 + (-0.0246)]\text{mm} = 24.9754\text{mm}$

磨损极限尺寸 $= (25 - 0.020)\text{mm} = 24.980\text{mm}$

所以，卡规的通规尺寸为 $25^{-0.0222}_{-0.0246}\text{mm}$，也可按工艺尺寸标注为 $24.9754^{+0.0024}_{0}\text{mm}$。

止规（Z）：最大极限尺寸 $= [25 + (-0.0386)]\text{mm} = 24.9614\text{mm}$

最小极限尺寸 $= [25 + (-0.041)]\text{mm} = 24.9590\text{mm}$

所以，卡规的止规尺寸为 $25^{-0.0386}_{-0.0410}\text{mm}$，也可按工艺尺寸标注为 $24.959^{+0.0024}_{0}\text{mm}$。所得计算结果列于表 6-4。

表 6-4　量规工作尺寸的计算结果

被检工件	量规种类		量规极限偏差/μm		量规极限尺寸/mm		通规磨损极限尺寸/mm	量规工作尺寸的标注/mm
			上偏差	下偏差	最大	最小		
孔 $\phi25H8(^{+0.033}_{0})$	塞规	通规(T)	+6.7	+3.3	$\phi25.0067$	$\phi25.0033$	$\phi25$	$\phi25^{+0.0067}_{+0.0033}$
		止规(Z)	+33	+29.6	$\phi25.0330$	$\phi25.0296$	—	$\phi25^{+0.0330}_{+0.0296}$
$\phi25f7(^{-0.020}_{-0.041})$	卡规	通规(T)	−22.2	−24.6	24.9778	24.9754	24.980	$25^{-0.0222}_{-0.0246}$
		止规(Z)	−38.6	−41	24.9614	24.9590	—	$25^{-0.0386}_{-0.0410}$

由于量规的通规在使用过程中会不断磨损，塞规的尺寸可以小于 25.0033mm；卡规的尺寸可以大于 24.9778mm，但当其尺寸接近磨损极限尺寸时，就不能再用作工作量规，而只能转为验收量规使用，当塞规尺寸磨损到 25mm，卡规尺寸磨损到 24.980mm 后，通规应报废。

（6）按量规的常用形式绘制并标注量规图样

绘制量规的工作图样，就是把设计结果通过图样表示出来，从而为量规的加工制造提供技术依据。上述设计例子中 φ25H8 孔用量规选用锥柄双头塞规，如图 6-8(b) 所示；轴用量规选用单头双极限卡规，如图 6-8(a) 所示。

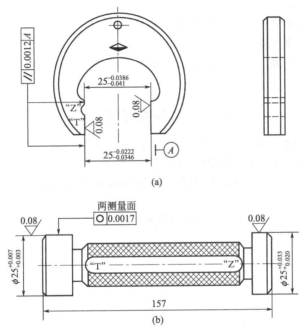

图 6-8　φ25H8/f7 工作量规工作图

本 章 小 结

本章重点介绍了光滑极限量规的概念、用途、分类，量规的设计原则，量规公差带及工作量规的设计。需要掌握以下内容：

（1）光滑极限量规的概念、用途、分类

光滑极限量规是一种没有刻度的专用检验工具，用它来检验工件时，只能确定工件是否在允许的尺寸范围内，不能测出工件的实际尺寸。通规和止规成对使用，通规是按被检工件的最大实体尺寸制造的，止规是按被检工件的最小实体尺寸制造的。检验时，通规通过，止规通不过为合格。在成批、大量生产中多用极限量规来检验，它有工作量规、验收量规和校对量规三种。

（2）光滑极限量规的设计原则

量规的设计应遵循泰勒原则。

符合泰勒原则的量规，通规应该做成全形，而止规做成点状。但由于制造与使用等方面的原因，量规设计在保证被检工件的形状误差不影响配合性质的条件下，允许偏离泰勒原则。

（3）量规公差带

国家标准对工作量规、校对量规规定了尺寸公差。对工作量规通规规定了磨损极限，并规定工作量规和校对量规的尺寸公差带全部位于被检工件尺寸的公差带以内。

量规的形位误差应在尺寸公差带内，即其公差为量规制造公差的 50%。

在量规标准中，要分清"T"和"Z"两个代号的意义。当它们表示量规种类时，分别表示"通"和"止"；当表示量规公差时，则分别表示工作量规的尺寸公差和工作量规通规尺寸公差带中心至被检工件最大实体尺寸之间的距离，即位置要素。

（4）工作量规设计

工作量规设计一般分三步进行：

① 从有关国家标准中查出孔、轴的上下偏差；

② 从有关国家标准中查出 T_1、Z_1；

③ 画出量规公差带图，确定量规上、下偏差。

思考与练习题

6-1　量规按照用途可分为哪三类？各用于什么场合？

6-2　量规设计应遵循什么原则？该原则的含义是什么？

6-3　量规的通规和止规按工件的哪个实体尺寸制造？各控制工件的什么尺寸？被检验的孔或轴的合格条件是什么？

6-4　试计算 $\phi 30H8/f7$ 孔、轴用工作量规的极限偏差。

第7章 滚动轴承的公差与配合

本章基本要求

（1）本章主要内容

本章主要介绍了滚动轴承的构成、精度等级及选用，滚动轴承内、外径公差带及特点；还介绍了滚动轴承与轴和外壳孔配合时，配合类型的选用，配合面形位公差以及表面粗糙度的选用等内容。

（2）本章基本要求

① 理解轴承配合的特点，精度等级、公差配合、形位公差及表面粗糙度的选择依据。

② 了解滚动轴承的精度等级，国家标准对滚动轴承与轴和外壳孔公差带的规定。

（3）本章重点难点

滚动轴承精度等级的选用，内外径公差带及特点，滚动轴承与轴、外壳孔的公差配合，形位公差和表面粗糙度的选择。

7.1 概述

7.1.1 滚动轴承的构成与分类

（1）滚动轴承的构成

滚动轴承是机械制造业中广泛应用的、作为一种传动支承的标准部件，它一般由内圈、外圈、滚动体和保持架组成，如图7-1所示。

轴承的内圈与轴颈配合，通常情况下，内圈与轴颈一起旋转；外圈与轴承座孔配合，通常情况下，外圈与轴承座孔是固定不动的，但也有些机器的部分结构中要求外圈与轴承座孔一起旋转；滚动体是承载并使轴承形成滚动摩擦的元件，它们的尺寸、形状和数量由承载能力和载荷方向等因素决定；保持架是一组隔离元件，其作用是将轴承内一组滚动体均匀分开，使每个滚动体均匀地轮流承受相等的载荷，并保持滚动体在轴承内、外滚道间正常滚动。

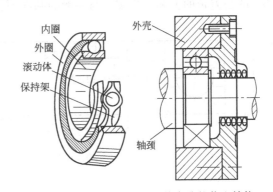

图7-1 滚动轴承与轴颈、外壳孔的装配结构

（2）滚动轴承的分类

① 按滚动体形状分为球轴承、圆柱（圆锥）滚子轴承和滚针轴承。

② 按承载负荷方向分为向心轴承（承受径向力）、向心推力轴承（同时承受径向力和轴向力）和推力轴承（承受轴向力）。

7.1.2 滚动轴承的精度等级及选用

(1) 滚动轴承的精度等级

滚动轴承的精度等级是按外形尺寸精度和旋转精度分级的。

滚动轴承的外形尺寸精度是指轴承内径 d、外径 D、内圈宽度和外圈宽度的制造精度等。

旋转精度主要指轴承内、外圈的径向跳动，端面对滚道的跳动和端面对内孔的跳动。

国家标准 GB/T 307.3—1996 规定向心轴承精度（圆锥滚子轴承除外）分为 0、6、5、4、2 五个等级（相当于 GB/T 307.3—1984 中的 G、E、D、C、B 级），精度依次升高，其中 0 级精度最低，2 级精度最高；圆锥滚子轴承精度分为 0、6x、5、4 四级；推力轴承分为 0、6、5、4 四级。

(2) 轴承精度等级的选用

0 级——0 级轴承在机械制造业中应用最广，通常称为普通级，在轴承代号标注时不予注出。它用于旋转精度、运动平稳性等要求不高、中等负荷、中等转速的一般机构中，如减速器的旋转机构，普通机床的变速机构和进给机构，汽车和拖拉机的变速机构等。

6 级——6 级轴承应用于旋转精度和运动平稳性要求较高或转速要求较高的旋转机构中，如普通机床主轴的后轴承、精密机床变速箱的轴承和比较精密的仪器和仪表等的旋转机构中的轴承。

5、4 级——5、4 级轴承应用于旋转精度和转速要求高的旋转机构中，如高精度的车床和磨床、精密丝杠车床和滚齿机等的主轴轴承。

2 级——2 级轴承应用于旋转精度和转速要求特别高的精密机械的旋转机构中，如精密坐标镗床和高精度齿轮磨床及数控机床的主轴等轴承。

7.1.3 滚动轴承的内、外径公差带及特点

滚动轴承是标准部件，为了组织专业化生产，便于互换，轴承内圈内径与轴采用基孔制配合，外圈外径与外壳孔采用基轴制配合。

如图 7-2 所示为轴承内、外径的公差带图。由图可见，轴承外圈外径的单一平面平均直径 D_{mp} 的公差带的上偏差为零，与一般的基准轴公差带分布位置相同，数值不同（数值见表 7-1）。轴承内圈内径的单一平面平均直径 d_{mp} 的公差带的上偏差也为零，与一般的基准孔公差带（下偏差为零）分布位置相反，数值也不同（数值见表 7-1）。这主要是考虑轴承配合的特殊要求。因为在多数情况下，轴承内圈随轴一起旋转，两者之间配合必须有一定的过盈，但过盈量又不宜过大，以保证拆卸方便，由于内圈是薄壁件，防止内圈应力过大产生较大

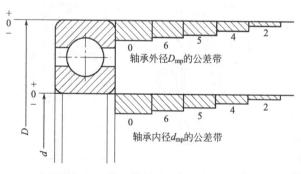

图 7-2 滚动轴承内、外径公差带图

的变形，因此配合的过盈不宜过大。将轴承内径公差带偏置在零线下侧，即上偏差为零，下偏差为负值。当其与 GB/T 1800.3—1998《极限与配合》中的任何基本偏差组成配合时，其配合性质将有不同程度的变紧，以满足轴承配合的需要。例如：当轴承与 k、m、n 等轴配合时，即不为一般的过渡配合而是过盈配合；当轴承与 g、h 轴配合就不再是间隙配合而是过渡配合。

表 7-1　向心轴承（圆锥滚子轴承除外）公差（GB/T 307.1—2005）

内圈技术条件

外形尺寸公差/μm

基本内径/mm		Δd_mp（内径）										Δd_s				宽度 Δ_Bs	
		0		6		5		4		2		4		2		0,6,5,4,2	
超过	到	上偏差	下偏差	上偏差	下偏差	上偏差	下偏差	上偏差	下偏差	上偏差	下偏差	上偏差	下偏差	上偏差	下偏差	上偏差	下偏差
18	30	0	-10	0	-8	0	-6	0	-5	0	-2.5	0	-5	0	-2.5	0	-120
30	50	0	-12	0	-10	0	-8	0	-6	0	-2.5	0	-6	0	-2.5	0	-120
50	80	0	-15	0	-12	0	-9	0	-7	0	-4	0	-7	0	-4	0	-150
80	120	0	-20	0	-15	0	-10	0	-8	0	-5	0	-8	0	-5	0	-200
120	150	0	-25	0	-18	0	-13	0	-10	0	-7	0	-10	0	-7	0	-250
150	180	0	-25	0	-18	0	-13	0	-10	0	-7	0	-10	0	-7	0	-250
180	250	0	-30	0	-22	0	-15	0	-12	0	-8	0	-12	0	-8	0	-300

旋转精度/μm

基本内径/mm		K_{ia}					S_d			S_{ia}		
		0	6	5	4	2	5	4	2	5	4	2
超过	到	max	max	max	max	max	max	max	max	max	max	max
18	30	13	8	4	3	2.5	8	4	1.5	8	4	2.5
30	50	15	10	5	4	2.5	8	4	1.5	8	4	2.5
50	80	20	10	5	4	2.5	8	5	1.5	8	5	2.5
80	120	25	13	6	5	2.5	9	5	2.5	9	5	2.5
120	150	30	18	8	6	2.5	10	6	2.5	10	7	2.5
150	180	30	18	8	6	5	10	6	4	10	7	5
180	250	40	20	10	8	5	11	7	5	13	8	5

外圈技术条件

外形尺寸公差/μm

基本内径/mm		ΔD_mp（内径）										ΔD_s				宽度 ΔC_s, ΔC_1s	
		0		6		5		4		2		4		2		0,6,5,4,2	
超过	到	上偏差	下偏差	上偏差	下偏差	上偏差	下偏差	上偏差	下偏差	上偏差	下偏差	上偏差	下偏差	上偏差	下偏差	上偏差	下偏差
30	50	0	-11	0	-9	0	-7	0	-6	0	-4	0	-6	0	-4	与同一轴承内圈的 Δ_Bs相同	
50	80	0	-13	0	-11	0	-9	0	-7	0	-4	0	-7	0	-4		
80	120	0	-15	0	-13	0	-10	0	-8	0	-5	0	-8	0	-5		
120	150	0	-18	0	-15	0	-11	0	-9	0	-5	0	-9	0	-5		
150	180	0	-25	0	-18	0	-13	0	-10	0	-7	0	-10	0	-7		
180	250	0	-30	0	-20	0	-15	0	-11	0	-8	0	-11	0	-8		
250	315	0	-35	0	-25	0	-18	0	-13	0	-8	0	-13	0	-8		

旋转精度/μm

基本内径/mm		K_{ea}					S_D S_{DI}			S_{ea} S_{eal}		
		0	6	5	4	2	5	4	2	5	4	2
超过	到	max	max	max	max	max	max	max	max	max	max	max
30	50	20	10	7	5	2.5	8	5	2.5	11	7	4
50	80	25	13	8	5	4	10	5	4	14	7	6
80	120	35	18	10	6	5	11	6	5	16	8	7
120	150	40	20	11	7	5	13	7	5	18	10	7
150	180	45	23	13	8	5	14	8	5	20	11	7
180	250	50	25	15	10	7	15	10	7	21	14	10
250	315	60	30	18	11	8	18	10	7	25	14	10

7.2　滚动轴承与轴和外壳孔配合的选用

7.2.1　轴颈和外壳孔的公差带

轴承配合的选择就是确定轴颈和外壳孔的公差带的过程。国家标准 GB/T 275—1993《滚动轴承与轴和外壳孔的配合》对 0 级和 6 级轴承配合的轴颈规定了 17 种公差带，如图7-3所示；外壳孔规定了 16 种公差带，如图 7-4 所示。

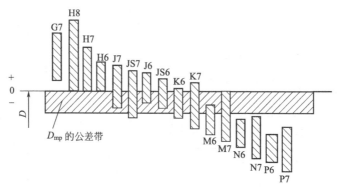

图 7-3　轴承内圈孔与轴颈的配合

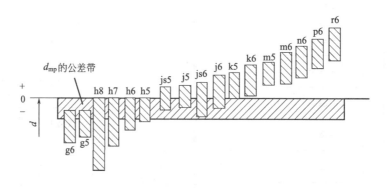

图 7-4　轴承外圈轴与外壳孔的配合

本标准规定的配合适用范围如下：

① 轴承外形尺寸符合 GB 273.3—1988《滚动轴承　向心轴承　外形尺寸方案》的规定。

② 轴承精度等级为 0 级、6 级。

③ 轴为实心或厚壁钢制轴。

④ 轴颈材料为钢，外壳孔材料为铸铁。

⑤ 轴承游隙为 0 组。

7.2.2　滚动轴承与轴和外壳孔配合的选用

滚动轴承的配合是指成套轴承的内孔与轴、外径与外壳孔的尺寸配合。正确地选择轴承配合，对保证机器正常运转，提高轴承寿命，充分发挥轴承的承载能力非常重要。选择轴承时，应综合地考虑以下因素：作用在轴承上的负荷类型和大小、工作温度、轴承尺寸大小、轴承游隙、旋转精度和速度、安装和拆卸等。

(1) 负荷类型

　　机器在运转时，作用在轴承套圈上的径向负荷，一般由定向负荷和旋转负荷合成。滚动轴承内、外套圈可能承受以下三种负荷：

　　① 定向负荷　轴承套圈相对于负荷方向固定（如皮带拉力或齿轮的作用力），作用于轴承上的合成径向负荷与套圈相对静止，即负荷方向始终不变地作用在套圈滚道的局部区域上，该套圈所承受的负荷类型称为定向负荷。例如，轴承承受一个方向不变的径向负荷 F_0，此时，固定不转的套圈所承受的负荷类型即为定向负荷，如图 7-5(a)、(b) 所示。

　　② 旋转负荷　轴承套圈相对于负荷方向旋转，作用于轴承上的合成径向负荷与套圈相对旋转，即合成径向负荷顺次地作用在套圈的整个圆周上，该套圈所承受的负荷类型即为旋转负荷。例如，图 7-5(a) 所示旋转的内圈和图 7-5(b) 所示旋转的外圈均受到一个旋转负荷的作用。

　　③ 摆动负荷　作用于轴承上的合成径向负荷与所承载的套圈在一定区域内相对摆动，即合成负荷向量经常变动地作用在套圈滚道的部分圆周上，该套圈所承受的负荷类型称为摆动负荷。例如，轴承承受一个方向不变的径向负荷 F_0 和一个较小的旋转径向负荷 F_1，两者的合成径向负荷 F，其大小和方向都在变动。但合成径向负荷 F 仅在非旋转套圈 AB 一段滚道内摆动（如图 7-6 所示），该套圈所承受的负荷类型即为摆动负荷，如图 7-5(c) 所示不旋转的外圈和图 7-5(d) 所示不旋转的内圈均受到定向负荷 F_0 和较小的旋转负荷 F_1 的同时作用，两者的合成负荷在图 7-6 中 $A{\sim}B$ 区域内摆动。

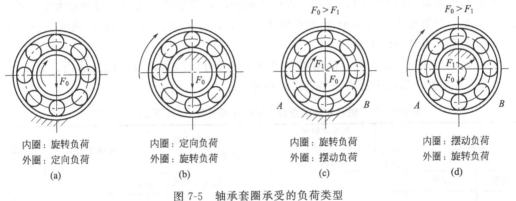

图 7-5　轴承套圈承受的负荷类型

　　对承受旋转负荷的套圈应选过盈配合或较紧的过渡配合；过盈量的大小，以其转动时与轴或壳体孔间不产生爬行现象为原则。对承受定向负荷的套圈应选较松的过渡配合或较小的间隙配合，以便使套圈滚道间的摩擦力矩带动套圈偶尔转位、受力均匀、延长使用寿命。

　　对承受摆动负荷的套圈，其配合要求与循环负荷相同或略松一点。对于承受冲击负荷或重负荷的轴承配合，应比在轻负荷和正常负荷下的配合要紧，负荷愈大，其配合过盈量愈大。

　　(2) 负荷的大小

　　负荷大小可用当量径向动负荷 F_r 与轴承的额定动负荷 C_r 的比值来区分，GB/T 275—1993 将 $F_r \leqslant 0.07C_r$ 时，称为轻负荷，$0.07C_r < F_r \leqslant 0.15C_r$ 时，称为正常负荷，$F_r > 0.15C_r$ 时，称为重负荷。

　　额定动负荷 C_r 的值可从轴承手册中查到，径向动负荷 F_r 的值可从机械设计手册中查到。

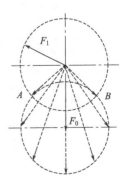

图 7-6　摆动负荷

承受冲击负荷或重负荷的套圈，容易产生变形，使配合面受力不均匀，引起配合松动，因此应选较紧的配合，即最小过盈量应较大。承受轻负荷的套圈，应选择较松的配合。

(3) 工作温度

轴承工作时，由于摩擦发热和其他热源的影响，而使轴承套圈的温度经常高于结合零件的温度。由于发热膨胀，轴承内圈与轴颈的配合可能变松，外圈与外壳孔的配合可能变紧。轴承工作温度一般应低于100℃，在高于此温度时，必须考虑温度影响的修正值。

(4) 轴承尺寸大小

滚动轴承的尺寸越大，选取的配合应越紧。随着轴承尺寸的增大，选取过盈配合，过盈应适当增大，选取间隙配合，间隙应适当减小。

(5) 轴承游隙

采用过盈配合会导致轴承游隙的减小，应检验安装后轴承的游隙是否满足使用要求，以便正确选择配合及轴承游隙。

(6) 旋转精度和旋转速度

对于负荷较大且有较高旋转精度要求的轴承，为了消除弹性变形和振动的影响，应避免采用间隙配合。对精密机床的轻负荷轴承，为避免外壳孔与轴颈形状误差对轴承精度的影响，常采用较小的间隙配合。一般认为，轴承的旋转速度愈高，配合也应该愈紧。

(7) 安装和拆卸

考虑轴承安装与拆卸方便，宜采用较松的配合，对重型机械用的大型和特大型轴承，这点尤为重要。如果要求拆装方便而又需要紧配合时，可采用分离型轴承，或采用内圈带锥孔、带紧定套和退卸槽的轴承。

滚动轴承与轴和外壳孔配合的选用应综合上述几方面因素，用类比法选用。表7-2、表7-3列出了常用配合的选用资料，供选用时参考。

表7-2　向心轴承和轴的配合　轴公差带代号（GB/T 275—1993）

运转状态		负荷状态	深沟球轴承、调心球轴承和角接触轴承	圆柱滚子轴承和圆锥滚子轴承	调心滚子轴承	公差带
说明	举例		轴承公称内径/mm			
旋转的内圈负荷及摆动负荷	一般通用机械、电动机、机床、主轴、泵、内燃机、直齿轮传动装置、铁路机车车辆轴箱、破碎机等	轻负荷	≤18	—	—	h5
			>18~100	≤40	≤40	j6[①]
			>100~200	>40~140	>40~100	k6[①]
			—	>140~200	>100~200	m6[①]
		正常负荷	≤18	—	—	j5js5
			>18~100	≤40	≤40	k5[②]
			>100~140	>40~100	>40~65	m5[②]
			>140~200	>100~140	>65~100	m6
			>200~280	>140~200	>100~140	n6
			—	>200~400	>140~280	p6
			—	—	>280~500	r6
		重负荷		>50~140	>50~100	n6
				>140~200	>100~140	p6[③]
				>200	>140~200	r6
				—	>200	r7

续表

运转状态		负荷状态	深沟球轴承、调心球轴承和角接触轴承	圆柱滚子轴承和圆锥滚子轴承	调心滚子轴承	公差带
说明	举例		轴承公称内径/mm			
固定的内圈负荷	静止轴上的各种轮子、张紧滑轮、振动筛、惯性振动器	所有负荷	所有尺寸			f6 g6① h6 j6
仅有轴向负荷			所有尺寸			j6、js6
圆锥孔轴承						
所有负荷	铁路机车车辆轴箱		装在退卸套上的所有尺寸			h8(IT6)④⑤
	一般机械传动		装在紧定套上的所有尺寸			h9(IT7)④⑤

① 凡对精度有较高要求的场合，应用 j5、k5…代替 j6、k6…
② 圆锥滚子轴承、角接触球轴承配合对游隙影响不大，可用 k6、m6 代替 k5、m5。
③ 重负荷下轴承游隙应选大于 0 组。
④ 凡有较高精度和转速要求的场合，应选用 h7（IT5）代替 h8（IT6）等。
⑤ IT6、IT7 表示圆柱度公差数值。

表 7-3　向心轴承和外壳孔的配合　孔公差带代号（GB/T 275—1993）

运转状态		负荷状态	其他状况	公差带①	
说明	举例			球轴承	滚子轴承
固定的外圈负荷	一般机械、铁路机车车辆轴箱、电动机、泵、曲轴主轴承	轻、正常、重	轴向易移动，可采用剖分式外壳	H7、G7②	
		冲击	轴向能移动，可采用整体式或剖分式外壳	J7、JS7	
摆动负荷		轻、正常			
		正常、重	轴向不移动，采用整体式外壳	K7	
		冲击		M7	
旋转的外圈负荷	张紧滑轮轮毂轴承	轻		J7	K7
		正常		K7、M7	M7、N7
		重		—	N7、P7

① 并列公差带随尺寸的增大从左至右选择，对旋转精度有较高要求时，可相应提高一个公差等级。
② 不适用于剖分式外壳。

7.2.3　轴承配合表面的形位公差和表面粗糙度要求

(1) 形位公差

轴承的内、外圈是薄壁件，易变形，尤其是超轻、特轻系列的轴承，其形状误差在装配后靠轴颈和外壳孔的正确形状可以得到矫正，故套圈工作时的形状与轴颈及轴承座孔表面形状密切相关。为了保证轴承安装正确、转动平稳，通常对轴颈和外壳孔的表面提出圆柱度要求。为保证轴承工作时有较高的旋转精度，应限制与套圈端面接触的轴肩及外壳孔肩的倾斜，特别是在高速旋转的场合，从而避免轴承装配后滚道位置不正，旋转不稳，因此标准又规定了轴肩和外壳孔肩的端面圆跳动公差，见表 7-4。

表 7-4 **轴和外壳孔的形位公差值**（GB/T 275—1993）

基本尺寸/mm	圆柱度公差值				端面圆跳动公差值			
	轴颈		外壳孔		轴肩		外壳孔肩	
	轴承公差等级							
	0	6(6x)	0	6(6x)	0	6(6x)	0	6(6x)
	公差值/μm							
≤6	2.5	1.5	4	2.5	5	3	8	5
>6~10	2.5	1.5	4	2.5	6	4	10	6
>10~18	3.0	2.0	5	3.0	8	5	12	8
>18~30	4.0	2.5	6	4.0	10	6	15	10
>30~50	4.0	2.5	7	4.0	12	8	20	12
>50~80	5.0	3.0	8	5.0	15	10	25	15
>80~120	6.0	4.0	10	6.0	15	10	25	15
>120~180	8.0	5.0	12	8.0	20	12	30	20
>180~250	10.0	7.0	14	10.0	20	12	30	20
>250~315	12.0	8.0	16	12.0	25	15	40	25
>315~400	13.0	9.0	18	13.0	25	15	40	25
>400~500	15.0	10.0	20	15.0	25	15	40	25

（2）表面粗糙度

表面粗糙度的大小直接影响配合性质和连接强度，轴颈和外壳孔的表面粗糙，会使有效过盈量减小，接触刚度下降，而导致支承不良。为此标准还规定了与轴承配合的轴颈和外壳孔的表面粗糙度要求，见表 7-5。

表 7-5 **配合表面的表面粗糙度值**（GB/T 275—1993）

轴颈或外壳孔的直径/mm	轴颈或外壳孔配合面直径公差等级								
	IT7			IT6			IT5		
	表面粗糙度参数值/μm								
	Rz	Ra		Rz	Ra		Rz	Ra	
		磨	车		磨	车		磨	车
≤80	10	1.6	3.2	6.3	0.8	1.6	4	0.4	0.8
>80~500	16	1.6	3.2	10	1.6	3.2	6.3	0.8	1.6
端面	25	3.2	6.3	25	3.2	6.3	10	1.6	3.2

7.2.4 轴承配合的应用示例

例 7-1 有一圆柱齿轮减速器，小齿轮轴要求较高的旋转精度，装有 0 级单列深沟球轴承，轴承尺寸为 50mm×110mm×27mm，额定动负荷 $C_r = 32000N$，轴承承受的当量径向负荷 $F_r = 4000N$。试用类比法确定轴颈和外壳孔的公差带代号，画出公差带图，并确定孔、轴的形位公差值和表面粗糙度参数值，将它们分别标注在装配图和零件图上。

解：（1）按给定条件，可以算得 $F_r = 0.125C_r$，属正常负荷。

（2）按减速器的工作状况可知，内圈为旋转负荷，外圈为定向负荷，内圈与轴的配合应较紧，外圈与外壳孔的配合应较松。

（3）根据以上分析，参考表 7-2、表 7-3 选用轴颈公差带 k6（基孔制配合），外壳孔公差带为 G7 或 H7。但由于该轴的旋转精度要求较高，故选用更紧一些的配合，孔公差带为 J7（基轴制配合）较为恰当。

(4) 从表 7-1 查出 0 级轴承内、外圈单一平面平均直径的上、下偏差，再由标准公差数值表和孔、轴基本偏差数值表查出 ϕ50k6 和 ϕ110J7 的上、下偏差，从而画出公差带图，如图 7-7 所示。

(5) 从图 7-7 中公差带关系可知，内圈与轴颈配合的 $Y_{max} = -0.030$mm，$Y_{min} = -0.002$mm；外圈与外壳孔配合的 $X_{max} = +0.037$mm，$Y_{max} = -0.013$mm。

(6) 按表 7-4 选取形位公差值。圆柱度公差：轴颈为 0.004mm，外壳孔为 0.010mm；端面圆跳动公差：轴肩为 0.012mm，外壳孔肩为 0.025mm。

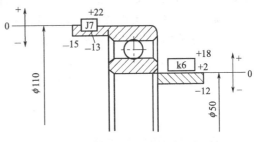

图 7-7　轴承与轴、孔配合的公差带图

(7) 按表 7-5 选取表面粗糙度数值：轴颈表面 $Ra \leqslant 0.8\mu$m，轴肩端面 $Ra \leqslant 3.2\mu$m；外壳孔表面 $Ra \leqslant 1.6\mu$m，轴肩端面 $Ra \leqslant 3.2\mu$m。

(8) 将上述各项公差要求标注在图上，如图 7-8 所示。

由于滚动轴承是标准部件，因此，在装配图上只需注出轴颈和外壳孔公差带代号，不标注基准件公差带代号。如图 7-8(a) 所示，外壳孔和轴的标注分别如图 7-8(b)、(c) 所示。

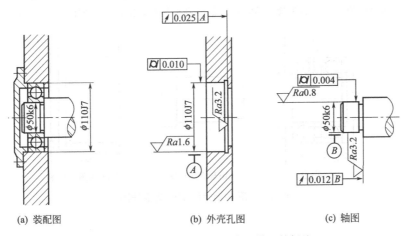

(a) 装配图　　　　　　　　(b) 外壳孔图　　　　　　　　(c) 轴图

图 7-8　轴颈和外壳孔公差在图样上的标注

本　章　小　结

本章主要掌握以下内容：

① 滚动轴承是机械制造业中广泛应用的、作为一种传动支承的标准部件，它一般由内圈、外圈、滚动体和保持架组成。

② 国家标准 GB/T 307.3—1996 规定向心轴承精度（圆锥滚子轴承除外）分为 0、6、5、4、2 五个等级，0 级应用最广。

③ 为了组织专业化生产，便于互换，轴承内圈内径与轴采用基孔制配合，外圈外径与外壳孔采用基轴制配合。

④ 内、外径的公差带都分布在零线以下，即上偏差均为零，与一般的公差带分布不同，这主要是考虑轴承配合的特殊要求。

⑤ 国家标准 GB/T 275—1993《滚动轴承与轴和外壳孔的配合》对 0 级和 6 级轴承配合的轴颈和外壳孔分别规定了 17、16 种公差带。

⑥ 正确地选择轴承配合，应综合地考虑以下因素：作用在轴承上的负荷类型和大小、工作温度、轴承尺寸大小、轴承游隙、旋转精度和速度、安装和拆卸等。

⑦ 负荷类型分为定向负荷、旋转负荷和摆动负荷，负荷类型不同，配合的松紧也不同；负荷的大小分为轻、正常和重负荷，选择配合时，应逐渐变紧。

⑧ 与轴承配合的轴颈和外壳孔的形位公差和表面粗糙度也要正确合理地选择，以保证滚动轴承正常工作，保证机器使用性能。

思考与练习题

7-1 滚动轴承由哪几部分构成？

7-2 滚动轴承的精度有几级？其代号是什么？用得最多的是哪几级？

7-3 滚动轴承与轴、外壳孔配合，采用何种基准制？

7-4 滚动轴承内、外径公差带有何特点？

7-5 滚动轴承的配合选择主要考虑哪些因素？

7-6 滚动轴承受载荷的类型与选择配合有何关系？

7-7 某车床主轴后轴承采取了两个 0 级精度的单列向心球轴承，车床主轴要求较高的旋转精度，轴承外形尺寸为 $d \times D \times B = 50\text{mm} \times 90\text{mm} \times 20\text{mm}$，径向负荷 $P_r < 0.07 C_r$。试选择轴承与轴和外壳孔的配合公差、轴和外壳孔的形位公差及表面粗糙度值，将它们分别标注在装配图和零件图上（图 7-9）。

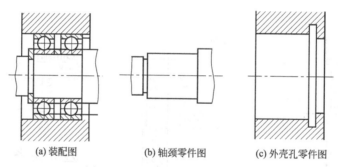

(a) 装配图   (b) 轴颈零件图   (c) 外壳孔零件图

图 7-9 滚动轴承装配图及零件图

第8章 键与花键连接的公差与检测

本章基本要求

本章主要介绍平键、矩形花键在连接中的公差配合与检测，了解平键、矩形花键结合的种类和特点，了解平键和矩形花键连接采用的基准，理解平键和矩形花键连接的检测方法。本章重点是平键连接和矩形花键连接公差与配合及表面粗糙度的选用，正确标注平键连接和矩形花键连接的配合公差及表面粗糙度。

键连接广泛用于轴和轴上传动件（如齿轮、带轮、联轴器和手轮等）之间的连接，以传递转矩、运动或用于轴上传动件的导向。键的种类如下：

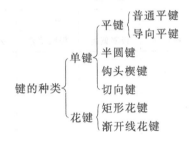

本章重点介绍平键和矩形花键连接的公差配合与检测，平键连接和矩形花键连接均属于可拆连接。

8.1 平键连接的公差与配合及检测

平键主要有普通平键和导向平键两种，前者常用于固定连接，后者用于可移动连接。平键具有对中性好，制造、装配均较方便等特点。

8.1.1 平键连接的公差与配合

（1）平键连接的几何参数

平键连接是由键、轴和轮毂三部分组成，如图 8-1 所示。几何参数有键宽（槽宽）b、

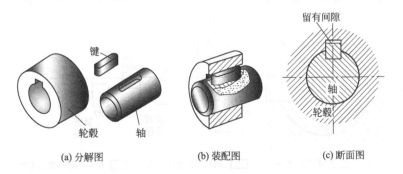

(a) 分解图   (b) 装配图   (c) 断面图

图 8-1 普通平键连接示意图

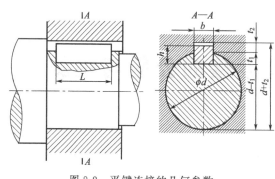

图 8-2　平键连接的几何参数

键高 h、轴槽深 t_1、轮毂槽深 t_2、键长 L 等，如图 8-2 所示。平键工作时是通过键的侧面与轴键槽和轮毂键槽的侧面相互接触来传递转矩的，因此平键的宽度 b 是主要的配合尺寸，它是决定配合性质和配合精度的主要参数，应规定较高的公差等级，其他尺寸为非配合尺寸，其精度要求较低。

平键为标准件，常用精拔型钢制造而成，标记为键 $b \times L$ GB/T 1096—2003，其参数值见表 8-1。

表 8-1　平键的公称尺寸和槽深的尺寸极限偏差（摘自 GB/T 1095—2003）　　　mm

轴 颈	键	轴 槽			轮 毂 槽	
公称直径 d	公称尺寸 $b \times h$	t_1		$d-t_1$	t_2		$d+t_2$
		公称尺寸	极限偏差	极限偏差	公称尺寸	极限偏差	极限偏差
6～8	2×2	1.2			1		
>8～10	3×3	1.8	+0.1	0	1.4	+0.1	+0.1
>10～12	4×4	2.5	0	−0.1	1.8	0	0
>12～17	5×5	3.0			2.3		
>17～22	6×6	3.5			2.8		
>22～30	8×7	4.0			3.3		
>30～38	10×8	5.0	+0.2	0	3.3	+0.2	+0.2
>38～44	12×8	5.0	0	−0.2	3.3	0	0
>44～50	14×9	5.5			3.8		
>50～58	16×10	6.0			4.3		

注：$d-t_1$ 和 $d+t_2$ 两组合尺寸的极限偏差按相应的 t_1 和 t_2 的极限偏差选取。但 $d-t_1$ 的极限偏差应取负号（−）。

（2）平键连接的公差配合及应用

键与键槽宽之间的配合，键宽相当于广义的"轴"，键槽宽相当于广义的"孔"。考虑工艺上的特点，为使不同的配合所用键的规格统一，所以键连接的配合是基轴制配合。同时为保证键在轴槽上紧固和装拆方便，轴槽和轮毂槽可采用不同的公差带。国家标准 GB/T 1096—2003 对键宽只规定了一种公差带 h8，轴槽的公差带规定为 N9、P9、H9，而轮毂槽的公差带规定为 JS9、P9、D10。这样就形成三种不同性质的配合：松连接、正常连接和紧密连接。键宽和键槽宽的配合公差带如图 8-3 所示，平键连接的剖面尺寸及公

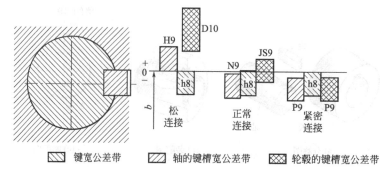

　　　□ 键宽公差带　　　▨ 轴的键槽宽公差带　　　▧ 轮毂的键槽宽公差带

图 8-3　键宽和键槽宽的公差带

差见表 8-2。

表 8-2　普通型平键键槽的尺寸及公差（摘自 GB/T 1095—2003）　　　　mm

轴 公称直径 d	键 公称尺寸 b×h	键槽											
		宽度 b						深度				半径 r	
		键宽 b	轴槽宽与轮毂槽宽的极限偏差					轴槽深 t_1		毂槽深 t_2			
			松连接		正常连接		紧连接	公称	偏差	公称	偏差	最大	最小
			轴 H9	毂 D10	轴 N9	毂 JS9	轴和毂 P9						
≤6~8	2×2	2	+0.025 / 0	+0.060 / +0.020	−0.004 / −0.029	±0.0125	−0.006 / −0.031	1.2	+0.1 / 0	1	+0.1 / 0	—	—
>8~10	3×3	3	+0.025 / 0	+0.060 / +0.020	−0.004 / −0.029	±0.0125	−0.006 / −0.031	1.8		1.4		—	—
>10~12	4×4	4	+0.030 / 0	+0.078 / +0.030	0 / −0.030	±0.015	−0.012 / −0.042	2.5		1.8		—	—
>12~17	5×5	5	+0.030 / 0	+0.078 / +0.030	0 / −0.030	±0.015	−0.012 / −0.042	3.0		2.3		—	—
>17~22	6×6	6	+0.030 / 0	+0.078 / +0.030	0 / −0.030	±0.015	−0.012 / −0.042	3.5		2.8		—	—
>22~30	8×7	8	+0.036 / 0	+0.098 / +0.040	0 / −0.036	±0.018	−0.015 / −0.051	4.0		3.3		0.16	0.25
>30~38	10×8	10	+0.036 / 0	+0.098 / +0.040	0 / −0.036	±0.018	−0.015 / −0.051	5.0		3.3		0.16	0.25
>38~44	12×8	12	+0.043 / 0	+0.120 / +0.050	0 / −0.043	±0.0215	−0.018 / −0.061	5.0	+0.2 / 0	3.3	+0.2 / 0	0.20	0.40
>44~50	14×9	14	+0.043 / 0	+0.120 / +0.050	0 / −0.043	±0.0215	−0.018 / −0.061	5.5		3.8		0.20	0.40
>50~58	16×10	16	+0.043 / 0	+0.120 / +0.050	0 / −0.043	±0.0215	−0.018 / −0.061	6.0		4.3		0.20	0.40
>58~65	18×11	18	+0.043 / 0	+0.120 / +0.050	0 / −0.043	±0.0215	−0.018 / −0.061	7.0		4.4		0.20	0.40

平键连接的非配合尺寸中，轴槽深 t_1 和轮毂槽深 t_2 的公差带由 GB/T 1095—2003 专门规定，键高 h 的公差带为 h11，键长 L 的公差带采用 h14，轴槽长度的公差带采用 H14。

平键连接的三种配合及应用范围见表 8-3。

表 8-3　平键连接的三种配合及其应用

配合种类	尺寸 b 的公差带			应　用
	键	轴键槽	轮毂键槽	
松连接	h8	H9	D10	用于导向平键，轮毂可在轴上移动
正常连接		N9	JS9	键在轴键槽中和轮毂键槽中均固定，用于载荷不大的场合
紧密连接		P9	P9	键在轴键槽中和轮毂键槽中均牢固地固定，用于载荷较大、有冲击和双向转矩的场合

（3）平键连接的形位公差和表面粗糙度的选用及应用

键与键槽配合的松紧程度不仅取决于其配合尺寸的公差带，还与配合表面的形位误差有关。为保证键侧面与键槽侧面之间有足够的接触面积，避免装配困难，需规定轴槽的中心平面对轴的基准轴线和轮毂键槽两侧面的中心平面对孔的基准轴线的对称度公差。同时，根据不同的功能要求和键宽的基本尺寸 b，其对称度公差与键槽宽度公差的关系，以及对称度公差与孔、轴尺寸公差的关系可以采用独立原则。根据不同使用情况，对称度公差一般取 7~9 级。

当键长 L 与键宽 b 之比大于或等于 8 时，应对键宽 b 的两工作侧面在长度方向上规定平行度公差。当 b≤6mm 时，平行度公差选 7 级；当 6mm<b<36mm 时，平行度公差选 6 级；当 b≥40mm 时，平行度公差选 5 级。

作为主要配合表面，轴槽和轮毂槽两侧面的表面粗糙度 Ra 一般为 1.6~3.2μm，槽底

面的表面粗糙度 Ra 一般为 $6.3\mu m$，键槽尺寸和公差的标注如图 8-4 所示。

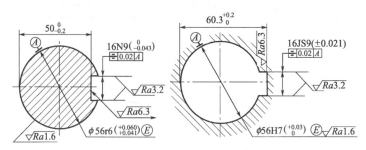

图 8-4 键槽尺寸和公差的标注

8.1.2 平键连接的检测

平键连接需要检测的项目有：键宽，轴槽和轮毂槽的宽度、深度及槽的对称度。

(1) 键和槽宽

在单件小批量生产时，通常采用游标卡尺、千分尺等通用量具；在大批量生产时，一般采用极限量规，如图 8-5(a) 所示。

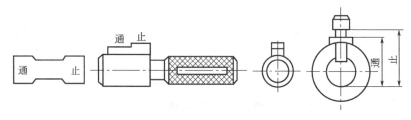

(a) 键槽宽极限尺寸量规　　(b) 轮毂槽深极限尺寸量规　　(c) 轴槽深极限尺寸量规

图 8-5 键槽尺寸检测的极限量规

(2) 轴槽和轮毂槽深

在单件小批量生产时，一般用游标卡尺或外径千分尺测量轴尺寸 $(d-t_1)$，用游标卡尺或内径千分尺测量轮毂尺寸 $(d+t_2)$；在大批量生产时，用专用量规，如轮毂槽深度极限量规和轴槽深极限量规，如图 8-5(b)、(c) 所示。

(3) 键槽对称度

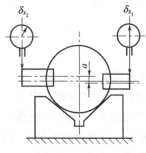

图 8-6 轴槽对称度误差测量

在单件小批量生产时，可用分度头、V 形块和百分表测量，如图 8-6 所示。

在槽中塞入量块组，用指示表将量块上表面校平，记下指示表读数 δ_{x_1}；将工件旋转 $180°$，在同一横截面方向，再将量块校平，记下读数 δ_{x_2}，两次读数差为 a，则该截面的对称度误差为

$$f_{截}=at/[2(R-t/2)]$$

式中　R——轴的半径；

　　　　t——轴槽深。

再沿键槽长度方向测量，取长度方向两点的最大读数差为长度方向对称度误差，取截面和长度两个方向测得误差的最大值为该零件键槽的对称度误差。

$$f_{长}=a_{高}-a_{低}$$

在大批量生产时，一般用综合量规检测，如对称度极限量规，如图 8-7 所示。

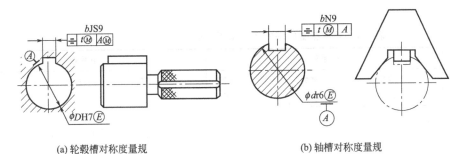

(a) 轮毂槽对称度量规　　　　　　　　　　(b) 轴槽对称度量规

图 8-7　轮毂槽和轴槽对称度量规

8.2　花键连接的公差与配合及检测

花键连接是通过轴径向均匀分布的外花键（花键轴）和内花键（花键孔）上对应的内花
键作为连接件传递转矩和轴向移动的，如图 8-8 所示。与平键连接相比，花键连接承载能力强，对中性和导向性好。由于键与轴或孔成为一体，轴和轮毂上承受的载荷分布较均匀，因此，可传递较大的转矩，连接强度高而且可靠。一般用于载荷较大、定心精度要求高和经常作轴向滑移的场合，在机械制造领域应用广泛。

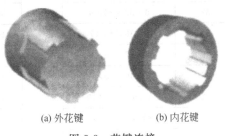

(a) 外花键　　　　　(b) 内花键

图 8-8　花键连接

8.2.1　花键连接的公差与配合

花键按其截面形状的不同，分为矩形花键、渐开线花键和三角形花键，如图 8-9 所示，其中矩形花键应用最广。

(a) 短形花键　　　　　　(b) 渐开线花键　　　　　　(c) 三角形花键

图 8-9　花键连接的种类

（1）矩形花键的主要尺寸

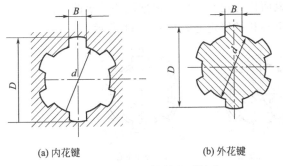

(a) 内花键　　　　　(b) 外花键

图 8-10　矩形花键的主要尺寸

矩形花键连接的主要尺寸有：大径 D、小径 d、键宽（键槽宽）B，如图 8-10 所示。

为便于加工和测量，键数规定为偶数，有 6、8、10 三种。根据承载能力的大小，将矩形花键的基本尺寸分为轻系列和中系列两种规格。同一小径轻系列的键数相同，键宽（键槽宽）也相同，仅大径不相同。中系列的键高尺寸较大，承载能力强，轻系列的键高尺寸较小，承载能力较低。矩形花键的基本尺寸见表 8-4。

表 8-4　矩形花键的基本尺寸系列（摘自 GB/T 1144—2001）　　　　mm

小径 d	轻系列				中系列			
	规格 $N\times d\times D\times B$	键数 N	大径 D	键宽 B	规格 $N\times d\times D\times B$	键数 N	大径 D	键宽 B
11					6×11×14×3		14	3
13					6×13×16×3.5		16	3.5
16	—	—	—	—	6×16×20×4		20	4
18					6×18×22×5	6	22	5
21					6×21×25×5		25	
23	6×23×26×6		26	6	6×23×28×6		28	6
26	6×26×30×6		30		6×26×32×6		32	
28	6×28×32×7	6	32	7	6×28×34×7		34	7
32	6×32×36×6		36	6	8×32×38×6		38	6
36	8×36×40×7		40	7	8×36×42×7		42	7
42	8×42×46×8		46	8	8×42×48×8		48	8
46	8×46×50×9	8	50	9	8×46×54×9	8	54	9
52	8×52×58×10		58	10	8×52×60×10		60	10
56	8×56×62×10		62		8×56×65×10		65	
62	8×26×68×12		68	12	8×62×72×12		72	12
72	10×72×78×12		78	12	10×72×82×12		82	
82	10×82×88×12		88		10×82×92×12		92	
92	10×92×98×14	10	98	14	10×92×102×14	10	102	14
102	10×102×108×16		108	16	10×102×112×16		112	16
112	10×112×120×18		120	18	10×112×125×18		125	18

（2）矩形花键的定心方式

矩形花键的使用要求和互换性是由内、外花键的小径 d、大径 D、键（键槽）宽 B 三个主要尺寸的配合精度保证的。其结合面有大径结合面、小径接合面和键侧结合面。为了保证使用性能，改善加工工艺，只能选择一个结合面作为主要配合面，对其尺寸规定较高的精度，以确定配合性质，起到定心作用，该表面称为定心表面。根据定心要求的不同，矩形花键连接有三种定心方式：大径定心、小径定心和键侧定心，如图 8-11 所示。

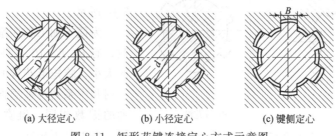

(a) 大径定心　　　(b) 小径定心　　　(c) 键侧定心

图 8-11　矩形花键连接定心方式示意图

国家标准 GB/T 1144—2001 规定矩形花键的定心方式为小径定心。因为内、外花键的表面一般都要求淬硬，以提高其强度、硬度和耐磨性。对于热处理后，内花键的大径和键侧产生的变形，难以进行磨削。如采用小径定心，外花键小径可采用成形磨削来修正，内花键小径可采用内圆磨来修正，而且用内外圆磨还可以使小径达到更高的尺寸精度、形状精度和表面粗糙度的要求。因此，采用小径定心可获得较高的定心精度、较好的定心稳定性，并可延长其使用寿命。

(3) 矩形花键的尺寸公差

内、外花键的定心小径、非定心大径和键（键槽）宽的尺寸公差带分一般用和精密传动用两类，见表 8-5。为减少专用刀具、量具的数量，花键连接采用基孔制配合。对一般用的内花键键槽宽 B 规定了两种公差带，加工后不进行热处理，公差带为 H9，加工后进行热处理的，为修正热处理后的变形，规定公差带为 H11。对精密传动用的内花键，当连接要求键侧配合间隙较小时，槽宽 B 公差选用 H7，一般情况选用 H9。对于定心直径 d 的公差带，在一般情况下，内、外花键取相同的公差等级，且比相应的大径 D 和键宽 B 的公差等级都高，但在有些情况下，内花键允许与高一级的外花键配合。

表 8-5　矩形花键的尺寸公差带（摘自 GB/T 1144-2001）

内花键				外花键			装配形式
d	D	B		d	D	B	
		拉削后不热处理	拉削后热处理				
一般用							
H7	H10	H9	H11	f7	d10		滑动
				g7	a11	f9	紧滑动
				h7		h10	固定
精密传动用							
H5	H10	H7、H9		f5	d8		滑动
				g5	F7		紧滑动
				h5	h8		固定
H6				f6	a11	d8	滑动
				g6	F7		紧滑动
				h6	d8		固定

(4) 矩形花键公差与配合的选择

① 矩形花键尺寸公差带的选择　传递转矩大或定心精度要求高时，应选用精密传动用的尺寸公差带。否则，可选用一般用的尺寸公差带。

② 矩形花键配合形式的选择　内外花键的配合形式（装配形式）分三种，即滑动、紧滑动和固定。其中，滑动连接的间隙较大，紧滑动连接的间隙次之，固定连接的间隙最小。

当内、外花键连接只传递转矩而无相对轴向移动时，选用配合间隙最小的固定连接。当内、外花键连接不但要传递转矩，还要有相对轴向移动时，应选用滑动或紧滑动连接。当移动频繁、移动距离长时，应选用配合间隙较大的滑动连接，以保证运动灵活和配合面间有足够的润滑油层。为保证定心精度要求、工作表面载荷分布均匀或减少反向运转所产生的空程及冲击，对定心精度要求高、传递的转矩大、运转中需经常反转等的连接，应用配合间隙较小的紧滑动连接，见表 8-6。

表 8-6 矩形花键配合应用

应 用	固定连接		滑动连接	
	配合	特征及应用	配合	特征及应用
精密传动用	H5/h5	紧固程度较高，可传递大转矩	H5/g5	可滑动程度较低，定心精度高，传递转矩大
	H6/h6	传递中等转矩	H6/f6	可滑动程度中等，定心精度较高，传递中等转矩
一般用	H7/h7	紧固程度较低，传递转矩较小，可经常拆卸	H7/f7	移动频率高，移动长度大，定心精度要求不高

(5) 矩形花键的形位公差和表面粗糙度

① 矩形花键的形位公差 内、外花键定心小径 d 表面的形状公差和尺寸公差的关系遵守包容要求。同时，为避免装配困难，并使键侧面和键槽侧面受力均匀，应控制花键的分度误差。当花键较长时，应根据产品性能要求进一步控制各键侧面或键槽侧面对定心表面轴线的平行度。

为保证花键（或花键槽）在圆周上分布的均匀性，还应规定位置度公差，并采用相关要求，见表 8-7。矩形花键的位置度公差标注如图 8-12 所示。

表 8-7 花键位置度公差 mm

键槽宽或键宽 B		3	3.5~6	7~10	12~18
		t_1			
键槽宽		0.010	0.015	0.020	0.025
键宽	滑动、固定	0.010	0.015	0.020	0.025
	紧滑动	0.008	0.010	0.013	0.016

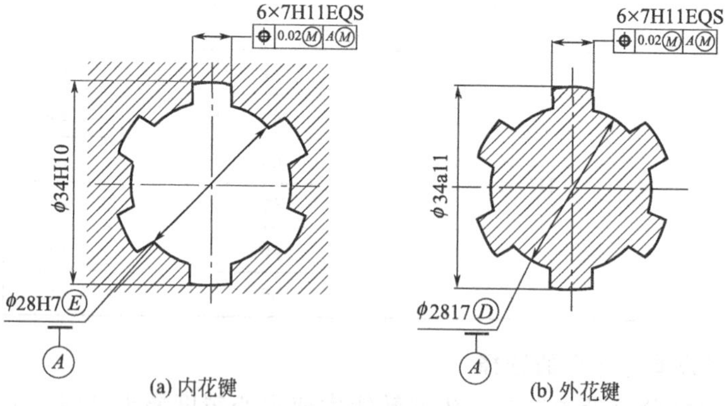

图 8-12 花键位置度公差标注

单件、小批生产，采用单项测量时，应规定键（键槽）两侧面的中心平面对定心表面轴线的对称度公差，并采用独立原则，见表 8-8。矩形花键的对称度公差标注如图 8-13 所示。

表 8-8 矩形花键的对称度公差 mm

键槽宽或键宽 B	3	3.5~6	7~10	12~18
	t_2			
一般用	0.010	0.012	0.015	0.018
精密传动用	0.006	0.008	0.009	0.011

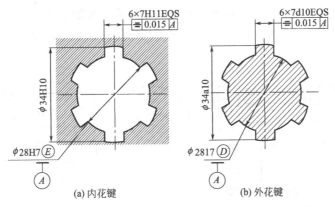

图 8-13　花键对称度公差标注

② 矩形花键表面粗糙度　以小径定心时，矩形花键结合表面的表面粗糙度值见表 8-9。

表 8-9　花键表面粗糙度 Ra　　　　　　　　　　　　　　　　　　　μm

项　目	加工表面	
	内花键	外花键
小径	≤1.6	≤0.8
大径	≤6.3	≤3.2
键侧	≤3.2	≤0.8

(6) 矩形花键的图样标注

矩形花键连接的标记顺序为 $N \times d \times D \times B$，即键数×小径×大径×键宽（键槽宽）。

花键副在装配图上配合代号的标注如：

$6 \times 23H7/f7 \times 26H10/a11 \times 6H11/d10$　（GB/T 1144—2001）

内、外花键在零件图上尺寸公差带代号的标注：

内花键：$6 \times 23H7 \times 26H10 \times 6H11$　（GB/T 1144—2001）

外花键：$6 \times 23f7 \times 26a11 \times 6d10$　（GB/T 1144—2001）

矩形花键连接的图样标注如图 8-14 所示。

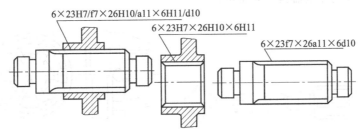

图 8-14　矩形花键标注示例

8.2.2　花键的检测

花键的检测分为单项检测和综合检测两种。

(1) 单项检测

单项检测就是对花键的单项参数小径、大径和键宽（键槽宽）等尺寸和位置误差分别测量或检验。当花键小径定心表面采用包容要求，各键（键槽）的对称度公差及花键各部位遵守独立原则时，一般应采用单项检测。

采用单项检测时，小径定心表面尺寸检测应采用光滑极限量规。大径和键宽的尺寸，在单件、小批量生产中，常用游标卡尺、千分尺等通用量具检测，在大批量生产中，可采用专用极限量规检测，如图 8-15 所示。

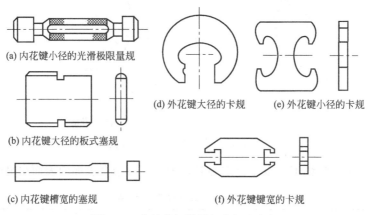

(a) 内花键小径的光滑极限量规

(b) 内花键大径的板式塞规

(c) 内花键槽宽的塞规

(d) 外花键大径的卡规

(e) 外花键小径的卡规

(f) 外花键键宽的卡规

图 8-15　花键的极限量规塞规和卡规

单项检测很少用于花键的位置误差，一般通过分析花键工艺误差（如花键刀具、花键量具的误差）或者在首件检验和抽查中进行。若需对位置误差进行单项检测时，可使用普通的计量器具进行检测（如光学分度头或万能工具显微镜）。

（2）综合检测

综合检测就是对花键的尺寸、形位误差按控制最大实体实效边界要求，用综合量规进行检测。

综合检测适用于大批量生产，所用的量具是花键综合量规。花键的综合量规（内花键为综合塞规，外花键为综合环规）均为全形通规，如图 8-16 所示。其作用是检测内、外花键的实际尺寸和形位误差的综合结果，即同时检测花键的小径、大径和键宽（键槽宽）表面的实际尺寸和形位误差以及各键（键槽）的位置误差，大径对小径的同轴度误差等综合结果，对小径、大径和键宽（键槽宽）的实际尺寸是否超越各自的最小实体尺寸，则采用相应的单项止端量规（或其他计量器具）来检测。

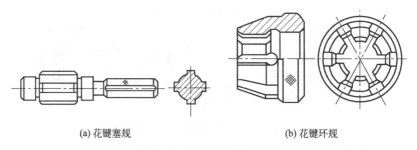

(a) 花键塞规

(b) 花键环规

图 8-16　矩形花键位置量规

综合检测内、外花键时，若综合量规通过花键，单项止规不通过花键，则花键合格。当综合量规不通过花键，则花键不合格。

本　章　小　结

（1）平键连接的公差与配合

平键连接的键宽与键槽宽是决定配合性质和配合精度的主要参数。平键连接采用基轴制配合。国标对键宽规定了一种公差带，对轴和轮毂的键槽宽各规定了三种公差带。由这些公差带构成三组配合，分别得到规定的三种连接类型，即松连接、正常连接和紧连接，应根据使用要求和应用场合确定其配合类型，平键的非配合尺寸精度要求较低，它们的公差分别见本章表。

（2）矩形花键连接的定心方式及极限与配合

花键有矩形花键、渐开线花键和三角形花键，其中矩形花键应用最广。国标规定了矩形花键连接的尺寸系列、定心方式及极限与配合。

① 矩形花键有大径结合面、小径结合面和键侧结合面。其中只有一个为主要结合面，它决定花键连接的配合性质，称为定心表面。按定心表面的不同，矩形花键有大径定心、小径定心和键槽宽定心三种定心方式，国标规定矩形花键采用小径定心。

② 矩形花键的极限与配合分为一般用的矩形花键和精密传动用的矩形花键，它们的公差带见本章表。矩形花键的配合采用基孔制，即内花键的 D、d 和 B 的基本偏差不变，依靠改变外花键的 D、d 和 B 的基本偏差，以获得不同松紧的配合，由这些公差带构成内、外花键的各种配合，分别得到三种连接形式，即滑动连接、紧滑动连接和固定连接。配合的选择主要应根据定心精度要求、传递转矩的大小以及是否有轴向移动来选择，具体可参见本章相关内容。

（3）键槽和花键的形位公差和表面粗糙度

键槽的形位公差有键槽对轴线的对称度、键槽两工作侧面的平行度。键槽的两工作侧面为配合面，其表面粗糙度值要小于槽底的表面粗糙度值。具体规定见本章相关内容。内、外花键形位公差和表面粗糙度等的规定见本章相关内容，花键的标注见本章相关内容。

本章重点掌握平键连接、矩形花键连接公差与配合、形位公差和表面粗糙度选用与标注。

思考与练习题

8-1 平键连接的主要几何参数有哪些？配合尺寸是哪个？

8-2 平键连接的配合采用何种基准制？有几种配合类型？

8-3 平键连接有哪些形位公差要求？数值如何确定？

8-4 平键连接配合表面的粗糙度要求一般在多大数值范围内？

8-5 在平键连接中，为什么要限制键和键槽的对称度误差？

8-6 矩形花键连接的配合形式有哪些？各适用于什么场合？

8-7 矩形花键连接定心方式有哪些？标准规定矩形花键采用哪种定心方式？

8-8 某减速器中输出轴的伸出端与相配件孔的配合为 H7/r6，并采用了正常键连接。试确定轴槽和轮毂槽的剖面尺寸及公差带代号和键槽表面粗糙度参数值。

8-9 平键键槽的尺寸与位置公差在单件小批量生产与成批大量生产中分别是如何检测的？

8-10 试说明标注为花键 $6×23H6/g6×26H10/a11×6H9/f7$（GB/T 1144—2001）的全部含义。

第9章　普通螺纹结合的公差与检测

本章基本要求

（1）本章主要内容

螺纹的种类和作用；普通螺纹的基本牙型及主要几何参数；普通螺纹主要几何参数误差对互换性的影响；螺纹的检测。

（2）本章基本要求

掌握普通螺纹有哪些主要参数；普通螺纹的标记；普通螺纹的公差带和基本偏差；普通螺纹的配合及应用；学会使用螺纹量规和螺纹千分尺对普通螺纹进行检测，并根据检测结果评定螺纹是否合格。

（3）本章重点、难点

计算普通螺纹各主要参数；确定普通螺纹的极限偏差；通过测量判断零件的合格性。

9.1　概述

螺纹在机械设备和仪器仪表中应用非常广泛，属于标准件，由相互结合的内、外螺纹组成，通过内、外螺纹的旋合实现零部件的连接、紧固、密封、传递力与运动。

9.1.1　螺纹的分类

螺纹的种类很多，按用途可分为三类：

（1）紧固螺纹

紧固螺纹也称为普通螺纹，如图 9-1(a)、（b）所示的螺栓与螺母上的连接螺纹，在机械制造中用于可拆的连接。对这类螺纹的使用要求是可旋合性（便于装配和拆换）和足够的连接强度，紧固螺纹是应用最广泛的一种螺纹。

（2）传动螺纹

传动螺纹用于传递运动或动力，其作用是实现旋转运动与直线运动的转换以及精确地传递运动，对这类螺纹的主要要求是传递动力的可靠性和传递位移的准确性。传动螺纹的牙型有三角形、梯形、矩形和锯齿形。如图 9-1(c) 所示是机床中传动丝杠和螺母多采用的梯形螺纹。

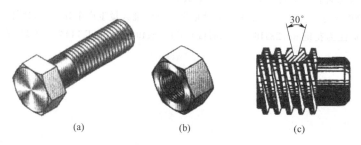

(a)　　　　　　(b)　　　　　　(c)

图 9-1　普通螺纹与梯形螺纹示意图

（3）紧密螺纹

紧密螺纹用于密封连接，主要用于水、油、气的密封，如管道连接螺纹，对这类螺纹连接的主要要求是必须保证足够的密封性。

9.1.2　普通螺纹的基本牙型及几何参数

（1）普通螺纹的基本牙型

普通螺纹的基本牙型是指螺纹在轴向断面内，截去原始正三角形的顶部 $H/8$ 和底部 $H/4$ 所形成的螺纹牙型，如图 9-2 所示。

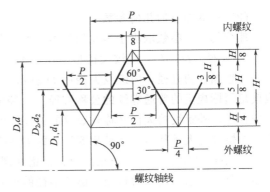

图 9-2　普通螺纹的基本牙型

该牙型具有螺纹的基本尺寸，普通螺纹的基本尺寸见表 9-1。

表 9-1　普通螺纹的基本尺寸（摘自 GB/T 196—2003）　　　　mm

公称直径（大径）D、d	螺距 P	中径 D_2、d_2	小径 D_1、d_1	公称直径（大径）D、d	螺距 P	中径 D_2、d_2	小径 D_1、d_1
5	0.8	4.480	4.134	18	2.5	16.376	15.294
	0.5	4.675	4.459		2	16.701	15.835
5.5	0.5	5.175	4.959		1.5	17.026	16.376
6	1	5.350	4.917		1	17.350	16.917
	0.75	5.513	5.188	20	2.5	18.376	17.294
7	1	6.350	5.917		2	18.701	17.835
	0.75	6.513	6.188		1.5	19.026	18.376
8	1.25	7.188	6.647		1	19.350	18.917
	1	7.350	6.917	22	2.5	20.376	19.294
	0.75	7.513	7.188		2	20.701	19.835
9	1.25	8.188	7.647		1.5	21.026	20.376
	1	8.350	7.917		1	21.350	20.917
	0.75	8.513	8.188	24	3	22.051	20.752
10	1.5	9.026	8.376		2	22.701	21.835
	1.25	9.188	8.647		1.5	23.026	22.376
	1	9.350	8.917		1	23.350	22.917
	0.75	9.513	9.188	25	2	23.701	22.835
11	1.5	10.026	9.376		1.5	24.026	23.376
	1	10.350	9.917		1	24.350	23.917
	0.75	10.513	10.188	26	1.5	25.026	24.376
12	1.75	10.863	10.106	27	3	25.051	23.752
	1.5	11.026	10.376		2	25.701	24.835
	1.25	11.188	10.647		1.5	26.026	25.376
	1	11.350	10.917		1	26.350	25.917
14	2	12.701	11.835	28	2	26.701	25.835
	1.5	13.026	12.376		1.5	27.026	26.376
	1.25	13.188	12.647		1	27.350	26.917
	1	13.350	12.917	30	3.5	27.727	26.211
15	1.5	14.026	13.376		3	28.051	26.752
	1	14.350	13.917		2	28.701	27.835
16	2	14.701	13.835		1.5	29.026	28.376
	1.5	15.026	14.376		1	29.350	28.917
	1	15.350	14.917	32	2	30.701	29.835
17	1.5	16.025	15.376		1.5	31.026	30.376
	1	16.350	15.917				

（2）普通螺纹的几何参数

螺纹的几何参数取决于螺纹的基本牙型。普通螺纹的主要几何参数有：

① 大径（D、d）　螺纹大径是指在基本牙型上，与外螺纹的牙顶或内螺纹的牙底相重合的假想圆柱的直径，内螺纹大径用 D 表示，外螺纹大径用 d 表示。螺纹大径的基本尺寸也就是国标规定的普通螺纹的公称直径。大径的位置在原始三角形顶部削去 $H/8$ 处所在圆柱的直径，外螺纹的大径又称外螺纹的顶径，内螺纹的大径又称内螺纹的底径，相互结合的内、外螺纹的大径基本尺寸是相等的，即 $D=d$。

② 小径（D_1、d_1）　螺纹的小径是指在螺纹的基本牙型上，与外螺纹牙底或内螺纹牙顶相重合的假想圆柱面的直径。螺纹小径的位置在原始三角形牙型根部削去 $H/4$ 处所在圆柱的直径。内螺纹小径用 D_1 表示，外螺纹小径用 d_1 表示。内螺纹的小径又称内螺纹的顶径，外螺纹小径又称外螺纹的底径。相互结合的内、外螺纹的小径基本尺寸是相等的，即 $D_1=d_1$。

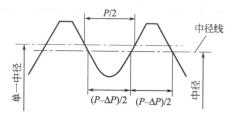

图 9-3　螺纹单一中径示意图
P—基本螺距；ΔP—螺距误差

③ 螺纹中径（D_2、d_2）　螺纹中径是一个假想圆柱的直径，该圆柱的母线通过螺纹牙型的沟槽宽度和凸起宽度相等的地方。内螺纹中径用 D_2 表示，外螺纹中径用 d_2 表示。相互结合的内、外螺纹中径的基本尺寸相等，即 $D_2=d_2$。

④ 单一中径（D_{2s}、d_{2s}）　单一中径是指一个假想圆柱的直径，该圆柱的母线通过牙型上沟槽宽度等于螺距基本尺寸一半的地方，如图 9-3 所示。

当螺距无误差时，单一中径就是中径，如果螺距有误差时，单一中径和中径就不相等，单一中径代表螺纹中径的实际尺寸。

⑤ 螺距 P 与导程 P_n　螺距 P 是指螺纹相邻两牙在中径线上对应两点的轴向距离。螺距按 GB/T 193—2003 规定的系列选取，见表 9-2。

表 9-2　普通螺纹的公称直径和螺距（摘自 GB/T 193—2003）　　　　mm

公称直径 D、d			螺距 P					
第一系列	第二系列	第三系列	粗牙	细牙				
10			1.5	1.25	1	0.75	(0.5)	
		11	(1.5)		1	0.75	(0.5)	
12			1.75	1.5	1.25	1	(0.75)	(0.5)
	14		2	1.5	1.25	1	(0.75)	(0.5)
		15		1.5		(1)		
16			2	1.5		1	(0.75)	(0.5)
		17		1.5		(1)		
	18		2.5	2	1.5	1	(0.75)	(0.5)
20			2.5	2	1.5	1	(0.75)	(0.5)
	22		2.5	2	1.5	1	(0.75)	(0.5)
24			3	2	1.5	1	(0.75)	
	27		3	2	1.5	1	(0.75)	
30			3.5	(3)	2	1.5	1	(0.75)

注：优先选用第一系列，括号内螺距尽量不用。

导程 P_n 是指在同一条螺旋线上，相邻两牙在中径线上对应两点间的轴向距离，若螺纹的线数为 n，螺距为 P，则多线螺纹的导程为 nP，对于单线螺纹，导程就等于螺距，螺纹的线数、导程与螺距的关系如图 9-4 所示。

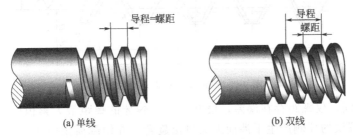

(a) 单线　　　　　　　　(b) 双线

图 9-4　螺纹的线数、导程与螺距

⑥ 牙型角 α 与牙型半角 $\alpha/2$　牙型角是指在通过螺纹轴向剖面内，相邻两牙侧间的夹角，如图 9-5 所示，普通螺纹的理论牙型角为 60°。

牙型半角是指螺纹牙型上牙侧与螺纹轴线的垂线间的夹角。普通螺纹的牙型半角为 30°。

⑦ 螺纹旋合长度 L　螺纹旋合长度是指两个相互配合的螺纹，沿螺纹轴线方向相互旋合部分的长度。如图 9-6 所示。

⑧ 螺纹接触高度　螺纹接触高度是指两个相互配合的螺纹，在螺纹牙型上相互重合的部分在垂直于螺纹轴线方向上的距离，如图 9-6 所示。

 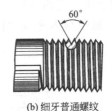

(a) 粗牙普通螺纹　　　　(b) 细牙普通螺纹

图 9-5　螺纹牙型示意图　　　　　　　图 9-6　螺纹的接触高度和旋合长度

9.2　普通螺纹主要几何参数误差对互换性的影响

普通螺纹的主要几何参数有螺纹大径、小径、中径、螺距和牙型半角五个，螺纹在加工过程中，这几个参数不可避免地要产生偏差，这些偏差会影响螺纹的旋合性和螺纹连接的可靠性，从而影响螺纹的互换性。而普通螺纹的大径和小径处都留有间隙，不会影响螺纹的配合性质，所以决定螺纹配合性质的主要参数是螺距、牙型半角和螺纹中径。

9.2.1　螺距误差对互换性的影响

螺距误差包括局部误差和累积误差两种，局部误差是指单个螺距的实际值与其基本值的代数差，它与旋合长度无关，累积误差是指在规定的螺纹长度内，任意两个牙侧与中径线交点间的实际轴向距离与其基本值的最大差值，它与旋合长度有关。螺距误差主要影响螺纹的可旋合性和连接的可靠性。

螺距误差对旋合性的影响如图 9-7 所示。

对于相互结合的普通螺纹，假设内螺纹具有理想的牙型，外螺纹中径、牙型半角均无误

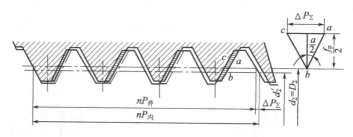

图 9-7　螺距误差对旋合性的影响

差，与内螺纹相同，仅螺距存在误差，设旋入 n 个螺牙的螺距最大累积误差为 ΔP_Σ，由图 9-7 可知，内外螺纹的牙侧产生干涉而无法自由旋合，并使载荷集中在少数几个牙侧面，影响连接的可靠性与承载能力。实际生产中，为了使存在螺距误差的外螺纹旋入标准的内螺纹，应将外螺纹的中径减小一个数值 f_p；同理，假设外螺纹具有理想的牙型，内螺纹中径、牙型半角均无误差，与外螺纹相同，仅螺距存在误差，为了使存在螺距误差的内螺纹旋入标准的外螺纹，应将内螺纹的中径增大一个数值 f_p，这个中径增大或减小的数值 f_p 即为 ΔP_Σ 的中径当量（μm），由图中几何关系可得 $f_p = \Delta P_\Sigma \cot(\alpha/2)$。

当 $\alpha = 60°$ 时，$f_p = 1.732|\Delta P_\Sigma|$。

9.2.2　牙型半角误差对互换性的影响

牙型半角误差是指螺纹牙侧相对于螺纹轴线的方向误差，它等于实际牙型半角与其理论牙型半角之差。牙型半角误差对螺纹的旋合性和连接强度均有影响。

假设内螺纹具有基本牙型，外螺纹的中径和螺距与内螺纹相同，只是牙型半角有误差 $\left(\Delta \dfrac{\alpha}{2}\right)$。此时，内外螺纹旋合时牙侧发生干涉，不能旋合，如图 9-8 所示。

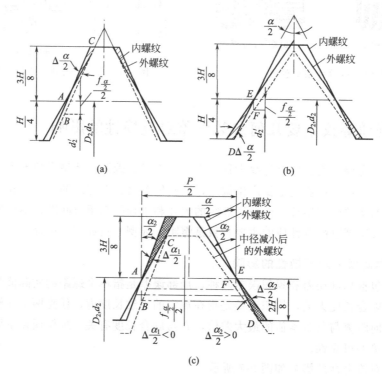

图 9-8　牙型半角误差对旋合性的影响

为了保证旋合性，必须将内螺纹中径增大一个数值 $f_\frac{\alpha}{2}$，或将外螺纹的中径减小一个数值 $f_\frac{\alpha}{2}$，这样就可以避免干涉，$f_\frac{\alpha}{2}$ 为牙型半角误差的中径补偿值。

在图 9-8(a) 中，外螺纹的 $\Delta\frac{\alpha}{2}=\frac{\alpha}{2}$（外）$-\frac{\alpha}{2}$（内）$<0$，则牙顶部分的牙侧发生干涉。

在图 9-8(b) 中，外螺纹的 $\Delta\frac{\alpha}{2}=\frac{\alpha}{2}$（外）$-\frac{\alpha}{2}$（内）$>0$，则牙根部分的牙侧发生干涉。

在图 9-8(c) 中，当左右牙型半角误差不相等时，两侧干涉区的干涉量也不相同，此时中径补偿值应取平均值。根据三角形的正弦定理可导出：

$$f_\frac{\alpha}{2}=0.073P\left(K_1\left|\Delta\frac{\alpha_1}{2}\right|+K_2\left|\Delta\frac{\alpha_2}{2}\right|\right)$$

式中，$\Delta\frac{\alpha_1}{2}$、$\Delta\frac{\alpha_2}{2}$ 为左、右半角误差，$(')$；K_1、K_2 为修正系数，其选值列于表 9-3。

表 9-3　K_1、K_2 值的取法

内　螺　纹				外　螺　纹			
$\Delta\frac{\alpha_1}{2}>0$	$\Delta\frac{\alpha_1}{2}<0$	$\Delta\frac{\alpha_2}{2}>0$	$\Delta\frac{\alpha_2}{2}<0$	$\Delta\frac{\alpha_1}{2}>0$	$\Delta\frac{\alpha_1}{2}<0$	$\Delta\frac{\alpha_2}{2}>0$	$\Delta\frac{\alpha_2}{2}<0$
K_1		K_2		K_1		K_2	
3	2	3	2	2	3	2	3

9.2.3　中径误差对互换性的影响

螺纹中径在制造过程中不可避免地出现一定的误差，即单一中径对其公称中径之差。当外螺纹中径比内螺纹中径大时就会影响螺纹的旋合性；反之，当外螺纹中径比内螺纹中径小时，会使配合过松而影响连接的可靠性和紧密性，降低连接强度，因此，对中径误差必须加以限制。而螺距误差与牙型半角误差的存在都对中径产生影响。

9.2.4　保证螺纹互换性的条件

(1) 作用中径的概念

作用中径是指螺纹配合时，在规定的旋合长度内，恰好包容实际螺纹的一个假想螺纹的中径，即实际起作用的中径。这个假想螺纹具有基本牙型的螺距、牙型半角及牙型高度等，并且在牙顶和牙底处都留有间隙，避免与螺纹的大径、小径发生干涉。外螺纹有螺距误差和牙型半角误差时，与具有理想牙型的内螺纹旋合，此时旋合变紧，为了能顺利旋合，只能与一个中径较大的理想内螺纹旋合，其效果相当于外螺纹的中径增大了，这个增大了的假想中径是与内螺纹旋合时起作用的中径，称为外螺纹的作用中径，用 d_{2m} 表示。其值等于外螺纹的实际中径与螺距误差及牙型半角误差的中径当量之和，即

$$d_{2m}=d_{2s}+(f_p+f_\frac{\alpha}{2})$$

同理，内螺纹有螺距误差和牙型半角误差时，相当于内螺纹中径减小了，这个减小了的假想中径称为内螺纹的作用中径，它是与外螺纹旋合时实际起作用的中径，用 D_{2m} 表示。其值等于内螺纹的实际中径与螺距误差及牙型半角误差的中径当量之和，即 $D_{2m}=D_{2s}-(f_p+f_\frac{\alpha}{2})$。

实际中径用单一中径代替。螺纹的作用中径是由单一中径、螺距误差、牙型半角误差的综合结果而形成的。

(2) 中径的合格条件

螺纹能否实现互换性，主要依据是螺纹中径是否合格。判断中径的合格性应遵守泰勒原则，即螺纹的作用中径不能超出最大实体牙型的中径，任何部位的单一中径不能超出最小实

体牙型的中径。

对外螺纹,作用中径不大于中径最大极限尺寸;任何位置的实际中径不小于中径的最小极限尺寸。即

$$d_{2m} \leqslant d_{2max}, \quad d_{2s} \geqslant d_{2min}$$

对内螺纹,作用中径不小于中径最小极限尺寸;任意位置的实际中径不大于中径的最大极限尺寸。即

$$D_{2m} \geqslant D_{2min}, \quad D_{2s} \leqslant D_{2max}$$

9.3 普通螺纹公差与配合及选用

为了保证螺纹的互换性,必须对螺纹的几何精度提出具体要求。螺纹精度由螺纹公差带和旋合长度构成,国家标准 GB/T 197—2003《普通螺纹公差》将螺纹公差带的两个基本要素——公差带大小(公差等级)和公差带位置(基本偏差)进行标准化,组成各种螺纹公差带。

9.3.1 螺纹的公差等级

螺纹公差带由公差带大小和公差带位置构成,而公差带大小由公差值 T 确定,并按大小分为若干级,见表 9-4,其中 6 级为基本级;3、4、5 级为精密级;7、8、9 级为粗糙级。

表 9-4 螺纹公差等级

螺纹直径	公差等级	螺纹直径	公差等级
外螺纹中径 d_2	3,4,5,6,7,8,9	内螺纹中径 D_2	4,5,6,7,8
外螺纹大径 d	4,6,8	内螺纹小径 D_1	4,5,6,7,8

由于内螺纹加工较困难,因此同样公差等级的内螺纹中径公差比外螺纹中径公差大。对外螺纹的小径和内螺纹的大径不规定具体的公差数值。国标对内、外螺纹的中径和顶径规定了公差值,具体数值可查表 9-5 和表 9-6。

表 9-5 普通螺纹中径公差(摘自 GB/T 197—2003) μm

公称直径 d/mm		螺距 P/mm	内螺纹中径公差 T_{D_2}				外螺纹中径公差 T_{d_2}				
			公差等级				公差等级				
>	≤		5	6	7	8	5	6	7	8	9
11.2	22.4	1	125	160	200	250	95	118	150	190	236
		1.25	140	180	224	280	106	132	170	212	265
		1.5	150	190	236	300	112	140	180	224	280
		1.75	160	200	250	315	118	150	190	236	300
		2	170	212	265	335	125	160	200	250	315
		2.5	180	224	280	355	132	170	212	265	335
22.4	45	1.5	160	200	250	315	118	150	190	236	300
		2	180	224	280	355	132	170	212	265	335
		3	212	265	335	425	160	200	250	315	400
		3.5	224	280	355	450	170	212	265	335	425
		4	236	300	375	475	180	224	280	355	450
		4.5	250	315	400	500	190	236	300	375	475

表 9-6　**普通螺纹顶径公差**（摘自 GB/T 197—2003）　　　　　μm

螺距 P/mm	内螺纹顶径(小径)公差 T_{D_1}				外螺纹顶径(大径)公差 T_d		
	公差等级				公差等级		
	5	6	7	8	4	6	8
0.75	150	190	236	—	90	140	—
0.8	160	200	250	315	95	150	236
1	190	236	300	375	112	180	280
1.25	212	265	335	425	132	212	335
1.5	236	300	375	475	150	236	375
1.75	265	335	425	530	170	265	425
2	300	375	475	600	180	280	450
2.5	355	450	560	710	212	335	530
3	400	500	630	800	236	375	600

9.3.2　螺纹的公差带位置和基本偏差

普通螺纹的公差带是沿着螺纹的基本牙型分布的，如图 9-9 所示。图中 ES(es)、EI(ei) 分别为内（外）螺纹的上、下偏差，$T_D(T_d)$ 分别为内（外）螺纹的中径公差。

国标对内螺纹的中径和小径规定了代号为 G、H 的两种基本偏差，如图 9-10(a)、(b) 所示。由图可知，下偏差 EI 为基本偏差，由这两种基本偏差所决定的内螺纹的公差带均在基本牙型之上。对外螺纹的中径和大径规定了四种基本偏差，其代号为 e、f、g、h，由这四种基本偏差所决定的外螺纹的公差带均在基本牙型之下，对小径只规定了最大极限尺寸，如图 9-10(c)、(d) 所示。

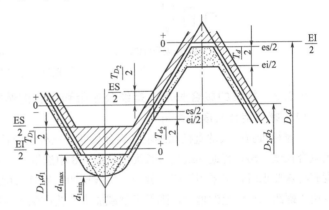

图 9-9　普通螺纹的公差带

H、h 的基本偏差为 0，G 的基本偏差为正值，e、f、g 的基本偏差为负值。表 9-7 为内、外螺纹的基本偏差数值。

表 9-7　**内、外螺纹的基本偏差**（摘自 GB/T 197—2003）　　　　　μm

螺距 P/mm	内螺纹基本偏差 EI		外螺纹基本偏差 es			
	G	H	e	f	g	h
0.75	+22		−56	−38	−22	
0.8	+24		−60	−38	−24	
1	+26		−60	−40	−26	
1.25	+28	0	−63	−42	−28	0
1.5	+32		−67	−45	−32	
1.75	+34		−71	−48	−34	
2	+38		−71	−52	−38	
2.5	+42		−80	−58	−42	
3	+48		−85	−63	−48	

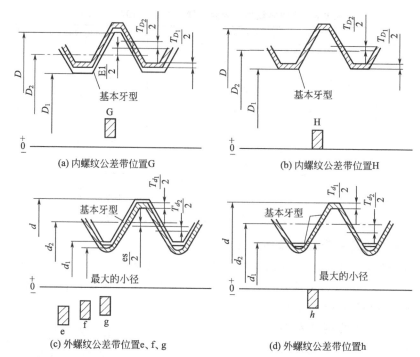

图 9-10　内、外螺纹公差带位置

9.3.3　螺纹的旋合长度、螺纹公差带和配合的选择

(1) 螺纹旋合长度及选用

国家标准按螺纹的直径和螺距将旋合长度分三种，即长旋合长度（L）、中等旋合长度（N）、短旋合长度（S），普通螺纹旋合长度值从表 9-8 中选取，一般采用中等旋合长度。仅当结构和强度有特殊要求时，可采用短或长旋合。实践证明，旋合长度越长，不仅结构笨重、加工困难，而且由于螺距累积误差的增大，降低了承载能力，造成螺牙强度和密封性的下降。

表 9-8　螺纹旋合长度（摘自 GB/T 197—2003）　　　　　　　　　　　　mm

公称直径 D、d		螺距 P	旋合长度			
			S	N		L
$>$	$\leqslant$		$\leqslant$	$>$	$\leqslant$	$>$
2.8	5.6	0.35	1	1	3	3
		0.5	1.5	1.5	4.5	4.5
		0.6	1.7	1.7	5	5
		0.7	2	2	6	6
		0.75	2.2	2.2	6.7	6.7
		0.8	2.5	2.5	7.5	7.5
5.6	11.2	0.75	2.4	2.4	7.1	7.1
		1	3	3	9	9
		1.25	4	4	12	12
		1.5	5	5	15	15
11.2	22.4	1	3.8	3.8	11	11
		1.25	4.5	4.5	13	13
		1.5	5.6	5.6	16	16
		1.75	6	6	18	18
		2	8	8	24	24
		2.5	10	10	30	30

续表

公称直径 D、d		螺距 P	旋合长度			
			S	N		L
>	≤		≤	>	≤	>
22.4	45	1	4	4	12	12
		1.5	6.3	6.3	19	19
		2	8.5	8.5	25	25
		3	12	12	36	36
		3.5	15	15	45	45
		4	18	18	53	53
		4.5	21	21	63	63
45	90	1.5	7.5	7.5	22	22
		2	9.5	9.5	28	28
		3	15	15	45	45
		4	19	19	56	56
		5	24	24	71	71
		5.5	28	28	85	85
		6	32	32	95	95

螺纹的旋合长度与螺纹的精度有关，当公差等级一定时，螺纹的旋合长度越长，螺距累积偏差越大，加工越困难。因此，公差等级相同而旋合长度不同的螺纹精度等级是不相同的。国家标准按螺纹公差等级和旋合长度将螺纹精度分为精密级、中等级和粗糙级，见表 9-9。螺纹精度等级的高低代表螺纹加工的难易程度，同一级则意味着有相同的加工难易程度。

表 9-9　普通螺纹的选用公差带

精度等级	内螺纹公差带			外螺纹公差带		
	S	N	L	S	N	L
精密级	4H	5H	6H	(3h4h)	*4h (4g)	(5h4h)
中等级	*5H (5G)	*6H *6G	*7H (7G)	(5h6g) (5g6g)	*6e *6f *6g 6h	(7e6e) (7g6g) (7h6h)
粗糙级	—	7H (7G)	8H (8G)	—	(8e) 8g	(9e8e) (9g8g)

注：1. 大量生产的精制紧固螺纹，推荐采用带方框的公差带。

2. 带 * 号的公差带应优先选用，不带 * 号的公差带其次选用，加括号的公差带尽量不用。

选择螺纹精度的原则是：精密级用于配合性质要求稳定及保证定位精度的场合。

中等级用于一般的连接螺纹，如一般的机械、仪器和构件中。

粗糙级用于不重要的螺纹及制造困难的螺纹（如在较深盲孔中加工的螺纹），也用于使用环境较恶劣的螺纹（如建筑用螺纹）。

（2）螺纹公差带和配合的选择

根据内、外螺纹不同的基本偏差和公差等级，可以组成很多螺纹公差带，在实际应用时，为了减少螺纹刀具和螺纹量规的规格和数量，国标推荐一些常用的公差带，见表 9-9。

在选用螺纹公差带时，宜优先按表 9-9 的规定选取。如果不知道螺纹旋合长度的实际值（例如标准螺栓），推荐按中等旋合长度（N）选取螺纹公差带。

由表 9-9 所列的内、外螺纹公差带可以组成许多供选用的配合，但为了保证螺纹的使用性能和一定的牙型接触高度，选用的配合最好是 H/g、H/h、G/h。如为了便于装拆，提高效率，可选用 H/g 或 G/h 的配合，原因是 G/h 或 H/g 配合所形成的最小极限间隙可用来对内、外螺纹的旋合起引导作用，表面需要镀涂的内、外螺纹，完工后的实际牙型也不得超过 H（h）基本偏差所限定的边界；单件小批生产的螺纹宜选用 H/h 配合。

9.3.4 螺纹在图样上的标记

螺纹标记由螺纹代号、螺纹公差带代号和螺纹旋合长度代号（或数值）组成。

（1）螺纹代号

螺纹代号的组成：螺纹牙型符号 公称直径×螺距或导程 旋向

其中：

螺距——粗牙普通螺纹的螺距省略不标，细牙螺纹需要标注出螺距。

旋向——右旋螺纹的旋向省略不标，左旋螺纹的旋向在螺纹代号后标"LH"符号。

（2）螺纹公差带代号

螺纹公差带代号由螺纹中径、顶径的公差等级和基本偏差代号（内螺纹用大写字母，外螺纹用小写字母）构成。当中径和顶径公差带不同时，应分别标出，前者为中径公差带代号，后者为顶径公差带代号；当中径和顶径公差带代号相同时只标注一个公差带代号。内、外螺纹装配在一起时，它们的公差带代号要用斜线分开，左边为内螺纹公差带代号，右边为外螺纹公差带代号。

（3）旋合长度代号

普通螺纹旋合长度分为短（S）、中（N）、长（L）旋合长度三种，当旋合长度为 N 时，省略不标。对于短或长旋合长度应标注出"S"或"L"的代号，也可以用数值标出旋合长度值。

（4）螺纹标记示例

① M30×2-5g6g-S 表示普通细牙外螺纹，公称直径为 30mm，螺距为 2mm，右旋螺纹，中径和顶径公差带代号分别为 5g、6g，短旋合长度。

② M10×2LH-6H-L 表示普通细牙螺纹，公称直径为 10mm，螺距为 2mm，左旋螺纹，中径和顶径公差带代号均为 6H 的内螺纹，长旋合长度。

③ M20-6H/5g6g 表示相互配合的普通内、外螺纹，公称直径为 20mm，粗牙，右旋螺纹，内螺纹的中径和顶径公差带代号均为 6H，外螺纹中径公差带代号为 5g、顶径公差带代号为 6g，中等旋合长度。

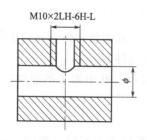

图 9-11　内螺纹标注

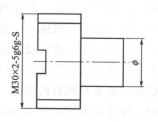

图 9-12　外螺纹标注

螺纹在图样上标注时，应标注在螺纹的公称直径的尺寸线上，内、外螺纹标注如图 9-11、图 9-12 所示。

例 9-1　一螺纹配合为 M20×2-6H/5g6g，试查表求出内、外螺纹的中径、小径和大径的极限偏差，并计算内、外螺纹的中径、小径和大径的极限尺寸。

解：本题采用列表法将各计算值列出。

（1）确定内、外螺纹的中径、小径和大径的基本尺寸

由已知条件可知，公称直径即为螺纹大径的基本尺寸，即 $D=d=20$mm。由图 9-2 中普通螺纹的基本牙型关系可知 $D=D_1+\dfrac{10}{8}H$，$H=\dfrac{P}{2}\cot\dfrac{\alpha}{2}$。

P 为螺距（2mm），$\alpha/2$ 为牙型半角（30°）。

整理后得到：$D_1=d_1=d-1.0825P$

$\qquad\qquad\quad D_2=d_2=d-0.6495P$

实际工作中可直接查有关表格。

（2）确定内、外螺纹的极限偏差

内、外螺纹的极限偏差可以根据螺纹的公称直径、螺距和内、外螺纹的公差带代号，由表 9-5～表 9-7 查出，具体列在表 9-10 中。

（3）计算内、外螺纹的极限尺寸

由内、外螺纹的各自基本尺寸和各自的极限偏差算出的各自极限尺寸如表 9-10 所示。

表 9-10　M20×2-6H/5g6g 极限尺寸

名　称		内　螺　纹		外　螺　纹	
基本尺寸	大径	$D=d=20$			
	中径	$D_2=d_2=18.701$			
	小径	$D_1=d_1=17.835$			
极限偏差		ES	EI	es	ei
由表 9-5～表 9-7 查	大径	—	0	-0.038	-0.318
	中径	0.212	0	-0.038	-0.163
	小径	0.375	0	-0.038	按牙底形状
极限尺寸		最大极限尺寸	最小极限尺寸	最大极限尺寸	最小极限尺寸
大径		—	20	19.962	19.682
中径		18.913	18.701	18.663	18.538
小径		18.210	17.835	<17.797	牙底轮廓不超出 $H/8$ 削平线

9.4　螺纹的检测

普通螺纹的检测方法有两种，即综合检验和单项测量。

9.4.1　综合检验

综合检验主要是用来检验螺纹的可旋合性，检验用的量具是按泰勒原则设计的螺纹量规和光滑极限量规，对螺纹进行综合检验，这种方法不能测出螺纹参数的具体数值，而是以几个参数的综合误差来判断螺纹是否合格，这种检验方法的检验效率高，适用于成批生产的中

等精度的螺纹。

　　检验内螺纹用的螺纹量规称为螺纹塞规，如图 9-13(b) 所示；检验外螺纹用的螺纹量规称为螺纹环规，如图 9-13(a) 所示。

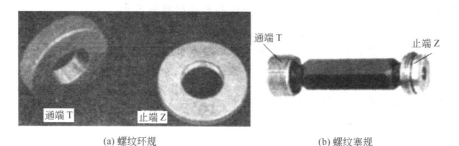

(a) 螺纹环规　　　　　　　　　　　　　　　(b) 螺纹塞规

图 9-13　螺纹环规与螺纹塞规

　　螺纹量规和光滑极限量规都是由通规（通端）和止规（止端）组成。螺纹量规的通规用于检验被测内、外螺纹的作用中径是否超出其最大实体牙型的中径，被测螺纹的底径实际尺寸是否超出最大实体尺寸。螺纹量规的止规用于检验内、外螺纹的单一中径的合格性。

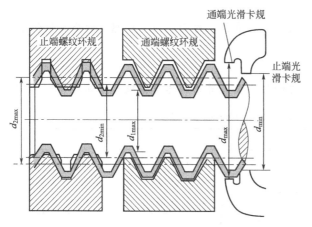

图 9-14　用环规检验外螺纹

　　图 9-14 所示为用螺纹环规和光滑极限量规检验外螺纹的图例；图 9-15 所示为用螺纹塞规和光滑极限量规检验内螺纹的图例。

　　螺纹量规的通规体现的是最大实体牙型边界，因此要求具有完整的牙型，且量规的螺纹长度要接近被测螺纹的旋合长度（不小于旋合长度的 80%），以便正确地检验作用中径。如果被检测的螺纹作用中径未超过螺纹的最大实体牙型中径，并且被检测的螺纹底径也合格，那么螺纹通规就会在旋合长度内与被检测螺纹顺利地旋合。

　　螺纹量规的止规用于检验被测螺纹的单一中径（实际中径）是否超出其最小实体牙型的

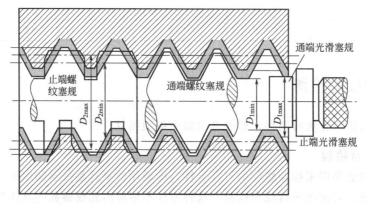

图 9-15　用塞规检验内螺纹

中径，为了减少螺距误差和牙型半角误差对检验结果的影响，仅保证止规牙侧在被测螺纹中径处接触，所以需将止规的牙高截短，只保留中径处的不完整牙型，螺纹长度只有 2～3 个螺距。

光滑极限量规用于检验内、外螺纹顶径尺寸的合格性。

9.4.2　单项测量

单项测量是对螺纹的每一个参数实际值进行测量，主要测量中径、螺距、牙型半角和顶径，用测得的实际值判断螺纹的合格性。单项测量主要用于测量高精度螺纹、螺纹类刀具及螺纹量规等，生产中常用此法分析及调整螺纹加工工艺。

单项测量的方法很多，生产中广泛应用的是以下两种方法。

(1) 三针法

三针法主要用于测量精密外螺纹的单一中径（如螺纹塞规、丝杠螺纹等）。测量时，将三根直径相同的精密量针分别插入被测螺纹的牙型沟槽中，然后用两个平行的测针测出针距 M，如图 9-16 所示，再根据几何关系换算出被测的单一中径 d_{2s}。

$$d_{2s} = M - d_0\left(1 + \frac{1}{\sin\frac{\alpha}{2}}\right) + \frac{P}{2}\cot\frac{\alpha}{2}$$

式中　P——螺距；

$\dfrac{\alpha}{2}$——牙型半角；

d_0——量针直径。

均按理论值代入。

对于公制普通螺纹，$\alpha = 60°$。

$$d_{2s} = M - 3d_0 + 0.866P$$

为了防止牙型半角误差对测量结果的影响，应使量针在中径线上与牙侧接触，此时的量针直径为最佳量针直径 $d_{0最佳}$，$d_{0最佳} = \dfrac{P}{2\cos\dfrac{\alpha}{2}}$。

三针法具有测量方法简单、测量精度高的优点，在生产中得到了广泛应用。

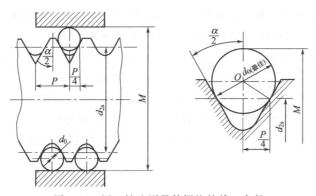

图 9-16　用三针法测量外螺纹的单一中径

(2) 用螺纹千分尺测量外螺纹中径

实际生产中，对于低精度外螺纹中径常用螺纹千分尺来测量。螺纹千分尺的结构与一般外径千分尺相似，只是两个测量头形状不同，如图 9-17 所示。螺纹千分尺测量头是成对配套的，每对测量头只能测量螺距在一定范围内的螺纹，螺纹千分尺适于测量不同牙型和不同螺距的螺纹，当被测量的外螺纹存在螺距误差和牙型半角误差时，测量头就不能很好地与被测外螺纹相吻合，所以螺纹千分尺测量精度较低，只适用于工序间测量或低精度螺纹的测量。

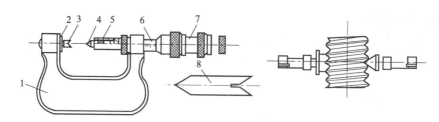

图 9-17　螺纹千分尺

1—弓架；2—架钻；3—V形测量头；4—圆锥形测量头；

5—主量杆；6—刻度套；7—微分筒；8—校对样板

本 章 小 结

本章主要介绍了以下内容：

（1）概述

本节主要介绍螺纹的种类、使用要求和普通螺纹的基本牙型及几何参数。重点掌握普通螺纹的主要几何参数（大径、中径、小径、螺距和牙型半角）对螺纹结合互换性的影响。

（2）普通螺纹主要几何参数误差对互换性的影响

本节主要介绍螺纹螺距误差、牙型半角误差和中径误差对螺纹互换性的影响。螺距误差主要影响螺纹的可旋合性和连接的可靠性。牙型半角误差对螺纹的旋合性和连接强度均有影响。中径误差会影响螺纹的旋合性，使配合过松而影响连接的可靠性和紧密性，降低连接强度。

（3）普通螺纹公差与配合及选用

本节主要介绍螺纹的公差等级、螺纹的公差带位置和基本偏差、螺纹的旋合长度、螺纹公差带和配合的选择以及螺纹在图样上的标记。

螺纹的公差带由构成公差带大小的公差等级和确定公差带位置的基本偏差组成，螺纹公差等级见表 9-4，内、外螺纹的中径和顶径规定了公差值，具体数值可查表 9-5 和表 9-6。内、外螺纹的基本偏差见表 9-7。在普通螺纹标准中，对内螺纹规定代号为 G、H 的两种基本偏差，对外螺纹规定代号为 e、f、g、h 的四种基本偏差。旋合长度分为三组，分别为短旋合长度（S）、中等旋合长度（N）和长旋合长度（L）。一般采用中等旋合长度。为了保证足够的接触高度，内、外螺纹最好组成 H/g、H/h 或 G/h 的配合。螺纹标记由螺纹代号、螺纹公差带代号和螺纹旋合长度代号（或数值）组成。除螺纹代号外，各代号之间用"-"分开。

（4）螺纹的检测

螺纹的检测方法分为综合检验和单项测量。

综合检验采用螺纹量规和光滑极限量规对螺纹进行综合检验，检验效率高，适用于批量生产的中等精度的螺纹。单项测量常用的测量方法是三针法，三针法测量外螺纹的单一中径，是在实际生产中普遍应用的测量方法。

思考与练习题

9-1　普通螺纹分为哪几类？各有什么特点？

9-2　普通螺纹的几何参数有哪些？

9-3　单一中径和螺纹中径有什么关系？

9-4　影响螺纹互换性的主要因素有哪几方面？

9-5　普通螺纹中径公差分几级？内、外螺纹有何不同？常用的是多少级？

9-6　写出下列螺纹标注的含义：

（1）M20-5H

（2）M16-5H6H-L

（3）M30×1-6H/5g6g

9-7　一螺纹配合为 M20-6H/5g6g，试查表确定内、外螺纹的中径、小径和大径的极限偏差，并计算内、外螺纹的中径、小径和大径的极限尺寸。

9-8　螺纹的单项测量常用哪些方法？各适用于什么场合？

9-9　用三针法测量外螺纹的单一中径时，为什么要选取最佳直径的量针？

第10章　圆锥的公差与检测

本章基本要求

本章主要介绍圆锥结合的种类和特点，圆锥公差与配合及选用，圆锥的检测。了解圆锥配合的基本参数及锥度与锥角系列，了解圆锥的检测，理解圆锥配合的基本要求。

本章重点为圆锥配合种类及特点、圆锥公差的选用和圆锥配合的形成方法。

10.1　概述

10.1.1　圆锥配合的特点及种类

圆锥配合广泛应用于机械产品中。圆锥表面是由一条与轴线成一定角度的母线绕其轴线旋转所形成的表面，圆锥体在其轴线的各横截面内的直径是不相等的，即具有渐变性。

（1）圆锥配合的特点

与圆柱配合相比较，圆锥配合具有如下特点：

① 在轴向力的作用下，内、外圆锥相配时能自动对准中心，保证内、外圆锥轴线具有较高的同轴度，且装拆方便。

② 内、外圆锥配合间隙或过盈大小可通过其轴向相对移动来调整。

③ 内、外圆锥表面的配对研磨，使圆锥配合具有良好的自锁性和密封性。

④ 圆锥配合可利用较小的过盈量传递较大的转矩。

但是，圆锥配合在结构上比较复杂，影响其互换性的参数较多，加工和检测也较困难，故应用不如圆柱配合广泛。

（2）圆锥配合的种类

圆锥配合是指基本尺寸（圆锥直径、圆锥角或锥度）相同的内、外圆锥直径之间，由于结合不同所形成的相互关系。根据内、外圆锥直径之间结合的不同，圆锥配合分为三类：

① 间隙配合　配合具有间隙，在装配和使用过程中间隙大小可调整。主要用于相对运动的圆锥体配合，如车床主轴的圆锥轴颈与圆锥轴承衬套的配合。

② 过盈配合　配合具有过盈，过盈量可调整。借助于相互配合的圆锥面间的自锁，可产生较大的摩擦力来传递转矩。如铣床主轴锥孔与铣刀锥柄的配合。

③ 过渡配合（紧密配合）　配合很紧密，间隙为零或有略小过盈。主要用于对中定心或密封的场合，如锥形旋塞、发动机中的气阀与底座的配合等。为使配合的圆锥面有良好的密封性，通常内、外圆锥面要成对研磨，故这类配合一般没有互换性。

10.1.2　圆锥配合的基本参数

圆锥配合中的基本参数如图 10-1 所示。

（1）圆锥角

在通过圆锥轴线的截面内，两条素线之间的夹角，用 α 表示。

（2）圆锥素线角

是指圆锥素线与其轴线间的夹角，它等于圆锥角的一半，即 $\alpha/2$。

（3）圆锥直径

与圆锥轴线垂直的截面内圆的直径。有内、外圆锥的最大直径 D_i、D_e，内、外圆锥的最小直径 d_i、d_e，任意给定截面圆锥直径 d_x（距端面有一定距离）。设

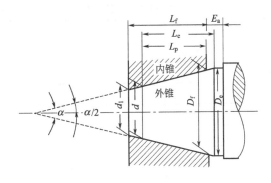

图 10-1　圆锥配合的基本参数

计时，一般选用内圆锥的最大直径或外圆锥的最小直径作为基本直径。

（4）圆锥长度

圆锥的最大直径与最小直径之间的轴向距离。内、外圆锥长度分别用 L_i、L_e 表示。

（5）锥度

圆锥最大直径与最小直径之差和圆锥长度之比，用符号 C 表示。即 $C=(D-d)/L=2\tan\dfrac{\alpha}{2}$。锥度常用比例或分数表示，如 $C=1:20$ 或 $C=1/20$。

（6）基面距

相互配合的内、外圆锥基准平面之间的距离，用符号 a 表示，如图 10-2 所示。

（7）圆锥配合长度

内、外圆锥面的轴向距离，用符号 H 表示。

（8）轴向位移

相互配合的内、外圆锥，从实际初始位置到终止位置移动的距离，用符号 E_a 表示，如图 10-3 所示。

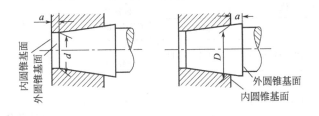

图 10-2　圆锥的基面距 a　　　　　　图 10-3　轴向位移 E_a

10.1.3　锥度与锥角系列

为了尽可能减少加工圆锥工件所用的专用刀具和量具的品种规格，满足生产需要，国家标准 GB/T 157—2001 规定了机械工程一般用途圆锥的锥度与锥角系列，见表 10-1。选用时应优先选用系列 1，当不能满足需要时，可选用系列 2。

特殊用途圆锥的锥度与锥角系列如表 10-2 所示。

表 10-1　一般用途圆锥的锥度与锥角（摘自 GB/T 157—2001）

基本值		推　算　值			
系列 1	系列 2	圆锥角 α			锥度 C
120°		—	—	2.04939510rad	1：0.2886751
90°		—	—	1.57079633rad	1：0.5000000
	75°	—	—	1.30899694rad	1：0.6516127
60°		—	—	1.04719755rad	1：0.8660254
45°		—	—	0.78539816rad	1：1.2071068
30°		—	—	0.52359878rad	1：1.8660254
1：3		18°55′28.7199″	18.92464442°	0.33029735rad	—
	1：4	14°15′0.1177″	14.25003270°	0.24870999rad	—
1：5		11°25′16.2706″	11.42118627°	0.19933730rad	—
	1：6	9°31′38.2202″	9.52728338°	0.16628246rad	—
	1：7	8°10′16.4408″	8.17123356°	0.14261493rad	—
	1：8	7°9′9.6075″	7.15268875°	0.12483762rad	—
1：10		5°43′29.3176″	5.72481045°	0.09991679rad	—
	1：12	4°16′18.7970″	4.77188806°	0.08328516rad	—
	1：15	3°49′5.8975″	3.81830487°	0.06664199rad	—
1：20		2°51′51.0925″	2.86419237°	0.04998959rad	—
1：30		1°54′34.8570″	1.90968251°	0.03333025rad	—
1：50		1°8′45.1586″	1.14587740°	0.01999933rad	—
1：100		34′22.6309″	0.57295302°	0.00999992rad	—
1：200		17′11.3219″	0.28647830°	0.00499999rad	—
1：500		6′52.5259″	0.14459152°	0.00200000rad	—

表 10-2　特殊用途圆锥的锥度与锥角（摘自 GB/T 157—2001）

基本值	推　算　值				标注号 GB/T(ISO)	用　途
	圆锥角 α			锥度 C		
11°54	—	—	0.20769418rad	1：4.7974511	(5237) (8489-5)	纺织机械和附件
8°40	—	—	0.15126187rad	1：6.5984415	(8489-3) (8489-4) (324.575)	
7°	—	—	0.12217305rad	1：8.1749277	(8489-2)	
1：38	1°30′27.7080″	1.50769667°	0.02631427rad	—	(368)	
1：64	0°53′42.8220″	0.89522834°	0.01562468rad	—	(368)	
7：24	16°35′39.4443″	16.59429008°	0.28962500rad	1：3.4285714	3837.3 (297)	机床主轴工具配合
1：12.262	4°40′12.1514″	4.67004205°	0.08150761rad	—	(239)	贾各锥度 No.2
1：12.972	4°24′52.9039″	4.41469552°	0.07705097rad	—	(239)	贾各锥度 No.1
1：15.748	3°38′13.4429″	3.63706747°	0.06347880rad	—	(239)	贾各锥度 No.33

续表

基本值	推　算　值				标注号 GB/T(ISO)	用　途
	圆锥角 α			锥度 C		
6：100	3°26′12.1776″	3.43671600°	0.05998201rad	1：16.6666667	1962 (594-1) (595-1) (595-2)	医疗设备
1：18.779	3°3′1.2070″	3.05033527°	0.05323839rad	—	(239)	贾各锥度 No.3
1：19.002	3°0′52.3956″	3.01455434°	0.05261390rad	—	1443(296)	莫氏锥度 No.5
1：19.180	2°59′11.7258″	2.98659050°	0.05212584rad	—	1443(296)	莫氏锥度 No.6
1：19.212	2°58′53.8255″	2.98161820°	0.05203905rad	—	1443(296)	莫氏锥度 No.0
1：19.254	2°58′30.4217″	2.97511713°	0.05192559rad	—	1443(296)	莫氏锥度 No.4
1：19.264	2°58′24.8644″	2.97357343°	0.05189865rad	—	(239)	贾各锥度 No.6
1：19.922	2°52′31.4463″	2.87540176°	0.05018523rad	—	1443(296)	莫氏锥度 No.3
1：20.020	2°51′40.7960″	2.86133223°	0.04993967rad	—	1443(296)	莫氏锥度 No.2
1：20.047	2°51′26.9283″	2.85748008°	0.04987244rad	—	1443(296)	莫氏锥度 No.1
1：20.288	2°49′24.7802″	2.82355006°	0.04928025rad	—	(239)	贾各锥度 No.0
1：23.904	2°23′47.6244″	2.39656232°	0.04182709rad	—	1443(296)	布朗夏普锥度 No.1～No.3
1：28	2°2′45.8174″	2.04606038°	0.03571049rad	—	(8382)	复苏器(医用)
1：36	1°35′29.2096″	1.59144711°	0.02777599rad	—	(5356-1)	麻醉器具
1：40	1°25′56.3516″	1.43231989°	0.02499870rad	—		

10.2　圆锥的配合

10.2.1　圆锥配合的形成方法

内、外圆锥的相对轴向位置移动，可调整其配合的间隙或过盈，从而获得不同的配合性质。根据相互结合的内、外圆锥轴向位置不同，圆锥配合的形成方法有四种。

(1) 由内、外圆锥的结构确定装配的最终位置而形成的配合

这种方式可得到间隙配合、过渡配合和过盈配合。如图 10-4 所示为轴肩接触得到间隙配合的示例。

(2) 由内、外圆锥基准平面之间的尺寸确定装配的最终位置而形成的配合

这种方式可得到间隙配合、过渡配合和过盈配合。如图 10-5 所示为由结构尺寸 a 得到过盈配合的示例。

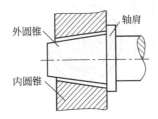

图 10-4　由轴肩接触形成间隙配合示例

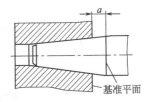

图 10-5　由结构尺寸 a 得到过盈配合示例

（3）由内、外圆锥实际初始位置 P_a 开始，作一定的相对轴向位移 E_a 而形成的配合

实际初始位置，是指在不施加力的情况下相互结合的内、外圆锥表面接触时的轴向位置。这种形成方式可得到间隙配合或过盈配合。如图 10-6 所示为间隙配合的示例。

（4）由内、外圆锥实际初始位置 P_a 开始，施加一定装配力产生轴向位移而形成的配合

这种形成方式只能得到过盈配合，如图 10-7 所示。

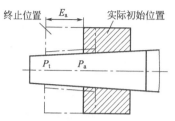
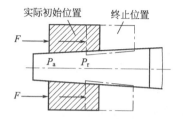

图 10-6　作一定的相对轴向位移形成配合示例　　　图 10-7　施加一定的装配力形成配合示例

根据确定内、外圆锥相对位置的方法不同，（1）、（2）又称为结构型圆锥配合；（3）、（4）又称为位移型圆锥配合。

10.2.2　圆锥配合的基本要求

（1）根据使用要求圆锥配合应有适当的间隙或过盈

间隙或过盈是在垂直于圆锥表面方向起作用，应按垂直于圆锥轴线方向给定并测量，但对于锥度小于或等于 1∶3 的圆锥，两个方向的数值差异很小，可忽略不计。

（2）圆锥配合的表面接触要均匀

表面接触不均匀，则影响圆锥结合的紧密性和配合性。影响圆锥配合表面接触均匀性的因素有锥角误差和形状误差。为此应控制内、外锥角偏差和形状误差。

（3）有些圆锥配合要求实际基面距在规定范围内变动

当内、外圆锥长度一定时，基面距过大，会使配合长度减小，影响结合的稳定性和传递转矩；若基面距过小，则使补偿磨损的轴向调节范围减小。影响基面距的主要因素有内、外圆锥的直径偏差和圆锥角偏差。

10.3　圆锥的公差及选用

10.3.1　圆锥公差

国家标准规定圆锥公差有四项：圆锥直径公差 T_D、圆锥角公差 AT、圆锥的形状公差 T_F 和给定截面圆锥直径公差 T_{DS}。

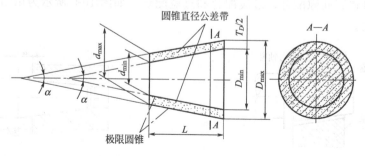

图 10-8　圆锥直径公差带

(1) 圆锥直径公差 T_D

圆锥直径公差 T_D 是指圆锥直径允许的变动量。它适用于圆锥全长，公差带为轴向截面内两个极限圆锥所限定的区域，即允许的最大极限圆锥直径 D_{max}（或 d_{max}）与最小极限圆锥直径 D_{min}（或 d_{min}）之差，如图 10-8 所示。

圆锥直径公差的标准公差和基本偏差都没有专门制定标准，而是从光滑圆柱体的公差标准中选取。为了使圆锥结合的基面距变动不至于太大，有配合要求的圆锥直径公差等级不能太低，一般为 IT5～IT8，基本偏差随着结构特点和工艺而定。对于有配合要求的圆锥配合，推荐选用基孔制。对于无配合要求的圆锥配合，推荐选用基本偏差 JS 或 js。

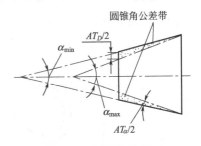

图 10-9　圆锥角公差带

(2) 圆锥角公差 AT

圆锥角公差 AT 是指圆锥角允许的变动量，以弧度或角度为单位时用 AT_α 表示；以长度为单位时用 AT_D 表示。公差带为在圆锥轴向截面内，最大和最小极限圆锥角所限定的区域，如图 10-9 所示。

圆锥角公差有 12 个公差等级，代号为 $AT1$、$AT2$、$\cdots$、$AT12$，其中 $AT1$ 精度最高，其余依次降低，如表 10-3 所示。各级圆锥角公差大致应用范围见表 10-4。

表 10-3　$AT4\sim AT9$ 圆锥角公差值（摘自 GB/T 11334—1989）

基本圆锥长度 L/mm	圆锥角公差等级					
	AT4			AT5		
	AT_α		AT_D	AT_α		AT_D
	μrad	(″)	μm	μrad	(″)	μm
>25～40	100	21	>2.5～4.0	160	33	>4.0～6.3
>40～63	80	16	>3.2～5.0	125	26	>5.0～8.0
>63～100	63	13	>4.0～6.3	100	21	>6.3～10.0
>100～160	50	10	>5.0～8.0	80	16	>8.0～12.5
>160～250	40	8	>6.3～10.0	63	13	>10.0～16.0

基本圆锥长度 L/mm	圆锥角公差等级					
	AT6			AT7		
	AT_α		AT_D	AT_α		AT_D
	μrad	(″)	μm	μrad	(″)	μm
>25～40	250	52	>6.3～10.0	400	1′22″	>10.0～16.0
>40～63	200	41	>8.0～12.5	315	1′05″	>12.5～20.0
>63～100	160	33	>10.0～16.0	250	52″	>16.0～25.0
>100～160	125	26	>12.5～20.0	200	41″	>20.0～32.0
>160～250	100	21	>16.0～25.0	160	33″	>25.0～40.0

基本圆锥长度 L/mm	圆锥角公差等级				
	AT8			AT9	
	AT_α		AT_D	AT_α	AT_D
	μrad		μm	μrad	μm
>25～40	630	2′10″	>16.0～20.5	1000	3′26″	>10.0～16.0
>40～63	500	1′43″	>20.0～32.0	800	2′45″	>12.5～20.0
>63～100	400	1′22″	>25.0～40.0	630	2′10″	>16.0～25.0
>100～160	315	1′05″	>32.0～50.0	500	1′43″	>20.0～32.0
>160～250	250	52″	>40.0～63.0	400	1′22″	>25.0～40.0

注：1μrad 等于半径为 1m、弧长为 1μm 所对应的圆心角。5μrad≈1″，300μrad≈1′。

表 10-4　圆锥角公差的应用范围

各级圆锥角公差	大 致 应 用 范 围	各级圆锥角公差	大 致 应 用 范 围
$AT1 \sim AT6$	用于高精度的圆锥量规角度样板	$AT10 \sim AT11$	用于圆锥齿轮、圆锥套之类的中等精度零件
$AT7 \sim AT9$	用于工具圆锥、圆锥销、传递大转矩的摩擦圆锥	$AT12$	用于低精度零件

（3）圆锥的形状公差 T_F

圆锥的形状公差主要是圆锥素线的直线度公差和圆锥截面的圆度公差。对要求不高的圆

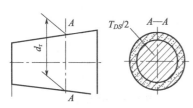

图 10-10　给定截面圆锥直径公差带

锥形工件，其形状误差一般用直径公差 T_D 控制；对要求较高的圆锥形工件，应单独按要求给定形状公差 T_F，T_F 的数值从形状和位置公差国家标准中选取。

（4）给定截面圆锥直径公差 T_{DS}

给定截面圆锥直径公差 T_{DS} 是指在垂直于圆锥轴线的给定截面内圆锥直径的允许变动量。它仅适用于该给定截面的圆锥直径，公差带是在给定的截面内两同心圆所限定的区域，如图 10-10 所示。

T_{DS} 公差带所限定的是平面区域，而 T_D 公差带限定的是空间区域，两者是不同的。

10.3.2　圆锥公差的选用

（1）圆锥公差的给出方法

一个具体的圆锥形工件，不需要给出上述四项公差要求，可根据工件使用要求给出公差项目，圆锥公差给出方法有两种。

第一种：给出圆锥的理论正确圆锥角 α（或锥度 C）和圆锥直径公差 T_D。

圆锥角度误差和圆锥形状误差均应在极限圆锥所限定的区域内，当对圆锥角公差、圆锥的形状公差有更高要求时，可再给出圆锥角公差 AT、圆锥的形状公差 T_F。此时，AT 和 T_F 仅占 T_D 的一部分。这种给定圆锥公差的方法通常用于有配合要求的内、外圆锥。

第二种：给出给定截面圆锥直径公差 T_{DS} 和圆锥角公差 AT。

T_{DS} 和 AT 是独立的，应分别满足这两项公差要求，如图 10-11 所示。当对圆锥形状公差有更高要求时，可再给出圆锥的形状公差 T_F。这种方法通常用于对给定圆锥截面直径有较高要求的情况。

（2）圆锥公差选用

圆锥公差选用应根据圆锥使用要求的不同，来选用圆锥公差。

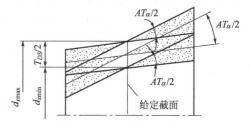

图 10-11　T_{DS} 与 AT 的关系

① 有配合要求的内、外圆锥按第一种公差给定方法进行圆锥精度设计，选用直径公差。

对于结构型圆锥，其直径误差主要影响实际配合间隙或过盈。选用时，可根据配合公差来确定内、外圆锥直径公差，计算方法与圆柱配合相同。为保证配合精度，直径公差一般不低于 9 级，其配合制优先采用基孔制。

对于位移型圆锥，其配合性质是通过给定内、外圆锥的轴向位移量或装配力确定的，而与直径公差带无关。直径公差仅影响接触的初始位置和终止位置及接触精度，因此，可根据对终止位置基面距的要求和对接触精度的要求来选取直径公差。如对基面距有要求，公差等级一般在 IT8～IT12 之间选取，必要时应通过计算来选取和校核内、外圆锥的公差带；若基

面距无严格要求，可选较低的直径公差等级，以便使加工更经济；若接触精度要求较高，可用给出圆锥角公差的办法来满足。为了计算和加工方便，国家标准推荐位移型圆锥的基本偏差用 H、h 或 JS、js 的组合。

② 配合面有较高接触精度要求的内、外圆锥应按第二种给定方法进行圆锥精度设计，同时给出给定截面圆锥直径公差 T_{DS} 和圆锥角公差 AT。

③ 对非配合外圆锥一般选用基本偏差 js。

10.4　圆锥的检测

圆锥的检测是对圆锥角度（或锥度）的检测，其方法有绝对测量法、比较检验法和间接测量法。

10.4.1　绝对测量法

直接从角度计量器具上读出被测角度。应用的检测量具有万能角度尺、光学分度头和测角仪，常用的量具是万能角度尺。

（1）万能角度尺的结构

其结构如图 10-12 所示，它可以测量 $0°\sim230°$ 范围内任意角度。测量时基尺 5 可以带着尺身 1 沿游标 3 转动，当转到所需的角度时，可以用制动器 4 锁紧。卡块 7 将 $90°$ 角尺 2 和直尺 6 固定在所需的位置上。测量时，转动背面的旋钮 8，通过小齿轮转动扇形齿轮，使基尺改变角度。

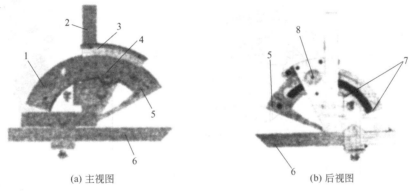

(a) 主视图　　　　　　　　　　(b) 后视图

图 10-12　游标万能角度尺

1—尺身；2—$90°$角尺；3—游标；4—制动器；5—基尺；6—直尺；7—卡块；8—旋钮

（2）读数方法

读数方法与游标卡尺相似，现以常用分度值为 $2'$ 的万能角度尺为例介绍其读数方法，如图 10-13 所示。

步骤 1：从尺身上读出游标"0"线左边角度的整度数（°），尺身上每一格为 $1°$；即读出整数为 $16°$。

步骤 2：用游标"0"线与尺身刻线对齐的游标上的刻线格数，乘以游标万能角度尺的分度值，得到角度的"'"值；即 $6\times2'=12'$。

步骤 3：将上两步测得的数值相加就是被测圆锥的角度值，即 $16°+12'=16°12'$。

（3）测量方法

用万能角度尺测量圆锥的角度时，应根据角度的大小，选择不同的测量方法，如表 10-5 所示。

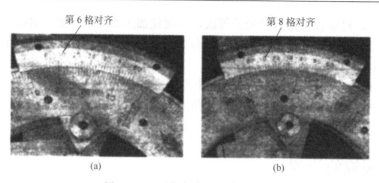

第6格对齐　　　　　　　　　　第8格对齐

(a)　　　　　　　　　　(b)

图 10-13　万能角度尺的读数方法

表 10-5　用万能角度尺测量圆锥角度的方法

测量的角度	万能角度尺的结构变化	测量范围	读尺身刻度的排数	测量示例
0°～50°	被测工件放在基尺和直尺的测量面之间		第一排	
50°～140°	卸下 90°角尺，用直齿代替		第二排	
140°～230°	卸下直齿，装上 90°角尺		第三排	

续表

测量的角度	万能角度尺的结构变化	测量范围	读尺身刻度的排数	测量示例
230°~320°	卸下 90°角尺、直尺和卡块，由基尺和尺身上的扇形板组成的测量面	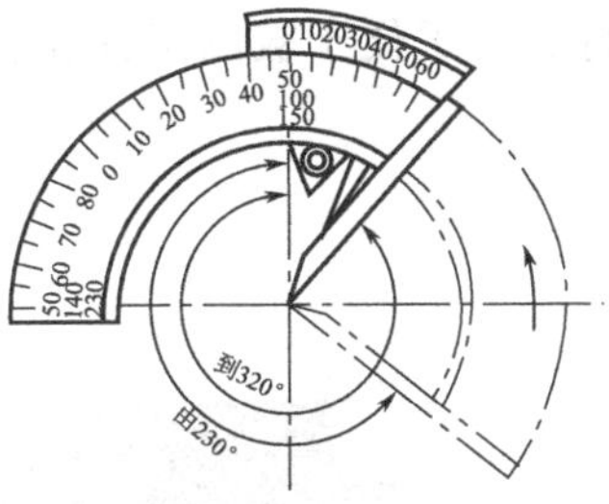 	第四排	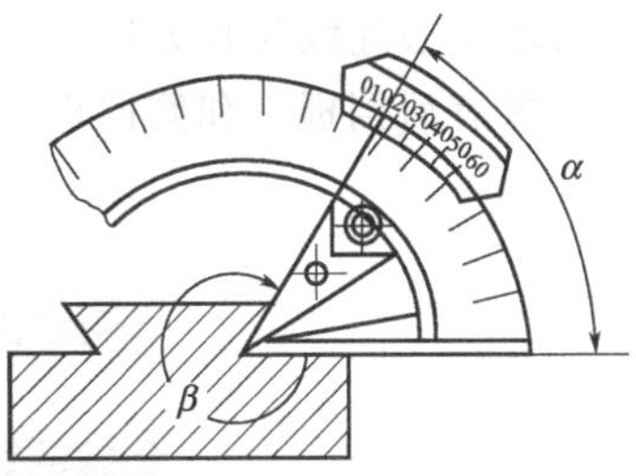 

10.4.2　比较检验法

比较检验法是将被测量角度（或锥角）与相应的量具比较，用光隙法或涂色法估计被测角度（或锥度）的误差的检验方法。应用的检测量具有圆锥量规和角度样板，常用的量具是圆锥量规。

（1）圆锥量规的种类

圆锥量规有莫氏和米制两种。检验内、外圆锥分别用圆锥塞规［如图 10-14(a) 所示］和圆锥套规［如图 10-14(b) 所示］，圆锥塞规和圆锥套规统称为圆锥量规。

(a) 圆锥塞规　　　　　　　　　(b) 圆锥套规

图 10-14　圆锥量规

（2）测量方法

以圆锥塞规为例。

① 准备检具：圆锥塞规。

② 检验步骤

步骤 1：在圆锥塞规上沿素线方向涂上两三条显示剂（红丹或蓝油），如图 10-15 所示。

步骤 2：将圆锥塞规与被检测的内圆锥套合后，稍加轴向推力，轻轻转动半圈。

步骤 3：取下塞规，观察圆锥塞规表面涂痕的变化情况。

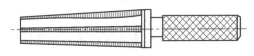

图 10-15　涂色方法

③ 评定检测结果：若涂层被均匀擦去，则锥角正确；若只有大端涂层被擦掉，则表明被检内圆锥的锥角小；若小端的涂层被擦掉，则表明被检内圆锥的锥角大了，但不能检测出具体的误差值。

10.4.3　间接测量法

间接测量法是指用检测量具测量出与被测的角度（或锥度）有一定函数关系的线性尺寸，然后通过函数关系计算出被测角度值（或锥度值）的测量方法。检测量具有正弦规、量块、指示表、钢球和圆柱量规，其中正弦规应用较广泛。

(1) 正弦规的结构

如图 10-16 所示，正弦规是利用三角函数中正弦关系来进行间接测量角度的一种精密量具。它由一块准确的钢制长方体 2 和两个相同的精密圆柱体 4 组成。两个圆柱体之间的中心距要求中心连线与长方体工作平面严格平行。为了便于被测工件在长方体表面上定位和定向，装有后挡板 1 和侧挡板 3。

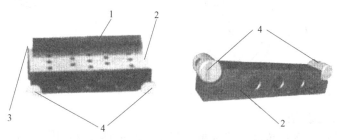

图 10-16　正弦规

1—后挡板；2—长方体；3—侧挡板；4—圆柱体

(2) 正弦规的测量方法

正弦规主要用于精密测量内、外锥体的角度。测量安装零件时，应利用正弦规的前挡板或侧挡板定位。使用时，不准在平板上来回拖动。

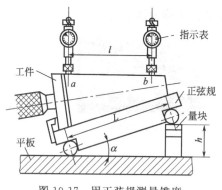

图 10-17　用正弦规测量锥度

图 10-17 是用正弦规测量外圆锥锥度，按下列公式计算并组合量块组

$$h = L\sin\alpha$$

式中　h——量块组的高度，mm；

L——正弦规两圆柱的中心距，mm；

α——公称圆锥角。

按图 10-17 进行测量工件的锥度偏差 $\Delta C = \dfrac{h_a - h_b}{l}$，式中 h_a、h_b 分别为指示表在 a、b 两点的读数，l 为 a、b 两点间的距离。

本 章 小 结

本章主要介绍圆锥配合的种类及特点，圆锥的公差与配合及选用。

(1) 圆锥配合的特点

圆锥结合具有较高的同轴度，自锁性好，密封性好，间隙和过盈可以调整等优点。

(2) 主要的术语

圆锥配合的主要术语有：圆锥角、圆锥直径（最大圆锥直径、最小圆锥直径）、锥度、圆锥长度、基面距和圆锥配合长度等。

(3) 圆锥公差

圆锥公差规定了四项圆锥公差及两种公差给定方法。

(4) 圆锥配合

圆锥配合有三种，分别是间隙配合、过盈配合、紧密配合（过渡配合）。圆锥配合与圆柱配合的主要特点区别是：通过内、外圆锥相对轴向位置调整间隙或过盈，可得到不同性质的配合。圆锥配合按确定内、外圆锥相对位置方法的不同，可分为结构型圆锥配合和位移型圆锥配合。

（5）圆锥配合的基本要求

根据使用要求，圆锥配合应有适当的间隙或过盈，圆锥配合的表面接触要均匀，有些圆锥配合要求实际基面距在规定范围内变动。

（6）圆锥的检测方法

绝对测量法、比较检验法和间接测量法。

本章重点掌握圆锥配合特点、圆锥公差的选用和圆锥配合的形成方法。

思考与练习题

10-1　圆锥配合有哪些优点？圆锥配合有哪些基本要求？

10-2　圆锥配合有哪几类？各用于什么场合？

10-3　圆锥公差的给定方法有几种？

10-4　国家标准规定了哪几项圆锥公差？对某一圆锥工件，是否需要将几个公差项目全部给出？

10-5　圆锥的检测方法一般有哪些？常用哪些量仪和量具？

10-6　根据确定内、外圆锥相对位置的方法的不同，圆锥配合的形成有哪些？

10-7　何谓圆锥角公差？代号如何？

10-8　如何进行圆锥公差的选用？

10-9　圆锥配合的基本参数有哪些？

10-10　影响圆锥结合在配合面全长上接触均匀的主要因素有哪些？

第11章 渐开线圆柱齿轮传动的公差与检测

本章基本要求

① 了解齿轮传动偏差的主要原因，掌握不同用途齿轮相应的侧重要求。

② 掌握影响齿轮传动四项使用要求及齿轮副精度、侧隙的各项偏差指标的代号、定义、作用及检测方法。

③ 本章重点掌握齿轮精度等级及其选择，能依据生产情况合理选择齿轮偏差的检验组，并能够将各项要求标注在齿轮零件图中。

11.1 概述

齿轮是机械产品中应用最多的传动零件，齿轮传动是最常见的传动形式之一，广泛用于传递运动和动力。齿轮传动由齿轮副、轴、轴承和箱体等组成，齿轮传动的质量和效率主要取决于齿轮的制造精度和齿轮副的安装精度，所以为了保证齿轮传动质量，就要规定相应的公差，并进行合理的检测，对齿轮的质量进行有效的监控。本章主要介绍渐开线圆柱齿轮的精度设计和检测方法。

11.1.1 对圆柱齿轮传动的基本要求

由于齿轮传动的应用场合不同，对齿轮传动的使用要求也不同，但对齿轮传动的基本要求可归纳如下四点。

(1) 传递运动的准确性

要求齿轮在一转范围内，产生的最大转角偏差要限制在一定的范围内，因为理论上，设计中的渐开线齿轮传动过程中，主动轮与从动轮之间的传动比是恒定的，如图 11-1(a) 所示，但实际上由于齿轮的制造精度偏差和齿轮副的安装精度偏差而导致转角偏差，这种偏差在两轮每一周转动的过程中是周期性变化的，如图 11-1(b) 所示，所以在齿轮传动中，限制齿轮在一转内的最大转角偏差不超过一定的限度，才能确保齿轮传递运动的准确性。

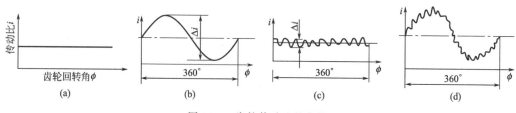

图 11-1 齿轮传动比的变化

(2) 传动的平稳性

由于齿轮齿廓制造的偏差在一对轮齿啮合的过程中，因为瞬时传动比的突变引发齿轮传动中的冲击、振动和噪声。它也可以用最大转角偏差来表示，如图 11-1(c) 所示，因此，要求齿轮在一转范围内的多次重复的瞬时传动比变化尽量小，以减少齿轮传动中的冲击、振动和噪声，保证传动平稳。

在实际齿轮传动过程中，上述两种传动比同时存在，如图 11-1(d) 所示。

(3) 载荷分布的均匀性

齿轮啮合时，要求轮齿齿面接触良好，齿面载荷分布均匀，避免引起齿轮应力集中，造成局部过早磨损，缩短齿轮的使用寿命。这项要求可用在齿长和齿高方向上保证一定齿面和接触区域来表示，如图 11-2 所示。

图 11-2　载荷分布的均匀性

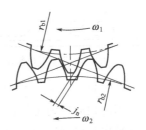

图 11-3　合理的齿侧间隙

(4) 合理的齿侧间隙

在齿轮传动过程中，对齿轮啮合的非工作面要留有一定合理的侧隙，除可以存储润滑油以保证良好润滑外，还可用于消除由于受热变形、弹性变形、制造偏差及安装偏差所引起的尺寸变化，造成齿间卡死或烧伤现象，但齿侧间隙又不能太大，对经常正反转的齿轮会产生空程和引起换向冲击，如图 11-3 所示，所以要保证齿侧间隙在一个合理的数值范围之内。

不同工作条件下，不同用途的齿轮及齿轮对上述四点要求的侧重点各不相同。

对读数装置和分度机构的齿轮，如千分表、分度头中的齿轮，重点要求传递运动的准确性，在可逆传动时，要对齿侧间隙加以限制，一般情况下要求齿侧间隙为零，以减小反转时的空程误差。

对起重机、轧钢机、矿山机械中的低速重载齿轮，主要要求载荷分布均匀性，以保证承载能力。

对汽车、车床变速箱中的齿轮传动的侧重点主要是传动平稳性，以降低噪声，对传递运动的准确性的要求可相应低些。

对蜗轮机中的高速重载齿轮传动，不仅要求有传递运动的准确性，同时对传动平稳性和载荷分布均匀性也都有很高的要求，而且要求有较大的侧隙，以满足润滑的需求。

11.1.2　齿轮的主要加工偏差

齿轮有多种加工方法，在机械加工中按齿廓成形原理分为仿形法和展成法两种。仿形法是利用成形工具加工齿轮，如利用铣刀在铣床上铣齿。而现代齿轮加工通常采用展成法，展成法是根据渐开线齿廓的形成原理，利用滚齿刀或插齿刀安装在滚齿机或插齿机上与齿轮坯作啮合滚切运动，加工出渐开线圆柱齿轮。

齿轮的加工偏差产生的原因很多，但主要来源于加工工艺系统即机床、刀具、齿坯本身缺陷或夹具的偏差以及安装调整偏差等。现以滚齿加工为例，将上述偏差加以归纳说明。

(1) 产生加工误差的主要因素

① 几何偏心　加工齿轮时，由于齿轮坯料内孔中心线与滚齿机工作台回转轴线不重合，即产生几何偏心，导致安装偏心。造成安装偏心的原因是齿轮坯定位孔与机床心轴之间有间

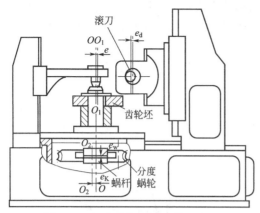

图 11-4　用滚齿机加工齿轮示意图

隙，使齿坯定位孔 O_1O_1 与机床工作台的回转中心线 OO 不重合，如图 11-4 所示。

具有几何偏心的齿轮，齿顶到其回转中心的距离是不相等的，一边的齿高增大，轮齿变得瘦尖，另一边是齿高减小，轮齿变得粗肥，如图 11-5 所示。齿轮在以 O_1 为圆心的圆周上是均匀分布的，但是以 O 为圆心的圆周上分布是不均匀的，齿轮工作时不能保证回转中心 O 与 O_1 重合，造成齿廓径向偏差。

② 运动偏心　运动偏心主要是由于机床分度蜗轮中心与工作台回转中心不重合而引起的偏心，加工齿轮时，如图 11-6 所示，由于机床分度蜗轮的偏心 e_K 会使工作台按正弦规律以一转为周期时快时慢地旋转，从而使工作台带动同步旋转的齿坯也以一转为周期时快时慢地旋转，这种由分度蜗轮的角速度变化引起的偏心误差为运动偏心，运动偏心的齿坯相对于滚刀无径向位移，但沿分度圆切线方向产生位移，故称切向偏差，如图 11-6 所示。在齿轮一转中，齿距由最小逐渐变成最大，然后又逐渐变到最小。

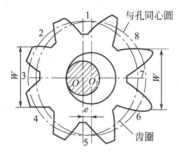

图 11-5　具有几何偏心的齿轮

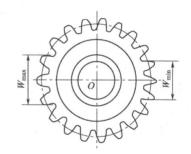

图 11-6　具有运动偏心的齿轮

③ 机床传动链的传动偏差　在机床传动链中每个传动元件的制造、安装偏差及使用磨损情况，都会影响齿轮的加工精度，尤其是分度蜗杆的安装偏心，导致分度蜗杆的径向跳动和轴向窜动，使被加工的齿轮出现齿距偏差和齿廓偏差，产生切向偏差，在加工斜齿轮时，除分度链偏差外，还有差动链的影响。

④ 刀具偏差　刀具偏差包括刀具的制造偏差和安装偏差。当滚刀齿形出现制造偏差时，则出现滚刀工作中各个刀齿周期性出现过切或少切现象，使加工的齿轮产生基节偏差及齿形偏差。滚刀安装偏差则使滚刀偏心，加工齿轮时产生径向偏差，使滚刀的进刀方向与轮齿的理论方向不一致，影响载荷分布的均匀性和齿轮传动的平稳性。

(2) 齿轮加工偏差分类

齿轮的加工偏差按其相对于齿轮的方向特征可分为径向偏差、切向偏差和轴向偏差，如图 11-7 所示。按其在齿轮转一周（360°）中出现的次数分为长周期偏差和短周期偏差。齿轮回转一周（360°）出现一次的周期偏差为长周

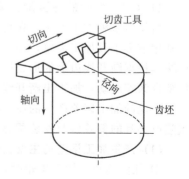

图 11-7　齿轮的偏差方向

期偏差，其主要由几何偏心和运动偏心引起，主要影响齿轮传动的准确性，当高速运动时，也影响齿轮传动的平稳性。

齿轮转动一个齿距中出现一次以上或多次的周期性偏差为短周期偏差，这种偏差在齿轮一转中多次反复出现，其主要由机床传动链的传动偏差及刀具偏差引起，主要影响齿轮传动的平稳性。

径向偏差主要由几何偏心引起，切齿刀具距离齿坯之间的径向距离在加工过程中的变化形成的加工偏差为齿廓径向偏差，加工成品的齿轮，一边的齿高增大，另一边的齿高减小，在以齿轮旋转中心为圆心的圆周上，齿轮分布不均匀。由于运动偏心，滚切运动的回转速度不均匀，使齿廓沿齿轮回转的切线方向产生的偏差为齿廓切向偏差，导致齿轮齿距在分度圆上分布不均匀。径向偏差与被加工齿轮的直径无关，仅取决于安装偏差的大小，而切向偏差在齿轮加工机床精度一定时，将随齿轮直径的增加而增大，同时径向、切向偏差都会造成齿轮传动时输出转速不均匀，主要影响齿轮传递运动的准确性。由于径向偏差与切向偏差在齿轮转动一转（360°）只出现一次，属于长周期偏差。

此外，由于导轨与机床轴线不平行、齿坯安装倾斜等原因引起切齿刀具沿齿轮轴线方向行走时产生齿廓轴向偏差。

根据各种偏差对齿轮使用精度的影响，将齿轮加工偏差划分为：影响传递运动准确性的偏差；影响传动平稳性的偏差；影响载荷分布均匀性的偏差。控制这些偏差的公差则相应地划分为三个组。

第Ⅰ公差组：用来控制影响传递运动准确性偏差的公差。

第Ⅱ公差组：用来控制影响传动平稳性偏差的公差。

第Ⅲ公差组：用来控制影响载荷分布均匀性偏差的公差。

11.2　齿轮偏差的评定和检测

GB/T 10095.1—2001《齿轮同侧齿面偏差的定义和允许值》、GB/T 10095.2—2001《径向综合偏差和径向跳动的定义和允许值》、GB/Z 18620.1～4—2002《圆柱齿轮检验实施规范》已分别给出了齿轮评定项目的允许值及规定了检测齿轮精度的实施规范。

11.2.1　影响传递运动准确性的偏差（第Ⅰ公差组）与检测

影响传递运动准确性的偏差主要是长周期偏差，为保证运动准确性，规定了五项评定参数。

(1) 切向综合总偏差 F_i'

在 GB/T 10095.1—2001 中，切向综合误差 $\Delta F_i'$ 以切向综合总偏差 F_i' 表示，切向综合总偏差 F_i' 指被测齿轮与理想精确的测量齿轮作单面啮合时，在被测齿轮转一转范围内，实际转角与理想转角的最大差值，以齿轮分度圆上实际圆周位移与理想精确圆周位移的最大差值计值。

齿轮切向综合总偏差 F_i' 和一齿切向综合偏差 f_i' 的测量采用光栅单啮仪测量，其工作原理是标准蜗轮与被测齿轮啮合两者多带一个光栅盘信号发生器，两者的角位移信号经分频器后变为同频信号，当被测齿轮有偏差时，将引起共同转角有偏差，造成信号的相位差，由记录仪自动绘出偏差曲线，如图 11-8 所示，F_i' 和 f_i' 的值均可通过偏差曲线同时得到，可用图

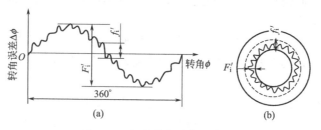

图 11-8 切向综合总偏差曲线

11-8（a）的直角坐标或图 11-8（b）的极坐标表示。

实际检测如图 11-9 所示，右侧为测量齿轮，左边被测齿轮存在齿廓位置偏差，实线表示实际齿廓，虚线表示公称齿廓，当测量齿轮带动被测量齿轮回转一周时，被测量齿轮的转角偏差如图 11-9 所示，分别为 +4″、+16″、+22″、+8″、-7″、-16″、-10″，其中最大转角偏差为第 3 齿（+22″）与第 7 齿（-16″）之间，故实际转角与理论转角的最大差值为 +22″-（-16″）=38″。

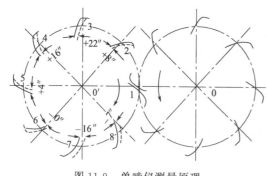

图 11-9 单啮仪测量原理

切向综合总偏差是几何偏心、运动偏心、长周期偏差、短周期偏差时对齿轮传动准确性影响的综合结果，是评定齿轮传递准确性的一项最完美的综合参数，由于检测设备复杂，仅限于高精度齿轮的评定。

（2）径向综合总偏差 F_i''

齿轮加工完成后，由于加工偏差，使轮齿的实际分布圆周与理想分布圆周的中心不重合，产生了径向偏移，引起径向偏差，如图 11-10 所示，而径向偏差又导致了齿圈的径向跳动。

在 GB/T 10095.2—2001 中，径向综合误差 $\Delta F_i''$ 以径向综合总偏差 F_i'' 表示。

F_i'' 是被测齿轮与理想精确测量齿轮双面啮合后，在被测齿轮一转内双齿轮中心距的最大幅度值。

F_i'' 是用双面啮合仪来测量，其工作原理如图 11-11（a）所示，测量时将被测齿轮安装在固定轴上，理想精确齿轮安装在可左右移动的滑座轴上，借助弹簧的作用使两轮作双面啮合，若被测齿轮有几何偏心或基节偏心时，在一转中，双啮中心距的变化就会被连续记录由指示表读出，如图11-11（b）所示，既可测得径向综合总偏差 F_i''，也同时测得一齿径向综合偏差 f_i''。

F_i'' 主要反映几何偏心造成的径向长周期偏差、齿廓偏差和基节偏差等短周期偏差。由于双面啮合仪结构简单，操作方便，测量 F_i'' 比测量齿圈径向跳动效率高，所以在批量生产齿轮过程中，常被作为评定齿轮传动准确性的一个单项检测项目，被广泛应用。F_i'' 的不足就是与被测齿轮

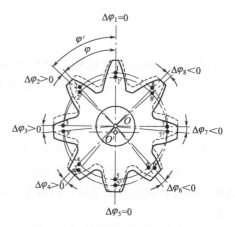

图 11-10 齿轮的径向综合总偏差

实际工作状态不完全符合，它只反映齿轮的径向偏差，而不能反映切向偏差，故不能精确地评定齿轮传递运动的准确性。

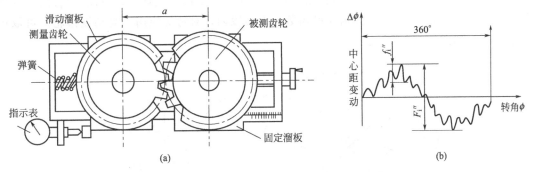

图 11-11　双面啮合仪径向综合总偏差的测量

（3）径向跳动 F_r

在 GB/T 10095.2—2001 中，齿圈径向跳动 ΔF_r 以径向跳动 F_r 表示。

F_r 是按齿轮在一转范围内，测头（球形、锥形、V 形）相继置于每个齿槽内时，测出测头相对于齿轮轴线的最大变动量。

如图 11-12（a）所示，齿圈径向跳动可用径向跳动仪、万能测齿仪或普通偏摆仪来测量，检测时，以齿轮孔为基准，测头依次放入各齿槽内，在齿中高部与左右齿面接触，测出测头相对于齿轮轴线的最大变动量的偏差曲线，如图 11-12（b）所示。

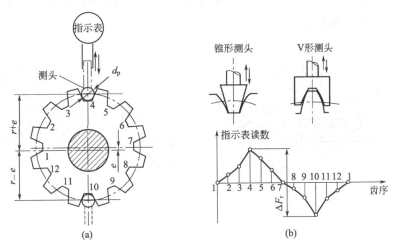

图 11-12　齿圈的径向跳动

齿轮运动偏心不会引起齿圈径向跳动，因为当具有运动偏心的齿轮与理想齿轮双面啮合时，加工切齿时滚刀切削刃相对于被切齿轮加工中心的径向位置没有变动，故与滚刀切削刃相对的测头的径向位置也不会变动。所以，径向跳动不能反映运动偏心所造成的切向偏差，只能反映齿轮加工过程中由几何偏心引起的径向偏差，是齿轮传动准确性的一个单项评定参数。

（4）齿距累积总偏差 F_p、齿距累积偏差 F_{pk}

在国标 GB/T 10095.1—2001 中，齿距累积误差 ΔF_p 和 K 个齿的齿距累积误差 ΔF_{pk} 以齿距累积总偏差 F_p 和齿距累积偏差 F_{pk} 表示。

齿距累积总偏差 F_p 是指在分度圆上两个同侧齿面任意弧段（$K=1\sim z$）的实际弧长与公称弧长之差的最大绝对值。F_{pk} 是指任意 K 个齿距间的实际弧长与公称弧长的最大差值，GB/T 10095.1—2001 中规定 F_{pk} 值被限定在不大于 1/8 的圆周上评定，所以，F_{pk} 的允许值适用于齿距数 K 为 $2\sim z/8$（z 为齿轮的齿数）的弧段内，对特殊应用（高精度齿轮）可取更小的 K 值，如图 11-13 所示。

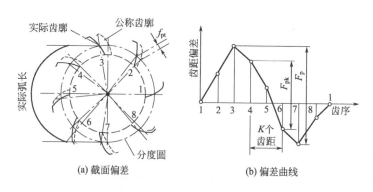

图 11-13　齿轮齿距累积总偏差

F_p 和 F_{pk} 常用测距仪、万能测齿仪、光学分度头等仪器进行测量，测量方法有相对测量与绝对测量两种，但相对测量应用广泛。如图 11-14 所示，相对法用齿距仪或万能测齿仪测量，首先以被测齿轮上任一实际齿距作为基准齿距，将测量仪的指示表调零，然后沿整个齿圈依次测出其他实际齿距与作为基准的齿距的差值，即相对齿距偏差，经过数据处理求出 F_p 和 F_{pk} 及单个齿距偏差 f_{pt}。

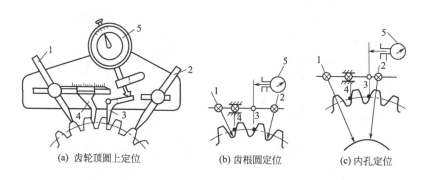

图 11-14　用齿距仪测量齿距累积偏差示意图
1，2—定位支脚；3—活动量爪；4—固定量爪；5—指示表

F_p 是齿轮在一转中的最大转角偏差的另一种表现形式，是由滚切齿形成过程中几何偏差和运动偏心造成的，因此 F_p 及 F_{pk} 可代替 F_i' 作为评定齿轮运动准确性的指标。但 F_p 的测定是逐齿进行的且每个齿只测一个点，是有限个点的偏差，不能反映任意两点间传动比变化情况，而 F_i' 则是被测齿轮与测量齿轮在单面啮合连续运转中测得的一条连续记录偏差曲线，可全面反映任意时刻传动比的变化。但由于齿距仪、万能测齿仪相对简单、普及，所以普遍作为目前工厂中常用的一种齿轮运动精度的评定指标。

(5) 公法线长度变动 ΔF_w

在 GB/T 10095—1988 中，规定公法线长度变动为 ΔF_w。

公法线长度变动 ΔF_w 是指在齿轮一转范围内，实际公法线长度最大值 W_{max} 与最小值

W_{min} 之差，如图 11-15 所示，一般在齿轮圆周上均匀的六处进行测量，取公法线长度的最大差值，即

$$\Delta F_w = W_{max} - W_{min}$$

对于一般精度齿轮的公法线长度测量，可用公法线千分尺，如图 11-16 所示，对于精度较高的齿轮，应采用公法线指示千分尺或万能测齿仪测量。

齿轮的公法线就是基圆上的切线，它的长度 W 是指跨 k 个齿的异侧齿形平行线间的距离或在基圆切线上所截取的长度。对标准直齿圆柱齿轮，跨齿数 k 及公法线长度 W 可查阅相关手册或按下列公式计算。

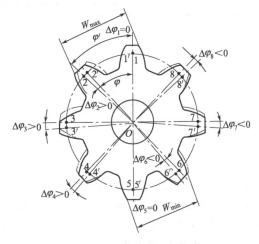

图 11-15　公法线长度变动

齿轮公法线公称值按下式计算

$$W_k = m\cos\alpha[\pi(k-0.5) + z\,inv\alpha] + 2xm\sin\alpha \tag{11-1}$$

式中　x——径向变位系数；

　　　m——齿轮的模数；

　　　z——齿轮的齿数；

　　　W_k——公法线长度，对标准直齿取整数；

　　　$inv\alpha$——α 的渐开线函数，$inv20° = 0.014904$；

　　　k——测量时跨齿数，取整数，$\alpha = 20°$ 的标准齿轮 $k = \dfrac{z}{9} + 0.5$（计算后用四舍五入法取整数）。

当 $\alpha = 20°$、$x = 0$ 时，有

$$W_k = m[1.476(2k-1) + 0.014z] \tag{11-2}$$

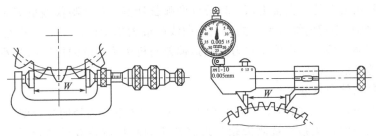

图 11-16　用公法线千分尺、指示卡规测量齿轮的公法线

公法线长度变动是由于蜗轮分度偏心造成的，使各齿廓的位置在圆周上分布不均匀，使公法线长度在齿轮转一圈中呈周期性变化，它只能反映切向偏差，不能反映径向偏差，是描述齿轮传动准确性的一个单项指标。

在齿轮新标准中取消了 ΔF_w 参数。但从我国的齿轮生产情况看，由于 ΔF_w 测量方法比较简单，检测设备价廉，生产中常用 F_r 和 ΔF_w 结合来替代 F_p 或 F_i'，且可降低成本并且实际操作效果良好，故在此保留供参考。

为了控制影响齿轮传递运动准确性的各项偏差，规定了第 I 公差组的检验组，如表11-1所示。

表 11-1　影响传动准确性的第 Ⅰ 公差组的检验组

检验组	公差代号	检　验　内　容
1	F_i'	切向综合总偏差,为综合指标
2	F_p 或 F_{pk}	齿距累积总偏差或齿距累积偏差(F_{pk}仅在必要时检验)
3	F_i''或 F_w	径向综合总偏差和公法线长度变动偏差
4	F_r 和 F_w	齿圈径向跳动偏差和公法线长度变动偏差
5	F_r	齿圈径向跳动偏差(仅限于 10~12 级齿轮)

　　由表 11-1 可以看出,对于影响齿轮传递运动准确性的偏差可用一个综合性的指标或两个单项指标来评定,在用两个单项指标时,必须取径向性质与切向性质各一项,表 11-1 中第 1、2 组即切向综合总偏差 F_i' 与齿距累积总偏差 F_p 是评定齿轮传递运动准确性的综合指标,可单独作为评定指标。3、4 组中径向综合总偏差 F_i'' 与齿圈径向跳动偏差 F_r 主要反映径向偏差,公法线长度变动 F_w 反映切向偏差,故可组成一组评定指标,第 5 组 F_r 只用于控制精度 10 级或 10 级以下的齿轮,由于精度要求不高,其切向偏差的要求由齿轮机床精度加以保证。在第 3 组和第 4 组评定中,若有一项超差,不能将该齿轮判废,因为同一齿轮上安装偏心和运动偏心可能叠加,也可能抵消,所以必须采用 F_i' 或 F_p 重新评估。

11.2.2　影响传动平稳性的偏差（第 Ⅱ 公差组）与检测

　　传动平稳性是反映齿轮啮合时每转一齿过程中的瞬时传动比的变化。由于机床传动链偏差、滚刀安装偏差或轴向窜动、刃磨偏差及刀具制造偏差等因素影响导致齿轮在一个齿距角为周期的基节偏差和齿廓总偏差,基节偏差是一对轮齿啮合结束与下对轮齿啮合交替时的传动比变化,齿廓总偏差使一对轮齿啮合时瞬时传动比发生变化。虽然它们的影响阶段不同,但在一齿转动的过程中共同导致了传动比变化,为保证传动平稳性,规定了六个检验参数。

　　(1) 一齿切向综合偏差 f_i'

　　在 GB/T 10095.1—2001 中,一齿切向综合误差 $\Delta f_i'$ 以一齿切向综合偏差 f_i' 表示。

　　一齿切向综合偏差 f_i' 是指在被测齿轮与标准齿轮单面啮合时,在被测齿轮一齿距角的实际转角与公称角之差的最大幅度值,以分度圆弧长计值。在单啮仪测量 F_i' 时同时测得 f_i',如图 11-8(a)、(b) 中切向综合偏差曲线上小曲线的最大幅度值即 f_i',它综合反映了齿轮基节偏差和齿形方面的偏差,也能反映刀具制造偏差与机床传动链的短周期偏差,所以它可以单独用来评定传动的平稳性。

　　(2) 一齿径向综合偏差 f_i''

　　在 GB/T 10095.2—2001 中,一齿径向综合误差 $\Delta f_i''$ 以一齿径向综合偏差 f_i'' 表示。

　　一齿径向综合偏差 f_i'' 是指被测齿轮与理想精确的测量齿轮双面啮合时,在被测齿轮一齿距角内的双啮中心距的最大变动量。f_i'' 在用双啮仪测量 F_i'' 的同时即可测出 f_i'',如图 11-11(b) 中径向综合总偏差曲线上小曲线的最大幅度值即 f_i''。一齿径向综合偏差可反映出基节偏差和齿廓总偏差在半径方向的综合结果,但测量结果受左、右两齿面偏差共同影响,所以 f_i'' 评定传动平稳性不如 f_i' 精确,但由于测量仪器简单、操作方便,对精度要求偏低的齿轮检测,应用较多。

　　(3) 齿廓总偏差 F_α

　　在 GB/T 10095.1—2001 中,齿形误差 Δf_f 由齿廓总偏差 F_α 表示,同时还规定有齿廓形状偏差 $f_{f\alpha}$ 和齿廓倾斜偏差 $f_{H\alpha}$,标准中规定 $f_{f\alpha}$、$f_{H\alpha}$ 不是必检项目。

　　齿廓总偏差 F_α 是指在端截面上齿形工作部分内（齿顶倒棱部分除外）包容实际齿形且

距离为最小的两条设计齿形之间的法向距离，如图 11-17(a) 所示。

设计齿形可以是修正的理论渐开线，同时采用以理论渐开线齿形为基础修正齿形，如修缘齿形、凸齿形等。如图 11-17(b) 所示。

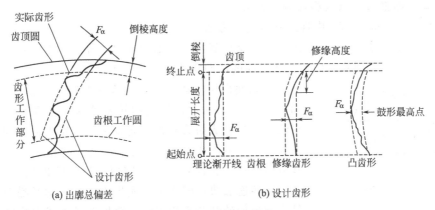

图 11-17　齿廓总偏差

齿廓总偏差 F_α 可用渐开线检查仪测量，渐开线检查仪分为基圆可调的万能渐开线检查仪或基圆不可调的单圆盘渐开线检查仪。万能式不需要专用基圆盘，但价格较贵，结构复杂。单圆盘式对不同规格的被测齿轮都需要一个专用的基圆盘。但适合于批量齿轮生产的检测。单圆盘渐开线检查仪的工作原理如图 11-18 所示。仪器通过直尺和基圆盘的纯滚动产生精确的渐开线，被测齿轮与基圆盘同轴安装，并使基圆盘与装在滑座上的直尺 3 相切。当滑座移动时，直尺带动基圆盘和齿轮无滑动地转动，测量头与被测齿轮的相对运动轨迹是理想渐开线，如果齿形有误差，指示表读数的最大差值就是齿廓总偏差 F_α。如果将指示表换成传感器，这一运动过程经传感器等测量系统记录在记录纸上，得出一条不规则的曲线即齿形偏差曲线。

产生齿廓总偏差 F_α 的原因，主要是刀具制造偏差，如刀具齿形角偏差。刀具的安装偏差，如滚刀安装偏心或倾斜。机床传动链偏差由机床分度蜗杆的径向及轴向跳动等原因造成。

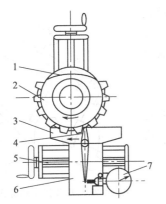

图 11-18　单圆盘渐开线检查仪

1—基圆盘；2—被测齿轮；3—直尺；4—杠杆；
5—丝杠；6—拖板；7—指示表

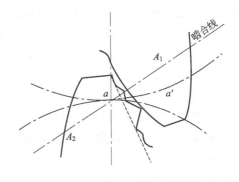

图 11-19　齿廓总偏差对传动平稳性的影响

由于齿廓总偏差 F_α 的存在，使啮合传动中啮合点公法线不能始终通过节点，如图11-19

所示。两啮合齿 A_1 和 A_2 理应在啮合线上 a 点接触，但由于齿 A_2 存在齿廓总偏差，使接触点偏离啮合线在啮合线外 a' 点啮合，导致一对齿轮在啮合过程中瞬时传动比也就不断变化，破坏了传动的平稳性。

（4）基节偏差 Δf_{pb}（其极限偏差为 $\pm f_{pb}$）

在 GB/T 10095—1988 中规定基节偏差为 Δf_{pb}。

基节偏差 Δf_{pb} 是指实际基节与公法线基节之差，如图 11-20 所示，实际基节是指基圆柱切平面所截两相邻同侧齿面的交线之间的法向距离。

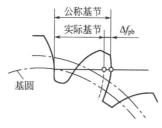

图 11-20　基节偏差

Δf_{pb} 使齿轮传动在两对轮齿交替啮合的瞬间发生撞击，如图 11-21(a) 所示，当主动轮基节大于从动轮基节时，前对轮齿啮合完成而后对轮齿尚未进入，发生瞬间脱离，引起换齿撞击。如图 11-21(b) 所示，当主动轮基节小于从动轮基节时，前对轮齿啮合尚未完成，后对轮齿啮合就已开始，从动轮转速加快，同样引起换齿撞击、振动及噪声，这主要是当两齿轮的基节不相等时，轮齿在进入或退出啮合时所造成的，也就影响传动平稳性。如果这两种冲击在齿轮一转中重复多次出现，同时偏差的频率等于齿数，则称为齿频偏差。

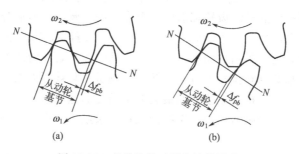

图 11-21　基节偏差对平稳性的影响

基节偏差一般用基节仪、万能测齿仪或万能工具显微镜等测量。如图 11-22 所示为基节仪的工作原理，测量时，先按被测齿轮的公称基节的数值，用校对量规或量块把基节仪的活动测头 6 和固定测头 2 之间的位置调整好，然后将指示表调整为零，再将支持爪 1 靠在轮齿上，令两个测头在基圆切线上与两相邻同侧齿面的交点接触来测量该两点间的直线距离，测得的基节偏差的数值由指示表显示。

基节偏差与机床传动链偏差无关，由于在滚齿过程中，基节的两端点全由刀具相邻齿同时切出，所以基节偏差是由刀具的基节偏差和齿形角偏差造成的，这种偏差的实质是齿形的位置偏差。

（5）单个齿距偏差 f_{pt}

在 GB/T 10095.1—2001 中，齿距偏差 Δf_{pt} 以单个齿距偏差 f_{pt} 表示。

图 11-22　基节仪工作原理示意图
1—支持爪；2—固定测头；3—指示表；
4—杠杆；5—片弹簧；6—活动测头

单个齿距偏差 f_{pt} 是指在端平面上接近齿高中部的一个与齿轮同心的圆上，实际齿距与公称齿距的代数差，如图 11-23 所示。

单个齿距偏差 f_{pt} 的测量可以在齿距累积总偏差 F_p 的测量中径数据处理得到。采用相

对法测量 f_{pt} 时，取所有实际齿距的平均值作为公称齿距。

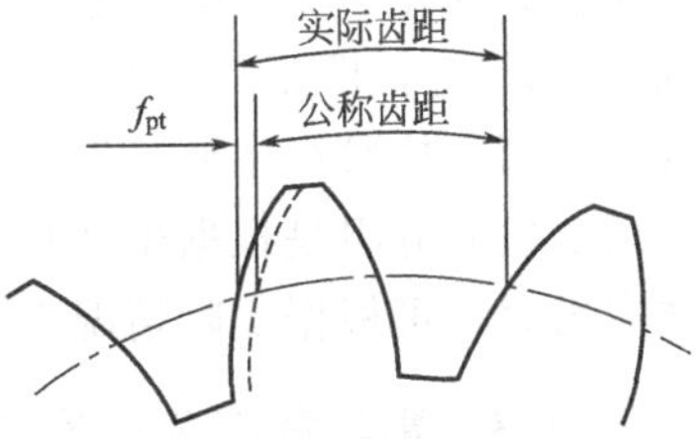

如果齿形是由同一基圆所形成的正确渐开线，则齿距 P_t 和基节 P_b 之间的关系为：

$$P_b = P_t \cos\alpha$$

式中，α 为分度圆上齿形角，将上式微分得

$$\Delta f_{pb} = f_{pt} \cos\alpha - P_t \sin\alpha \Delta\alpha \qquad (11\text{-}3)$$

图 11-23　齿距偏差

由此可知，单个齿距偏差 f_{pt} 和基节偏差 Δf_{pb} 及齿形角误差 $\Delta\alpha$（体现 F_α）三者间有一定的函数关系，所以单个齿距偏差 f_{pt} 在一定程度上反映了基节偏差 Δf_{pb} 和齿廓总偏差 F_α 的综合影响，所以可用 f_{pt} 来评价齿轮工作的平稳性。

f_{pt} 是在测量齿距累积偏差时同时测得的。

单个齿距偏差 f_{pt} 主要是由机床传动链中分度蜗杆的跳动或分度盘的分度偏差而引起的。

(6) 螺旋线波度偏差 $\Delta f_{f\beta}$

在 GB/T 10095—1988 中规定螺旋线波度偏差为 $\Delta f_{f\beta}$。

螺旋线波度偏差 $\Delta f_{f\beta}$ 是指宽斜齿轮齿高中部实际齿线波纹的最大波幅，沿齿面法线方向计值，它相当于直齿轮的齿廓总偏差，如图 11-24 所示。

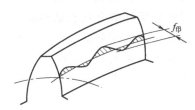

图 11-24　螺旋线波度误差

螺旋线波度偏差 $\Delta f_{f\beta}$ 使齿轮在一转内的瞬时传动比发生多次重复的变化，从而引起振动和噪声。它主要是机床传动链中分度蜗杆副和进给丝杠的周期偏差引起的，使齿侧面螺旋线上产生波形偏差。对于传动功率大、速度高的高精度（精度高于或等于 6 级）宽斜齿轮，使用一齿切向综合偏差 f_i' 来评定传动平稳性是不够完善的，还应控制螺旋线波度偏差 $\Delta f_{f\beta}$。

螺旋线的形状用导程仪测量，螺旋线的最大波高用波度仪来测量。为了控制影响传动平稳性的多项偏差，规定了第 Ⅱ 公差组的检验组，如表 11-2 所示。

表 11-2　控制影响齿轮传动平稳性偏差的第 Ⅱ 公差组的检验组

检验组	公差代号	检查内容
1	f_i'	一齿切向综合偏差，为综合指标（特殊需要时加检 f_{pb}）
2	f_i''	一齿径向综合偏差，它也是综合指标（保证齿形精度时，一般用于 6～9 级）
3	F_α 和 f_{pt}	齿廓总偏差和单个齿距偏差
4	F_α 和 Δf_{pb}	齿廓总偏差和基节偏差
5	f_{pt} 和 Δf_{pb}	单个齿距偏差和基节偏差（用于 9～12 级齿轮）
6	f_{pt} 或 Δf_{pb}	单个齿距偏差或基节偏差（用于 10～12 级齿轮）
7	$\Delta f_{f\beta}$	螺旋线波度偏差（用于轴向重合度 ε_β 大于 1.25 的 6 级及 6 级精度以上的斜齿轮或人字齿轮）

综上所述，影响齿轮传动平稳性的主要误差是齿轮一转中的多次重复出现，并以一个齿距角为周期的基节偏差和齿廓总偏差。如表 11-2 所示，一齿切向综合偏差 f_i' 和一齿径向综合偏差 f_i'' 能较全面地反映一齿距转角偏差，因此，作为单项评定传动平稳性的综合指标。齿廓总偏差 F_α 引起瞬时传动比的变化，基节偏差 Δf_{pb} 或单个齿距偏差 f_{pt} 会导致轮齿啮合时的换齿撞击和脱齿撞击，所以 3～4 组中要由两个单项指标联合组成。对多齿数的滚齿齿

轮，齿廓总偏差 F_α 与基节偏差 Δf_{pb} 产生的部分原因相像，所以可以用基节偏差 Δf_{pb} 替代齿廓总偏差 F_α，即第 5 检验组。对于齿轮精度低于 10 级的可在第 5 组中任选一项组成第 6 检验组，第 7 检验组主要是针对精度等于 6 级的宽斜齿轮。

以上检测分组是根据生产规模、齿轮精度、测量条件及工艺方法的不同需求而组合的，具体应用时，可根据实际情况选用其中一组来评定齿轮传动的平稳性。

11.2.3　影响载荷分布均匀性的偏差（第Ⅲ公差组）与检测

影响载荷分布均匀性主要取决于相啮合轮齿齿面接触的均匀性，因为齿面接触不均匀，在载荷的分布上也就不均匀。影响载荷分布均匀性的原因主要有两个方面，一方面是齿轮本身的偏差，主要是齿形和齿向偏差；另一方面是齿轮安装轴线的平行度偏差。

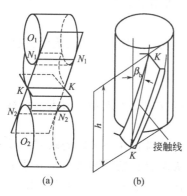

图 11-25　齿轮接触线

如图 11-25 所示，在不考虑弹性变形影响的情况下，理论上，一对轮齿的啮合在每一瞬间都是一条直线相接触，该直线称为接触线，对于直齿轮，这条接触线是平行于轴线的直线 K-K，如图 11-25（a）所示。对于斜齿轮，某瞬时的接触线是在基圆柱母线夹角为 β_b 的直线 K-K，如图 11-25（b）所示。这种沿齿长与齿高方向的依次充分接触，是理想的轮齿啮合状态，使轮齿均匀接受载荷而且磨损最小。但齿轮实际啮合状态是偏离理想状态的，如在齿轮加工过程中的端面跳动、刀架导轨与心轴不平行等因素，均可导致轮齿偏斜，同时齿廓总偏差、螺旋线总偏差也会引起轮齿的方向产生偏斜，此外还有安装偏差。

在轮齿啮合过程中，直齿轮影响接触长度的是螺旋线总误差，宽斜齿轮是轴向单个齿距偏差，窄斜齿轮是接触线偏差，直齿轮和窄齿轮影响接触高度的是齿廓总偏差和基节偏差，宽斜齿轮是接触线偏差。

影响齿轮载荷分布均匀性的评定参数主要有三项：

（1）螺旋线总偏差 F_β

在 GB/T 10095.1—2001 中，齿向误差 ΔF_β 由螺旋线总偏差 F_β 表示。同时还规定有螺旋线形状偏差 $f_{f\beta}$ 和螺旋线倾斜偏差 $f_{H\beta}$。标准中规定螺旋线形状偏差和螺旋线倾斜偏差不是必检项目。

螺旋线总偏差 F_β 是指在分度圆柱面上，齿宽有效部分范围内（端部倒角部分除外），包容实际齿线且距离为最小的两条设计齿线之间的端面距离，如图 11-26（a）所示。理论上直齿轮的齿向线是与齿轮轴线平行的直线，而对于斜齿轮的设计齿线则是圆柱螺旋线［如图 11-26（b）所示］，为了改善齿轮接触状况，提高承载能力，设计齿向线也可采用修正齿线，

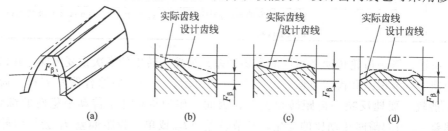

图 11-26　螺旋线总偏差

如鼓形齿线［如图 11-26（c）所示］及轮齿两端修薄［如图 11-26（d）所示］或其他修正
齿线。

直齿圆柱齿轮的螺旋线总偏差 F_β 可在径跳仪上测
量，如图 11-27 所示。被测齿轮装在心轴上，心轴装在
两顶尖座或等高的 V 形架上，在齿槽内放入精密小圆
柱，圆柱直径 $d = 1.68m$（m 为被测齿轮模数），使圆柱
与两侧齿廓在分度圆附近接触，移动指示表，测出圆棒
两端 A、B 处的高度差 Δh，若被测齿宽为 b，测量距离
即 A 点至 B 点为 l，则螺旋线总偏差 F_β 为：

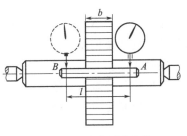

图 11-27　直齿圆柱齿轮
螺旋线总偏差检测

$$F_\beta = \frac{b}{l}\Delta h \qquad (11\text{-}4)$$

通常在齿圈上每隔 90°或 120°各测一次，取最大误
差值作齿轮的螺旋线总偏差 F_β，为了避免被测齿轮在顶尖上的安装偏差对测量结果的影响，
可将圆棒放入相隔 180°的两齿槽中测量（齿轮的位置不变），取其平均值作为测量结果。

斜齿圆柱齿轮的螺旋线总偏差 F_β 可在导程仪、螺旋角检查仪、万能测齿仪上测量。

螺旋线总偏差 F_β 是由于机床刀架导轨偏差和齿坯的安装偏差引起的，它使轮齿的实际
接触面积减小，影响载荷分布的均匀性，使齿面单位面积承受的负载增大，降低齿轮的使用
寿命，所以螺旋线总偏差 F_β 是影响齿轮传动承载均匀性的重要指标之一。

（2）轴向齿距偏差 ΔF_{px}

在 GB/T 10095—1988 中规定轴向齿距偏差为 ΔF_{px}。

轴向齿距偏差 ΔF_{px} 是指在与齿轮基准轴线平行而大约通过齿高中部的一条直线上，任
意两个同侧齿面间的实际距离与公称距离之差，沿齿面法线方向计值，如图 11-28 所示。

$$\Delta F_{px} = x\sin\beta \qquad (11\text{-}5)$$

式中　x——实际轴向齿距-公称轴向齿距；

　　　　β——螺旋角。

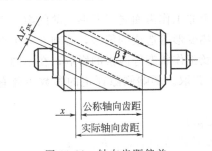

图 11-28　轴向齿距偏差

轴向齿距偏差 ΔF_{px} 主要反映斜齿轮的螺旋角误差，
影响齿长方向的接触长度，并使宽斜齿轮有效接触齿
数减少，进而影响齿轮的承载能力，是宽斜齿轮在齿
长方向载荷分布均匀性的评定参数。由于齿轮的轮体
大，不便于测量螺旋角偏差，所以用测量轴向齿距偏
差的方法替代，并按实际齿面的法向计算偏差。

轴向齿距偏差 ΔF_{px} 可用齿距仪测量，它是由于滚齿时，滚齿机差动传动链的调整偏差、
刀具托板的倾斜、齿坯端间跳动等因素造成的。

（3）接触线偏差 ΔF_b

在 GB/T 10095—1988 中规定接触线偏差为 ΔF_b。

接触线偏差 ΔF_b 是指在基圆柱的切平面内，平行于公称接触
线并包容实际接触线的两条最近的直线间的法向距离，如图 11-29
所示。

接触线是齿廓表面和啮合平面的交线，斜齿轮的接触线是一条
与基圆柱母线夹角为 β_b 的直线，对直、斜齿轮，理想的接触线应
是一条直线，对于直齿圆柱齿轮，齿向线就是接触线，而斜齿轮的

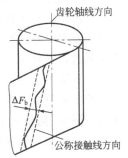

图 11-29　接触线偏差

齿向线则是螺旋线，而接触线则为直线。所以接触线偏差 ΔF_b 反映了斜齿轮的齿廓总偏差 F_α 和螺旋线总偏差 F_β，即接触区域的变化，是评定斜齿轮载荷分布均匀性的主要指标。

接触线偏差 ΔF_b 可以在渐开线和螺旋检查仪上测量，对于窄斜齿轮，用检验接触线偏差代替螺旋线总偏差。

接触线偏差 ΔF_b 主要是由滚刀误差引起的，滚刀的安装偏差可引起接触线形状偏差，滚刀的齿形角偏差引起接触线方向偏差。

为了控制轮齿齿面载荷分布的均匀性的多项偏差，规定了第Ⅲ公差组的检验组，如表 11-3 所示。

表 11-3　控制影响载荷分布均匀性偏差的第Ⅲ公差组的检验组

检验组	公差代号	检查内容
1	F_β	螺旋线总偏差
2	ΔF_b	接触线偏差(仅用于轴向重合度 $\varepsilon_\beta \leqslant 1.25$，齿线不做修正的斜齿轮)
3	ΔF_{px} 与 F_α	轴向齿距偏差与齿廓总偏差(仅用于轴向重合度 $\varepsilon_\beta > 1.25$，齿线不做修正的斜齿轮)
4	ΔF_{px} 与 ΔF_b	轴向齿距偏差与接触线偏差(仅用于轴向重合度 $\varepsilon_\beta > 1.25$，齿线不做修正的斜齿轮)

综上所述，对于直齿轮传动，影响齿高接触好坏的是齿廓总偏差 F_α，影响齿长接触好坏的是螺旋线总偏差 F_β。对于斜齿轮传动，尤其是宽斜齿轮传动，影响齿高接触好坏的是齿廓总偏差 F_α，影响齿长接触好坏的是接触线偏差 ΔF_b 和轴向齿距偏差 ΔF_{px}。

11.2.4　影响侧隙的偏差与测量

侧隙是两个相啮合齿轮的工作齿面相接触时，在两个非工作齿面之间所形成的间隙。为了保证齿轮润滑，补偿齿轮的制造偏差、安装偏差以及热变形等造成的偏差，必须在非工作齿面留有侧隙。侧隙大小不是固定的，受齿轮加工偏差及工作状态等因素的影响，在不同的齿轮位置上是变动的，侧隙一般是用减薄齿厚的方法来获取。影响侧隙评定的参数主要有两个：

(1) 齿厚偏差 E_{sn}（齿厚偏差上偏差 E_{sns}、下偏差 E_{sni}）

在 GB/Z 18620.2—2002 中，齿厚上、下偏差及公差的符号为 E_{sns}、E_{sni}、T_{sn}。

齿厚偏差 E_{sn} 是指在分度圆柱面上，齿厚实际值与公称值之差，如图 11-30 所示。对于斜齿轮，是指法向齿厚实际值与公称值之差。由于齿轮轮齿的配合采用基中心距制，在此前提下，齿侧间隙必须通过减薄齿厚来获得。为了保证最小侧隙，利用齿厚上偏差，规定齿厚的最小减薄量；利用齿厚下偏差，控制侧隙，使之不过大。通常为了得到一定的最小侧隙，轮齿齿厚要有一定的减薄量，因此，齿厚偏差一般是负值。齿厚是分度圆上一段弧长，不便于直接测量，通常用分度圆弦齿厚来替代。用齿厚游标卡尺测量，如图 11-31 所示，测量时，以齿顶圆为基准，调整纵向游标尺来确定分度圆弦齿高 $\bar{h}$，再用横向游标尺测出分度圆弦齿厚的实际值 s'，将实际值减去公称值，即为分度圆齿厚偏差。$\bar{s}$ 为公称圆齿厚，通常在齿圈上每隔 $90°$测量一个齿厚，取最大的齿厚偏差值作为该齿轮的齿厚偏差 E_{sn}。对于非变位齿轮，分度圆公称弦高 $\bar{h}$ 和公称弦齿厚 $\bar{s}$ 分别为：

$$\bar{h} = m\left[1 + \frac{z}{2}\left(1 - \cos\frac{90°}{z}\right)\right] \tag{11-6}$$

$$\bar{s}=mz\sin\frac{90°}{z} \tag{11-7}$$

式中　m——齿轮的模数；

　　　z——齿轮的齿数。

由于是以齿顶圆作为定位基准，存在齿顶圆偏差影响，所以测量时 $\bar{h}$ 应依据齿顶圆的实际偏差加以修正，修正值为：

$$\bar{h}_{修正值}=\bar{h}-(r_\alpha-r'_\alpha)$$

式中　r_α——齿顶圆公称半径；

　　　r'_α——齿顶圆实际半径。

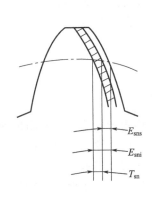

图 11-30　齿厚偏差

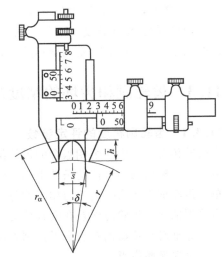

图 11-31　分度圆弦齿厚的测量

r—分度圆半径；r_α—齿顶圆半径；

$\bar{s}$—分度圆弦齿厚；$\bar{h}$—分度圆弦齿高；

δ—半个齿厚所对中心角

由于测量 E_{sn} 是以齿顶圆为基准，而齿顶圆直径误差和径向圆跳动对测量结果有影响，同时齿厚游标卡尺的精度不高，故齿厚偏差 E_{sn} 只适用于精度较低和尺寸较大的齿轮。对于高精度的齿轮，可用公法线长度偏差 E_{bn} 代替齿厚偏差 E_{sn}。

(2) 公法线长度偏差 E_{bn}

在 GB/Z 18620.2—2002 中，规定公法线长度偏差为 E_{bn}，公法线长度上偏差代号为 E_{bns}、下偏差代号为 E_{bni}。

公法线长度偏差是指齿轮一圈内，实际公法线长度 $W_{k\alpha}$ 与公法线公称长度 W_k 之差。

$$E_{bn}=(W_1+W_2+\cdots+W_z)/z-W_k$$

式中　z——齿轮齿数。

公法线长度的上偏差 E_{bns} 与下偏差 E_{bni} 和齿厚偏差有如下关系。

对于外齿轮，其换算公式为：

$$E_{bns}=E_{sns}\cos\alpha_n-0.72F_r\sin\alpha_n$$
$$E_{bni}=E_{sni}\cos\alpha_n+0.72F_r\sin\alpha_n \tag{11-8}$$

对于内齿轮，其换算公式为：

$$E_{bns}=-E_{sni}\cos\alpha_n-0.72F_r\sin\alpha_n$$

$$E_{bni} = -E_{sns}\cos\alpha_n + 0.72F_r\sin\alpha_n \tag{11-9}$$

公法线长度偏差用公法线千分尺或公法线指示卡规进行测量，如图 11-16 所示。由于公法线长度测量不像测量齿厚那样以齿轮顶圆作为测量基准，相对误差小，也不以齿轮基准轴线作为测量基准，因此相对测量较方便，精度也较高，但为了排除切向误差对齿轮公法线长度的影响，通常在齿轮一周内至少测量均布的六段公法线长度，取均值计算公法线长度偏差 E_{bn}。

需要指出，公法线长度偏差 E_{bn} 与公法线长度变动 ΔF_w 是不同的，公法线长度变动 ΔF_w 是指在齿轮一转范围为，实际公法线长度最大值 W_{max} 与最小值 W_{min} 之差。公法线长度偏差 E_{bn} 是指齿轮一圈内，实际公法线长度 $W_{k\alpha}$ 与公法线公称长度 W_k 之差。ΔF_w 只取 W_{max} 与 W_{min} 之差，不需要知道公法线公称长度，是由运动偏心导致切向偏差，影响传动准确性。E_{bn} 是实际公法线长度 $W_{k\alpha}$ 与公法线公称长度 W_k 的比较，反映齿厚减薄的情况，影响侧隙的大小。E_{bn} 与 ΔF_w 是完全不同的概念，具有完全不同的作用。

11.3 齿轮副和齿坯的精度及评定参数

11.3.1 齿轮副精度的评定参数

在齿轮传动中，由两个相啮合的齿轮组成的基本机构称为齿轮副。齿轮副传动偏差是指一对齿轮在装配后的啮合传动条件下测定的综合性偏差。其产生原因是组成齿轮传动的齿轮副中单个齿轮加工、安装偏差与相关的各支承构件的加工和安装偏差的综合反映。虽然有时组成齿轮副的两个齿轮的误差在啮合传动时还可能出现互补，但为了保证齿轮传动的使用要求，国家标准对其传动偏差规定了控制参数。

(1) 齿轮接触斑点

齿轮接触斑点是指装配好的齿轮副在轻微制动下，运转后齿面分布的接触擦亮痕迹，接触痕迹的大小在齿面展开图上用百分数计算，如图 11-32 所示。

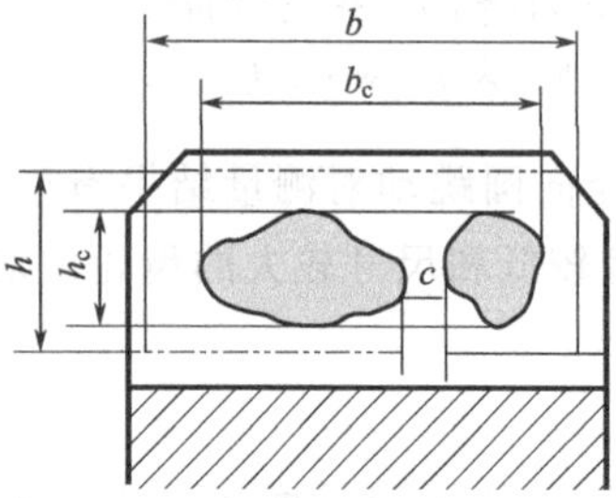

图 11-32 接触斑点

沿齿长方向：接触痕迹的长度 b_c（扣除超过模数值的断开部分 c）与工作长度 b 之比的百分数，即

$$\frac{b_c - c}{b} \times 100\%$$

沿齿长方向的接触痕迹主要影响齿轮副载荷分布均匀性。

沿齿高方向：接触痕迹的平均高度 h_c 与工作高度 h 之比的百分数，沿齿高方向的接触痕迹主要影响齿轮副的工作平稳性，即

$$\frac{h_c}{h} \times 100\%$$

检验齿轮接触斑点时，须经过一定时间的转动，使每个轮齿都经过啮合并留下擦痕，并对两个齿轮的所有轮齿加以观察，以接触点占有面积最小的轮齿作为齿轮副的检验结果。接触斑点是齿面接触精度的综合评定指标，是保证齿轮副的接触精度或承载能力而设计的一个检验项目。

齿轮接触斑点也综合反映了齿轮的加工误差和安装偏差，由于测量方法简单，应用也较广泛。

齿轮接触斑点的最低接触点如表11-4、表11-5所示。

表 11-4　直齿轮装配后的接触斑点（摘自 GB/Z 18620.4—2002）

精度等级 （按 GB/T 10095—2001）	b_{c1} 占齿宽的 百分比	h_{c1} 占有效齿面高度 的百分比	b_{c2} 占齿宽的 百分比	h_{c2} 占有效齿面高度 的百分比
4 级及更高	50%	70%	40%	50%
5 级和 6 级	45%	50%	35%	30%
7 级和 8 级	35%	50%	35%	30%
9～12 级	25%	50%	25%	30%

表 11-5　斜齿轮装配后的接触斑点（摘自 GB/Z 18620.4—2002）

精度等级 （按 GB/T 10095—2001）	b_{c1} 占齿宽 的百分比	h_{c1} 占有效齿面高度 的百分比	b_{c2} 占齿宽 的百分比	h_{c2} 占有效齿面高度 的百分比
4 级及更高	50%	50%	40%	30%
5 级和 6 级	45%	40%	35%	20%
7 级和 8 级	35%	40%	35%	20%
9～12 级	25%	40%	25%	20%

（2）齿轮副的切向综合误差 $\Delta F'_{ic}$

齿轮副的切向综合误差 $\Delta F'_{ic}$ 是装配好的齿轮副，在经过足够转数的啮合后，一个齿轮相对于另一个齿轮的实际转角与公称转角之差的总幅度值，以分度圆弧长计值，如图 11-33 所示。

这里足够转数是使两齿轮的每一个齿都相互啮合，使误差在齿轮相对位置变化全周期中充分显示出来。齿轮副的切向综合误差 $\Delta F'_{ic}$ 是评定齿轮副传递运动准确性的综合指标。

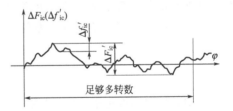

（3）齿轮副一齿切向综合误差 $\Delta f'_{ic}$

齿轮副的一齿切向综合误差 $\Delta f'_{ic}$ 是指装配好的齿轮副，在啮合转动足够多的转数内，一个齿轮相对于另一个齿轮的一个齿距的实际转角与公称转

图 11-33　齿轮副切向综合误差曲线

角之差的最大幅度值，以分度圆弧长计值，如图 11-33 所示，$\Delta f'_{ic}$ 是评定齿轮副传递平稳性的最直接的指标。

$\Delta F'_{ic}$ 和 $\Delta f'_{ic}$ 可用传动链误差检测仪或单啮仪上安装两个相配的齿轮进行测量。或按两个齿轮分别在单啮仪上测得的 F'_i 之和、f'_i 之和进行考核。

（4）齿轮副的中心距极限偏差 $\pm f_a$

齿轮副的中心距极限偏差 $\pm f_a$ 是指在齿轮副齿宽中间平面内，实际中心距与公称中心距之差，如图 11-34(a) 所示。

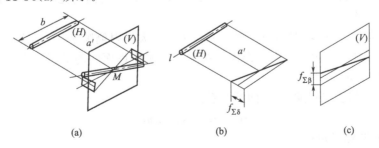

图 11-34　齿轮副的安装误差

齿轮副中心距的大小直接影响齿侧间隙的大小。

齿轮副中心距的测量在实际生产中是以测量齿轮箱体支承孔中心距来替代。

表 11-6 为齿轮副中心距极限偏差数值，供参考。

表 11-6 中心距偏差 $\pm f_a$

中心距 a/mm 齿轮精度等级	5、6	7、8	中心距 a/mm 齿轮精度等级	5、6	7、8
≥6~10	7.5	11	>120~180	20	31.5
>10~18	9	13.5	>180~250	23	36
>18~30	10.5	16.5	>250~315	26	40.5
>30~50	12.5	19.5	>315~400	28.5	44.5
>50~80	15	23	>400~500	31.5	48.5
>80~120	17.5	27			

(5) 轴线平行度偏差 $f_{\Sigma\delta}$、$f_{\Sigma\beta}$

① 轴线平面内的平行度偏差 $f_{\Sigma\delta}$ 轴线平面内的平行度偏差 $f_{\Sigma\delta}$ 是指一对齿轮的轴线在其基准平面 H 上投影的平行度偏差，如图 11-34(b) 所示。

② 垂直平面上的平行度偏差 $f_{\Sigma\beta}$ 垂直平面上的平行度偏差 $f_{\Sigma\beta}$ 是指一对齿轮的轴线在垂直于基准平面 H，并且在平行于基准轴线的平面 V 上投影的平行度误差，如图 11-34 (c) 所示。

$f_{\Sigma\delta}$、$f_{\Sigma\beta}$ 均在等于齿宽的长度上测量。

基准平面是包含基准轴线，并通过由另一个轴线与齿宽中间平面相交的点所形成的平面，两条轴线中任何一条都可作为基准轴线。$f_{\Sigma\delta}$、$f_{\Sigma\beta}$ 的最大推荐值为：

$$f_{\Sigma\delta} = 2f_{\Sigma\beta} \tag{11-10}$$

$$f_{\Sigma\beta} = 0.5\frac{L}{b}F_\beta \tag{11-11}$$

式中，L 为轴承跨距；b 为齿宽。

11.3.2 齿轮副侧隙及齿厚极限偏差的选择及评定

齿轮副的侧隙是在装配后自然形成的，齿轮副的侧隙精度受到基节偏差、螺旋线总偏差、齿轮副的安装偏差等因素的影响，但是影响侧隙大小的主要因素是中心距偏差与齿厚偏差。国标规定采用的是基中心距制，即在固定中心距极限偏差的条件下，通过改变齿厚偏差的大小来获得不同的最小侧隙，再通过计算确定两齿轮的齿厚极限偏差或公法线长度极限偏差。

(1) 齿轮副侧隙

齿轮副的侧隙按测量方向分为圆周侧隙 j_{wt} 和法向侧隙 j_{bn}，如图 11-35 所示。

① 圆周侧隙 j_{wt} 齿轮副的圆周侧隙 j_{wt}（圆周最大极限侧隙 j_{tmax}、圆周最小极限侧隙 j_{tmin}）是指装配好的齿轮副，当一个齿轮固定，另一个齿轮的圆周晃动量，以分度圆弧长计值，可用指示表测量。

② 法向侧隙 j_{bn} 齿轮副的法向侧隙 j_{bn}（法向最大极限侧隙 j_{bnmax}、法向最小极限侧隙 j_{bnmin}）是指装配好的齿轮副，当工作齿面接触时非工作齿面间的最短距离，法向侧隙可用塞尺或压铅丝法测量。

圆周侧隙 j_{wt} 和法向侧隙 j_{bn} 之间的关系为：

$$j_{bn} = j_{wt}\cos\beta_b\cos\alpha_{wt} \tag{11-12}$$

式中 β_b——基圆螺旋角；

α_{wt}——端面压力角。

　　圆周侧隙与法向侧隙是直接测量和评定齿侧间隙的两个综合检验参数，测量圆周侧隙和测量法向侧隙是等效的。

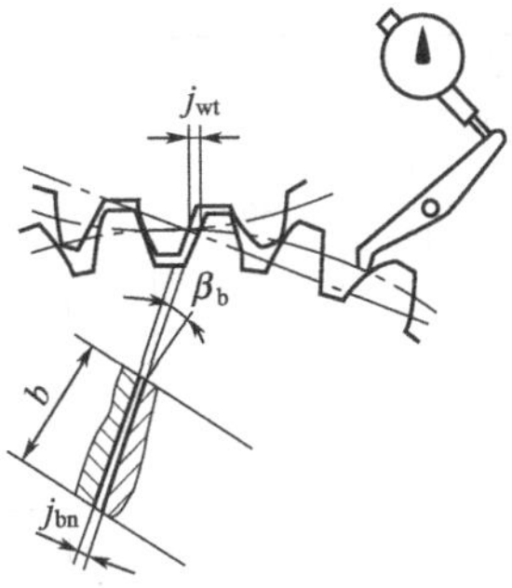

(2) 最小极限侧隙 j_{bnmin} 的确定

　　最小极限侧隙是依据齿轮传动时允许的工作温度、润滑方式及齿轮的圆周速度所确定的，首先要考虑补偿温度变化引起箱体及齿轮热变形所必需的最小法向侧隙 j_{bn1} 和保证正常润滑条件必需的最小法向侧隙 j_{bn2}。

　　① 补偿热变形所必需的法向侧隙 j_{bn1}

$$j_{bn1} = a(\alpha_1 \Delta t_1 - \alpha_2 \Delta t_2)2\sin\alpha_n \tag{11-13}$$

图 11-35　齿轮副侧隙

式中　a——齿轮副的中心距；

　α_1、α_2——齿轮和箱体材料的线胀系数，$1/℃$；

　Δt_1、Δt_2——齿轮 t_1 和箱体 t_2 的工作温度与标准温度 20℃ 的偏差，即 $\Delta t_1 = t_1 - 20℃$，

　　　　　　$\Delta t_2 = t_2 - 20℃$；

　α_n——齿轮的压力角，20°。

　　② 保证正常润滑条件所需的法向侧隙 j_{bn2}　取决于润滑方式和齿轮的圆周速度，可参考表 11-7。

表 11-7　j_{bn2} 的推荐值

润滑方式	圆周速度 $v/(m/s)$			
	$v \leqslant 10$	$10 < v \leqslant 25$	$25 < v \leqslant 60$	$v > 60$
喷油润滑	$0.01m_n$	$0.02m_n$	$0.03m_n$	$(0.03 \sim 0.05)m_n$
油池润滑	$(0.005 \sim 0.01)m_n$			

　　最小极限侧隙 j_{bnmin} 应为 j_{bn1} 与 j_{bn2} 之和，即

$$j_{bnmin} = j_{bn1} + j_{bn2} \tag{11-14}$$

　　在实际生产中，如果在不具备上述计算条件时，可参考机床行业所用的圆柱齿轮副侧隙的相关资料，如表 11-8～表 11-10 所示。

表 11-8　齿轮传动的侧隙规范

侧隙种类	代　号	应 用 范 围
零保证侧隙	D	仪器中读数齿轮
较小保证侧隙	D_b	经常正反转，但转速不高的齿轮
标准保证侧隙	D_c	一般传动齿轮
较大保证侧隙	D_e	高速高温传动齿轮

表 11-9　保证侧隙（JB 179—60）　　　　　　　　　　　μm

侧隙结合方式	代号及图形	中心距/mm							
		<50	$>50 \sim 80$	$>80 \sim 120$	$>120 \sim 200$	$>200 \sim 320$	$>320 \sim 500$	$>500 \sim 800$	$>800 \sim 1250$
D	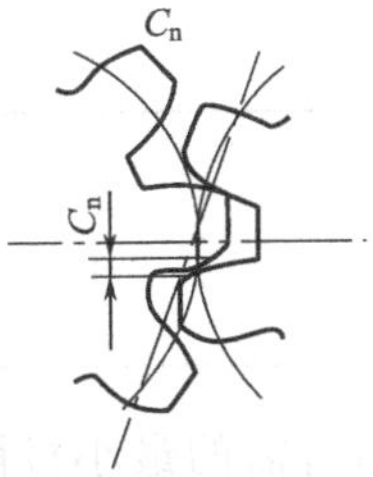	0	0	0	0	0	0	0	0
D_b		42	52	65	85	105	130	170	210
D_c		85	105	130	170	210	260	340	420
D_e		170	210	260	340	420	530	670	850

表 11-10　齿厚极限偏差标准对照

第Ⅱ公差组精度等级（GB/T 10095—1988）	结合形式（JB 179—60）	法向模数/mm	分度圆直径/mm							
			≤50	>50~80	>80~120	>120~200	>200~320	>320~500	>500~800	>800~1250
5	D_b	>1~2.5	HK	HK	JL	JL	KM	KL	MN	MN
		>2.5~6	GJ	GJ	HK	HK	JL	KL	LM	LM
		>6~10	—	GJ	GJ	HK	JL	JL	KL	LM
	D_c	>1~2.5	KM	LN	MN	MN	NP	NP	PR	PR
		>2.5~6	HK	JL	KL	LM	LM	MN	NP	PR
		>6~10	—	JL	KL	KL	LM	MN	MN	NP
6	D_b	>1~2.5	FH	GJ	GJ	HK	HK	JL	JL	KM
		>2.5~6	FG	FH	GJ	GJ	HK	HK	JL	JL
		>6~10	—	FH	FH	GJ	GJ	GJ	HK	HK
	D_c	>1~2.5	HK	JL	JL	KL	LM	LM	MN	MN
		>2.5~6	GJ	HK	HK	JL	KL	LM	LM	MN
		>6~10	—	GJ	HK	HK	JL	KL	LM	LM
7	D_b	>1~2.5	FH	FH	FH	GK	GK	GK	HK	HL
		>2.5~6	EG	FH	FH	FH	FH	GK	HK	HK
		>6~10	—	FH	FH	FH	FH	GJ	GK	HK
	D_c	>1~2.5	GJ	GK	HL	HL	JL	KM	LN	LN
		>2.5~6	FH	GJ	GJ	HK	HL	JL	KM	KM
		>6~10	—	GJ	GJ	GJ	HL	HK	JL	KM
8	D_b	>1~2.5	EG	FJ	FJ	FJ	FJ	GK	GK	GK
		>2.5~6	EF	EG	EG	FH	FH	FH	GK	GK
		>6~10	—	EG	EG	EG	FH	FH	FJ	FJ
	D_c	>1~2.5	FH	GK	GK	GK	HL	HL	JM	JM
		>2.5~6	FH	FJ	FJ	GK	GK	HL	JM	JM
		>6~10	—	FH	FH	FH	GK	GK	HL	JM

注：本表非 GB/T 10095—1988 全部标准内容。

（3）齿厚极限偏差的确定

在 GB/T 10095—1988 中将齿厚极限偏差的数值作了标准化，规定了 14 种齿厚极限偏差，并用英文大写字母表示，如图 11-36 所示。偏差的数值是以齿距极限偏差 f_{pt} 的倍数来表示，见表 11-11。如图 11-36 所示的上偏差代号为 F，下偏差为 L 时，其齿厚上偏差为 $E_{sns}=-4f_{pt}$，齿厚下偏差为 $E_{sni}=-16f_{pt}$。

表 11-11　齿厚极限偏差

$C=+f_{pt}$	$G=-6f_{pt}$	$L=-16f_{pt}$	
$D=0$	$H=-8f_{pt}$	$M=-20f_{pt}$	$R=-40f_{pt}$
$E=-2f_{pt}$	$J=-10f_{pt}$	$N=-25f_{pt}$	$S=-50f_{pt}$
$F=-4f_{pt}$	$K=-12f_{pt}$	$P=-32f_{pt}$	

① 齿厚上偏差 E_{sns}　齿厚上偏差 E_{sns} 不仅要保证齿轮副传动所需的最小极限侧隙，同

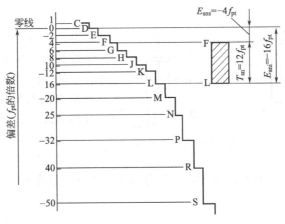

图 11-36　齿厚极限偏差

时还要补偿由加工、安装偏差所引起的侧隙减小量，其计算公式为：

$$E_{sns} = -\left(f_a \tan\alpha_n + \frac{j_{bnmin}+k}{2\cos\alpha_n} \right) \tag{11-15}$$

式中　f_a——齿轮副中心距极限偏差；

　　　α_n——法向齿形角；

　　　k——齿轮加工和安装偏差所引起的法向侧隙减小量。

在 k 中齿轮加工偏差主要为基节偏差与螺旋线总偏差，安装偏差主要为轴线平面内的平行度偏差 $f_{\Sigma\delta}$、垂直平面上的平行度偏差 $f_{\Sigma\beta}$。上述偏差都是独立随机偏差，所以它们的合成可取各项平方之和

$$k = \sqrt{f_{pb1}^2 + f_{pb2}^2 + 2.104F_\beta^2} \tag{11-16}$$

② 齿厚下偏差　齿厚下偏差 E_{sni} 由齿厚的上偏差 E_{sns} 和公差 T_{sn} 求得，其计算公式为：

$$E_{sni} = E_{sns} - T_{sn} \tag{11-17}$$

齿厚公差的大小与齿厚无关，主要取决于齿轮加工过程中进刀公差 b_r 及齿圈径向跳动公差 F_r 的影响，可按下式计算

$$T_{sn} = 2\tan\alpha_n\sqrt{F_r^2 + b_r^2} \tag{11-18}$$

式中　F_r——齿圈径向跳动公差；

　　　b_r——切齿进刀公差，其值推荐按表 11-12 选用，表中 IT 值按齿轮分度圆直径查表。

表 11-12　切齿径向进刀公差 b_r 值

齿轮精度等级	4	5	6	7	8	9
b_r 值	1.26IT7	IT8	1.26IT8	IT9	1.26IT9	IT10

11.3.3　齿坯精度的确定

齿坯是在加工前供制造齿轮的工件，齿轮传动的制造精度与安装精度在很大程度上由齿坯的精度决定，因此，控制齿坯精度是保证齿轮传动精度的有效措施。

(1) 确定齿轮基准轴线

齿轮的工作基准是其基准轴线，而基准轴线通常都是由某些基准来确定的，齿轮内孔与轴颈一般被作为加工、测量和安装基准，所以，对齿轮内孔、顶圆、齿轮轴的定位基准面及安装基准面的精度以及各工作面的粗糙度提出一定的精度要求。生产中确定基准轴线有以下

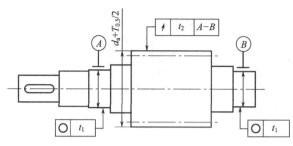

图 11-37　由两个"短的"基准面确定基准轴线

几种方法。

① 由两个"短的"圆柱或圆锥形基准面上设定的两个圆的圆心来确定基准轴线，如图 11-37 所示。

② 用一个"长的"圆柱或圆锥形的面来同时确定轴线的位置和方向，孔的轴线可以用与之正确装配的工件心轴的轴线来表示，如图 11-38 所示。

③ 用一个"短的"圆柱形基准面上的一个圆的圆心来确定轴线的位置，轴线方向垂直于一个基准面，如图 11-39 所示。

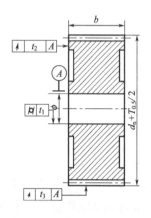

图 11-38　由一个"长的"
基准面确定基准轴线

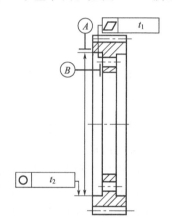

图 11-39　由一个"短的"圆柱形
基准面和一个端面确定基准轴线

（2）齿坯公差的规定

对基准面精度要求在形状及位置公差中有相应控制，要求规定其基准面的形状公差不大于表 11-13 中的规定值。

表 11-13　基准面与安装面的形状公差（摘自 GB/Z 18620.3—2002）

确定轴线的基准面	公 差 项 目		
	圆 度	圆 柱 度	平 面 度
用两个"短的"圆柱或圆锥形基准面上设定的两个圆的圆心来确定轴线上的两个点	$0.04F_\beta L/b$ 或 $0.1F_p$，取两者中小值	—	—
用一个"长的"圆柱或圆锥形的面来同时确定轴线的位置和方向，孔的轴线可以用与之正确装配的工作心轴的轴线来表示	—	$0.04F_\beta L/b$ 或 $0.1F_p$，取两者中小值	—
轴线位置用一个"短的"圆柱形基准面上一个圆的圆心来确定，其方向则垂直于此轴线的一个基准端面	$0.06F_p$	—	$0.06F_\beta D_d/b$

确定轴线的安装基准面的跳动公差如表 11-14 所示。

表 11-14　安装面的跳动公差（摘自 GB/Z 18620.3—2002）

确定轴线的基准面	跳动量（总的指示幅度）	
	径 向	轴 向
仅指圆柱或圆锥形基准面	$0.15F_\beta L/b$ 或 $0.3F_p$，取两者中大值	—
一个圆柱基准面和一个端面基准面	$0.3F_p$	$0.2F_\beta D_d/b$

齿轮孔、轴颈和顶圆柱面的尺寸公差如表 11-15 所示。

表 11-15　齿轮孔、轴颈和顶圆柱面尺寸公差

齿轮精度等级	6	7	8	9
孔	IT6	IT7	IT7	IT8
轴颈	IT5	IT6	IT6	IT7
顶圆柱面	IT8	IT8	IT8	IT9

齿轮各表面的粗糙度如表 11-16 及表 11-17 所示。

表 11-16　齿面 Ra 的推荐值（摘自 GB/Z 18620.4—2002）　　μm

模　数 /mm	精　度　等　级											
	1	2	3	4	5	6	7	8	9	10	11	12
$m<6$					0.5	0.8	1.25	2.0	3.2	5.0	10	20
$6\leqslant m\leqslant25$	0.04	0.08	0.16	0.32	0.63	1.00	1.6	2.5	4	6.3	12.5	25
$m>25$					0.8	1.25	2.0	3.2	5.0	8.0	16	32

表 11-17　齿坯其他表面 Ra 的推荐值　　μm

齿轮精度等级	6	7	8	9
基准孔	1.25	1.25~2.5		5
基准轴颈	0.63	1.25	2.5	
基准端面	2.5~5		5	
顶圆柱面	5			

11.4　渐开线圆柱齿轮精度标准

11.4.1　齿轮的精度等级

GB/T 10095.1—2001、GB/T 10095.2—2001《渐开线圆柱齿轮精度》及标准化指导性技术文件 GB/Z 18620.1—2002～GB/Z 18620.4—2002《圆柱齿轮检验实施规范》，在综合考虑齿轮及齿轮副传递运动的准确性、传动平稳性及载荷分布的均匀性三方面的基础上，对圆柱齿轮不分直齿与斜齿，精度等级由高至低分为 0～12 共 13 个等级，其中 0 级精度最高，12 级精度最低。

0～2 级为待发展级；

3～5 级为高精度级；

6～9 级为中等精度级；

10～12 级为低精度级。

其中 0～2 级是目前的加工方法和检测手段难以实现的，仅作为未来工业发展的储备指标，6～9 级是目前工业生产中应用最广泛的精度级别，选择齿轮的精度标准，必须以传动的用途、使用条件以及技术要求为依据，对机床分度链、仪器读数系统及控制系统减速装置的齿轮，在传动准确性上要选择较高精度等级。在传动平稳性方面，对圆周速度高的应选取高的精度等级，因为圆周速度愈高，振动的频率也就愈大，甚至有可能加大振幅，导致轮齿损坏，降低使用寿命，在载荷分布均匀性上，载荷越大，则选取载荷平均分布精度等级愈

高，在齿轮副中两个齿轮精度可以取相同的，也可以取不相同的，如两个齿轮精度不相同，齿轮副则按精度等级较低者确定精度等级。

表 11-18 为各种机械采用的齿轮精度等级范围。表 11-19 为各种精度等级齿轮的适用范围及齿面的终加工方法。

表 11-18 各种机械采用的齿轮精度等级

应 用 范 围	精 度 等 级	应 用 范 围	精 度 等 级
单啮仪、双啮仪	2~5	载重汽车	6~9
涡轮减速器	3~5	通用减速器	6~8
金属切削机床	3~8	轧钢机	5~10
航空发动机	4~7	矿用绞车	6~10
内燃机车、电气机车	5~8	起重机	6~9
轻型汽车	5~8	拖拉机	6~10

表 11-19 齿轮精度等级的选用

精度等级	圆周速度 v/(m/s)		效 率	齿面的终加工	工 作 条 件
	直齿	斜齿			
3 级（极精密）	≤40	≤75	不低于 0.99（包括轴承不低于 0.985）	特别精密的磨削和研齿，用精密滚齿或单边剃齿后大多数不经淬火的齿轮	要求特别精密或在最平稳且无噪声的特别高速下工作的齿轮传动；特别精密机构中的齿轮；特别高速传动；检测 5~6 级齿轮用的测量齿轮
4 级（特别精密）	≤35	≤70	不低于 0.99（包括轴承不低于 0.985）	精密磨齿；用精密滚刀和挤齿或单边剃齿后的大多数齿轮	特别精密分度机构中或在最平稳且无噪声的特别高速下工作的齿轮传动；高速透平传动；检测 7 级齿轮用的测量齿轮
5 级（高精密）	≤20	≤40	不低于 0.99（包括轴承不低于 0.985）	精密磨齿；大多数用精密滚刀加工，进而挤齿或剃齿的齿轮	精密分度机构中或要求极平稳且无噪声高速下工作的齿轮传动；精密机构用齿轮；透平齿轮传动；检测 8~9 级齿轮用的测量齿轮
6 级（高精密）	≤15	≤30	不低于 0.99（包括轴承不低于 0.985）	精密磨齿或剃齿	要求最高效率且无噪声的高速下平稳工作的齿轮传动或分度机构的齿轮传动；特别重要的航空、汽车齿轮；读数装置用特别精密传动的齿轮
7 级（精密）	≤10	15	不低于 0.98（包括轴承不低于 0.975）	无需热处理，仅用精确刀具加工的齿轮；淬火齿轮必须精整加工（磨齿、挤齿、珩齿等）	增速和减速用齿轮传动；金属切削机床送刀机构用齿轮；高速减速器用齿轮；航空、汽车用齿轮；读数装置用齿轮
8 级（中精密）	≤6	≤10	不低于 0.97（包括轴承不低于 0.965）	不磨齿，不必光整加工或对研	无需特别精密的一般机械制造用齿轮；飞机、汽车制造业中不重要的齿轮；起重机构用齿轮；农业机械中的重要齿轮；通用减速器用齿轮
9 级（较低精密）	≤2	≤4	不低于 0.96（包括轴承不低于 0.95）	无需特殊光整工件	用于粗糙工作的齿轮

各级常用精度的各项偏差的数值可查阅表 11-20~表 11-23。

表 11-20　$\pm f_{pt}$、F_p、F_α、$f_{f\alpha}$、$\pm f_{H\alpha}$、F_r、f_i'/K、F_w 偏差允许值（摘自 GB/T 10095.1～2—2001）

偏差项目	分度圆直径 d/mm	模数 m_t/mm	单个齿距极限偏差 $\pm f_{pt}$				齿距累积总公差 F_p				齿廓总公差 F_α				齿廓形状偏差 $f_{f\alpha}$				齿廓倾斜极限偏差 $\pm f_{H\alpha}$				径向跳动公差 F_r				f_i'/K 值				公法线长度变动公差 F_w			
精度等级			5	6	7	8	5	6	7	8	5	6	7	8	5	6	7	8	5	6	7	8	5	6	7	8	5	6	7	8	5	6	7	8
	≥5～22	≥0.5～2	4.7	6.5	9.5	13	11	16	23	32	4.6	6.5	9.0	13	3.5	5.0	7.0	10	2.9	4.2	6.0	8.5	9.0	13	18	25	14	19	27	38	10	14	20	29
		>2～3.5	5.0	7.5	10	15	12	17	23	33	6.5	9.5	13	19	5.0	7.0	10	14	4.2	6.0	8.5	12	9.5	13	19	27	16	23	32	45				
	>20～50	≥0.5～2	5.0	7.0	10	14	14	20	29	41	5.0	7.5	10	15	4.0	5.5	8.0	11	3.3	4.6	6.5	9.5	11	16	23	32	14	20	29	41	12	16	23	32
		>2～3.5	5.5	7.5	11	15	15	21	30	42	7.0	10	14	20	5.5	8.0	11	16	4.5	6.5	9.0	13	12	17	24	34	17	24	34	48				
		>3.5～6	6.0	8.5	12	17	15	22	31	44	9.0	12	18	25	7.0	9.5	14	19	5.5	8.0	11	16	12	17	25	36	19	27	38	54				
	>50～125	≥0.5～2	5.5	7.5	11	15	18	26	37	52	6.0	8.5	12	17	4.5	6.5	9.0	13	3.7	5.5	7.5	11	15	21	29	42	16	22	31	44	14	19	27	37
		>2～3.5	6.0	8.5	12	17	19	27	38	53	8.0	11	16	22	6.0	8.5	12	17	5.0	7.0	10	14	15	21	30	43	18	25	36	51				
		>3.5～6	6.5	9.0	13	18	19	28	39	55	9.5	13	19	27	7.5	10	15	21	6.0	8.5	12	17	16	22	31	44	20	29	40	57				
	>125～280	≥0.5～2	6.0	8.5	12	17	24	35	49	69	7.0	10	14	20	5.5	7.5	11	15	4.4	6.0	9.0	12	20	28	39	55	17	24	34	49	16	22	31	44
		>2～3.5	6.5	9.0	13	18	25	35	50	70	9.0	13	18	25	7.0	10	13	19	5.5	8.0	11	16	20	28	40	56	20	28	39	56				
		>3.5～6	7.0	10	14	20	25	36	51	72	11	15	21	30	8.0	11	16	23	6.5	9.5	13	19	20	29	41	58	22	31	44	62				
	>280～560	≥0.5～2	6.5	9.5	13	19	32	46	64	91	8.5	12	17	23	6.5	9.0	13	18	5.5	7.5	11	15	26	36	51	73	19	27	39	54	19	26	37	53
		>2～3.5	7.0	10	14	20	33	46	65	92	10	15	21	29	8.0	11	16	22	6.5	9.0	13	18	26	37	52	74	22	31	44	62				
		>3.5～6	8.0	11	16	22	33	47	66	94	12	17	24	34	9.0	13	18	26	7.5	11	15	21	27	38	53	75	24	34	48	68				

注: 1. 本表中 F_w 为根据我国的生产实践提出的, 供参考。

2. 将 f_i'/K 乘以 K 即得到 F_r; 当 $\varepsilon_\gamma<4$ 时, $K=0.2\dfrac{\varepsilon_\gamma+4}{\varepsilon_\gamma}$; 当 $\varepsilon_\gamma\geq4$ 时, $K=0.4$。

表 11-21　F_β、$f_{f\beta}$、$\pm f_{H\beta}$ 偏差允许值（摘自 GB/T 10095.1～2—2001）　　μm

分度圆直径 d/mm	偏差项目 齿宽 b/mm — 精度等级	螺旋线总公差 F_β				螺旋线形状公差 $f_{f\beta}$ 和螺旋线倾斜极限偏差 $\pm f_{H\beta}$			
		5	6	7	8	5	6	7	8
≥5～20	≥4～10	6.0	8.5	12	17	4.4	6.0	8.5	12
	>10～20	7.0	9.5	14	19	4.9	7.0	10	14
>20～50	≥4～10	6.5	9.0	13	18	4.5	6.5	9.0	13
	>10～20	7.0	10	14	20	5.0	7.0	10	14
	>20～40	8.0	11	16	23	6.0	8.0	12	16
>50～125	≥4～10	6.5	9.5	13	19	4.8	6.5	9.5	13
	>10～20	7.5	11	15	21	5.5	7.5	11	15
	>20～40	8.5	12	17	24	6.0	8.5	12	17
	>40～80	10	14	20	28	7.0	10	14	20
>125～280	≥4～10	7.0	10	14	20	5.0	7.0	10	14
	>10～20	8.0	11	16	22	5.5	8.0	11	16
	>20～40	9.0	13	18	25	6.5	9.0	13	18
	>40～80	10	15	21	29	7.5	10	15	21
	>80～160	12	17	25	35	8.5	12	17	25
>280～560	≥10～20	8.5	12	17	24	6.0	8.5	12	17
	>20～40	9.5	13	19	27	7.0	9.5	14	19
	>40～80	11	15	22	33	8.0	11	16	22
	>80～160	13	18	26	36	9.0	13	18	26
	>160～250	15	21	30	43	11	15	22	30

表 11-22　F_i''、f_i'' 公差值（摘自 GB/T 10095.2—2001）　　μm

分度圆直径 d/mm	偏差项目 模数 m_n/mm — 精度等级	径向综合总公差 F_i''				一齿径向综合公差 f_i''			
		5	6	7	8	5	6	7	8
≥5～20	≥2.0～0.5	11	15	21	30	2.0	2.5	3.5	5.0
	>0.5～0.8	12	16	23	33	2.5	4.0	5.5	7.5
	>0.8～1.0	12	18	25	35	3.5	5.0	7.0	10
	>1.0～1.5	14	19	27	38	4.5	6.5	9.0	13
>20～50	≥0.2～0.5	13	19	26	37	2.0	2.5	3.5	5.0
	>0.5～0.8	14	20	28	40	2.5	4.0	5.5	7.5
	>0.8～1.0	15	21	30	42	3.5	5.0	7.0	10
	>1.0～1.5	16	23	32	45	4.5	6.5	9.0	13
	>1.5～2.5	18	26	37	52	6.5	9.5	13	19
>50～125	≥1.0～1.5	19	27	39	55	4.5	6.5	9.0	13
	>1.5～2.5	22	31	43	61	6.5	9.5	13	19
	2.5～4.0	25	36	51	72	10	14	20	29
	>4.0～6.0	31	44	62	88	15	22	31	44
	>6.0～10	40	57	80	114	24	34	48	67

续表

分度圆直径 d/mm	偏差项目 精度等级 模数 m_n/mm	径向综合总公差 F_i''				一齿径向综合公差 f_i''			
		5	6	7	8	5	6	7	8
>125~280	≥1.0~1.5	24	34	48	68	4.5	6.5	9.0	13
	>1.5~2.5	26	37	53	75	6.5	9.5	13	19
	>2.5~4.0	30	43	61	86	10	15	21	29
	>4.0~6.0	36	51	72	102	15	22	48	67
	>6.0~10	45	64	90	127	24	34	48	67
>280~560	≥1.0~1.5	30	43	61	86	4.5	6.5	9.0	13
	>1.5~2.5	33	46	65	92	6.5	9.5	13	19
	>2.5~4.0	37	52	73	104	10	15	21	29
	>4.0~6.0	42	60	84	119	15	22	31	44
	>6.0~10	51	73	103	145	24	34	48	68

表 11-23　基节极限偏差 $\pm f_{pb}$（摘自 GB 10095—1988）　　　　　　μm

分度圆直径/mm		法向模数/mm	精 度 等 级			
大于	到		6	7	8	9
—	125	≥1~3.5	9	13	18	25
		>3.5~6.3	11	16	22	32
		>6.3~10	13	18	25	36
125	400	≥1~3.5	10	14	20	30
		>3.5~6.3	13	18	25	36
		>6.3~10	14	20	30	40
400	800	≥1~3.5	11	16	22	32
		>3.5~6.3	13	18	25	36
		>6.3~10	16	22	32	45

11.4.2　齿轮精度在图样上的标注

(1) 齿轮精度等级的标注方法示例

国家标准规定：在文件需要叙述齿轮精度要求时，应注明 GB/T 10095.1—2001 或 GB/T 10095.2—2001。

当齿轮的检验项目同为某一精度等级时，可标注精度等级和标准号。如齿轮检验项目同为 7 级，则标注为：

7 GB/T 10095.1—2001 或 7 GB/T 10095.2—2001

当齿轮检验项目的精度等级不同时，如齿廓总偏差 F_α 为 6 级，而齿距累积总偏差 F_p 和螺旋线总偏差 F_β 均为 7 级时，则标注为

$$6(F_\alpha)7(F_p、F_\beta)GB/T\ 10095.1—2001$$

若偏差 F_i''、f_i'' 均按 GB/T 10095.2—2001 要求，精度均为 6 级，则标注为

$$6(F_i''、f_i'')GB/T\ 10095.2—2001$$

(2) 齿厚偏差常用标注方法

① $S_n{}^{E_{sns}}_{E_{sni}}$，其中 S_n 为法向公称齿厚，E_{sns} 为齿厚上偏差，E_{sni} 为齿厚下偏差。

② $W_k{}^{E_{bns}}_{E_{bni}}$，其中 W_k 为公称法线长度，E_{bns} 为公法线长度上偏差，E_{bni} 为公法线长度下偏差。

11.4.3　综合应用举例

例 11-1　已知某机床主轴箱中的一对直齿圆柱齿轮，采用油池润滑。$z_1 = 26$，$z_2 = 56$，$m = 3$，$\alpha = 20°$，$b_1 = 26$，$b_2 = 24$，$n_1 = 1650\text{r/min}$，齿轮材料的线胀系数 $\alpha_1 = 11.5 \times 10^{-6}$，箱体材料的线胀系数 $\alpha_2 = 10.5 \times 10^{-6}$。齿轮工作温度 $t_1 = 75℃$，箱体温度 $t_2 = 57℃$，内孔直径为 $\phi 45\text{mm}$。试对小齿轮进行精度设计，并将设计所确定的各项技术要求标注在齿轮工作图上。

解：（1）确定小齿轮的精度等级

小齿轮的转动速度高，主要要求其传递运动的平稳性，因此，按圆周速度选取小齿轮的精度等级。

$$v = \frac{\pi d n_1}{1000 \times 60} = \frac{\pi m z_1 n_1}{1000 \times 60} \frac{3.14 \times 3 \times 26 \times 1650}{1000 \times 60} = 6.7 \ (\text{m/s})$$

查表 11-19，取平稳性精度等级为 7 级，由于传动准确性要求不高，可以降低一级取 8 级，而载荷分布均匀性一般不低于平稳性，也取 7 级，故齿轮的精度等级为 8—7—7。

（2）确定最小极限侧隙

由式（11-13）补偿热变形所需的法向侧隙为

$$j_{bn1} = a(\alpha_1 \Delta t_1 - \alpha_2 \Delta t_2) 2\sin\alpha_n$$

$$= \frac{m(z_1 + z_2)}{2} [\alpha_1 (t_1 - 20) - \alpha_2 (t_2 - 20)] 2\sin\alpha_n$$

$$= \frac{3 \times (26 + 56)}{2} \times [11.5 \times (75 - 20) \times 10^{-6} - 10.5 \times (57 - 20) \times 10^{-6}] \times 2\sin 20°$$

$$= 0.0208\text{mm} = 20.8\mu\text{m}$$

查表 11-7，查得保证正常润滑条件所需的法向侧隙 $j_{bn2} = 0.01m_n = 0.01 \times 3 = 30\mu\text{m}$

因此，最小侧隙 $j_{bnmin} = j_{bn1} + j_{bn2} = 20.8\mu\text{m} + 30\mu\text{m} = 50.8\mu\text{m}$

（3）确定齿厚极限偏差和公差

因为第 I 公差组精度等级为 8 级，所以 $b_r = 1.26\text{IT9} = 1.26 \times 74\mu\text{m} \approx 93.2\mu\text{m}$

由表 11-20 查得 $F_r = 43\mu\text{m}$

由表 11-23 查得 $f_{pb1} = 13\mu\text{m}$，$f_{pb2} = 14\mu\text{m}$

由表 11-21 查得 $F_\beta = 17\mu\text{m}$

由表 11-6 查得 $f_\alpha = 31.5\mu\text{m}$

$$k = \sqrt{f_{pb1}^2 + f_{pb2}^2 + 2.104 F_\beta^2} = \sqrt{13^2 + 14^2 + 2.104 \times 17^2} \approx 31.2\mu\text{m}$$

$$E_{sns} = -\left(f_\alpha \tan\alpha_n + \frac{j_{bnmin} + k}{2\cos\alpha_n}\right) \approx -55\mu\text{m}$$

$$T_{sn} = 2\tan\alpha_n \sqrt{F_r^2 + b_r^2} \approx 75\mu\text{m}$$

齿厚下偏差 $E_{sni} = E_{sns} - T_{sn} = -55 - 75 = -130\mu\text{m}$

由表 11-20 查得 $f_{pt} = 12\mu\text{m}$，$E_{sns}/f_{pt} = -55/12 = 4.5$，$E_{sni}/f_{pt} = -130/12 = 10.8$

由图 11-36 可知，齿厚上偏差代号为 F，下偏差代号为 J。

（4）齿轮公差组的检验组参数的确定

根据该齿轮的用途可知，该齿轮为批量生产。为提高检测的经济性，常用双啮仪测量，参见表 11-20～表 11-22。选取评定参数为：准确性用 F_i'' 与 F_w，平稳性用 f_i''，接触均匀性用 F_β，由于准确性已经用了 F_w，所以用公法线长度偏差 E_{bn} 控制齿厚极限偏差更为方便。查表得：$F_w=37\mu m$，$F_\beta=17\mu m$，$F_i''=72\mu m$，$f_i''=20\mu m$

计算得：$E_{bns}=E_{sns}\cos\alpha_n-0.72F_r\sin\alpha_n=-55\cos20°-0.72\times43\sin20°\approx-62\mu m$

$E_{bni}=E_{sni}\cos\alpha_n+0.72F_r\sin\alpha_n=-130\cos20°+0.72\times43\sin20°\approx-112\mu m$

跨齿距 $k=\dfrac{z}{9}+0.5=\dfrac{26}{9}+0.5\approx3.4$

取 $k=4$，$W=m[1.476(2k-1)+0.014z]=3\times[1.476\times(2\times4-1)+0.014\times26]=32.09mm$

则 $W=32.09^{-0.062}_{-0.112}mm$

（5）确定齿坯精度

① 内径尺寸精度：查表 11-15，内径尺寸精度选用 IT7 级，已知内径尺寸为 $\phi45mm$，则内径尺寸公差带确定为 $\phi45H7(^{+0.025}_{0})$，采用包容原则 E。

② 齿顶圆可作为加工找正基准，齿顶圆直径公差为 IT8 级，由于齿顶圆直径 $d_a=mz+$

模数 m	3
齿数 z	26
齿形角 α	20°
变位系数 x	0
精度	8—7—7 GB/T 10095.1—2001
径向综合总偏差 F_i''	0.072
公法线长度变动公差 F_w	0.037
一齿径向综合偏差 f_i''	0.02
螺旋线总偏差 F_β	0.017
公法线平均长度及其偏差(k=4)	$W=32.09^{-0.062}_{-0.112}$

其余 $\sqrt{Ra12.5}$
倒角 1×45°

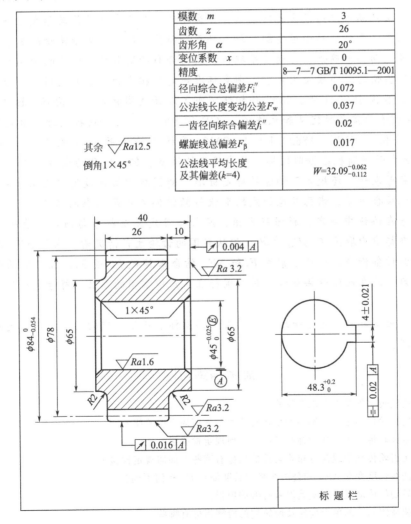

图 11-40　齿轮工作图

$2h^* m = 3 \times 26 + 2 \times 1 \times 3 = 84$mm，所以 IT8 $= 0.054$mm，齿顶圆直径的尺寸公差带为 $\phi 84h8(^{\ 0}_{-0.054})$。

③ 基准面和安装面的形状公差。

由于小齿轮在轴上是由一个短圆柱面和一个端面定位的，查表 11-13，短圆柱面的圆度公差为 $0.06F_p = 0.06 \times 0.053 = 0.003$mm（$F_p$ 值由表 11-20 查得），端面的平面度公差为 $0.06(D_d/b)F_\beta = 0.06 \times (45/26) \times 0.011 = 0.001$mm。

④ 安装面的跳动公差。

查表 11-14，径向跳动公差为 $0.3F_p = 0.3 \times 0.053 = 0.016$mm，轴向跳动公差为 $0.2F_\beta(D_d/b_1) = 0.2 \times 0.011 \times (45/26) = 0.004$mm。

⑤ 齿轮各个表面粗糙度 Ra 值。

查表 11-16，齿面 $Ra = 3.2\mu$m，顶圆 $Ra = 6.3\mu$m，齿轮基准孔 $Ra = 1.6\mu$m，齿轮基准端面 $Ra = 3.2\mu$m。

⑥ 将上述各项要求标注在齿轮零件图上，得到如图 11-40 所示的齿轮工作图。

本 章 小 结

齿轮是机械产品中应用最多的传动零件，齿轮传动是最常见的传动形式之一，广泛用于传递运动和动力。齿轮传动由齿轮副、轴、轴承和箱体等组成。齿轮传动的基本要求主要有四项，即传递运动的准确性、传动的平稳性、载荷分布的均匀性、合理的齿侧间隙。

为了评定齿轮的这四项使用要求，国家标准规定了相应的各项偏差指标，为了与国际标准 ISO 接轨，我国于 2001 年、2002 年相继颁布了渐开线圆柱齿轮新国标 GB/T 10095.1—2001《齿轮同侧齿面偏差的定义和允许值》、GB/T 10095.2—2001《径向综合偏差和径向跳动的定义和允许值》、GB/Z 18620.1～4—2002《圆柱齿轮检验实施规范》，以取代 GB/T 10095—1988 渐开线圆柱齿轮旧国标。其中将齿轮误差、偏差统称为齿轮偏差，将偏差与公差共用一个符号表示，还规定了侧隙的评定标准。新国标中目前没有规定公差组和检验组，但规定了切向综合偏差、齿廓及螺旋线的形状与倾斜偏差不是标准的必检项目，若需检验，则需供需双方在协议中确定。新国标术语、参数项目定义及符号与旧国标有一定差异。此外，在齿轮新标准中取消了 ΔF_w 参数。但从我国的齿轮生产情况看，由于 ΔF_w 测量方法比较简单，检测设备价廉，生产中常用 F_r 和 ΔF_w 结合来替代 F_p 或 F_i'，且可降低成本，实际操作效果良好，故在此保留供参考。对旧国标在生产中常用的参数、符号也进行了有选择的保留。

本章综合应用举例，是系统地总结了齿轮偏差标准在生产中的具体应用，是本章重点知识的综合训练。

思考与练习题

11-1 对齿轮传动的基本要求有哪些？

11-2 评定齿轮传递运动准确性的指标有哪些？如何规定检验组？

11-3 评定齿轮传动平稳性指标有哪些？如何规定检验组？

11-4 评定齿轮传动中载荷分布均匀性的指标有哪些？如何规定检验组？

11-5 公法线长度变动 ΔF_w 和公法线平均长度偏差 E_{bn} 有何不同？

11-6 齿轮副的传动误差和安装误差有哪些项目？

11-7 反映齿侧间隙的单个齿轮及齿轮副的检测指标有哪些？

11-8 齿轮精度等级分几级？如何表示精度等级？

11-9　已知某减速器中有一带孔的直齿圆柱齿轮，模数 $m=3$，齿数 $z=32$，齿形角 $\alpha=20°$，齿宽 $b=20\text{mm}$，中心距 $a=288\text{mm}$，孔径 $D=40\text{mm}$，传递的最大功率为 5kW，转速 $n=1280\text{r/min}$，齿轮材料为 45 钢，箱体材料为 HT200，其线胀系数分别为 $\alpha_{齿}=11.5\times10^{-6}\text{K}^{-1}$，$\alpha_{箱}=10.5\times10^{-6}\text{K}^{-1}$，齿轮和箱体工作温度分别为 $t_{齿}=60℃$，$t_{箱}=40℃$，采用喷油润滑，小批量生产，试确定齿轮的精度等级、检验项目及公差、有关侧隙的指标及齿坯公差填入表 11-24，并绘制齿轮工作图。

表 11-24　思考与练习题 11-9 表

	法向模数	m_{n}	
	齿数	z	
	齿形角	α	
	螺旋角	β	
	径向变位系数	x	
	公法线平均长度及其上、下偏差	W	
		跨齿数 K	
	精度等级与齿厚极限偏差代号		
	齿轮副中心距及其极限偏差		
	公差组	检验项目代号	公差(或极限偏差)值/mm
	I	F_{t}	
		F_{w}	
	II	F_{α}	
		F_{pt}	
	III	F_{β}	

第12章 尺寸链基础

本章基本要求

通过本章的学习，掌握尺寸链的基本概念及尺寸链的分类和特征；了解尺寸链的计算类型及方法；能进行尺寸链的初步分析和计算，解决简单的工艺问题，为以后掌握尺寸链计算方法提供理论依据。

12.1 概述

12.1.1 尺寸链的含义

在一个零件或一台机器的结构中，总有一些相互联系的尺寸，这些相互联系的尺寸按一定顺序连接成一个封闭的尺寸组，称为尺寸链。

如图 12-1 所示，车床尾座顶尖轴线与主轴轴线的高度差 A_0 是车床的主要指标之一，影响其精度的尺寸有：尾座顶尖轴线高度 A_1、尾座底板厚度 A_2 和主轴轴线高度 A_3。这四个相互关联的尺寸构成一条尺寸链，即：

$$A_1 + A_2 - A_3 - A_0 = 0 \tag{12-1}$$

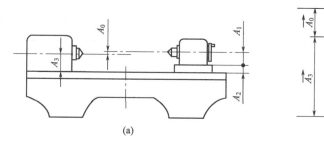

图 12-1 车床顶尖高度尺寸链

如图 12-2 所示的阶梯轴，由四个端平面的轴向尺寸 A_1、A_2、A_3、A_0 按照一定的顺序构成一个相互联系的封闭尺寸回路，该尺寸回路反映了零件上的设计尺寸之间的关系，因此这四个相互关联的尺寸构成一条尺寸链，即：

$$A_2 + A_3 + A_0 - A_1 = 0 \tag{12-2}$$

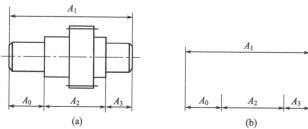

图 12-2 阶梯轴尺寸链

综上所述，尺寸链具有如下两个特性：

① 封闭性　尺寸链是由一系列相关的尺寸连接成为一个封闭的回路，如图 12-1、图 12-2 所示。

② 相关性　尺寸链中某一尺寸的变化将影响到其他尺寸的变化。

12.1.2　尺寸链的组成

尺寸链中的每一个尺寸称为环。如图 12-1 及图 12-2 中的 A_0、A_1、A_2、A_3。

(1) 封闭环和组成环

按环的性质不同，可分为封闭环和组成环两种。

① 封闭环　尺寸链在装配或加工过程中最后自然形成的环称为封闭环。在装配尺寸链中，封闭环是装配终了自然形成的尺寸。一个尺寸链中只有一个封闭环。封闭环的精度是由尺寸链中其他各环的精度决定的。封闭环一般用加下角标 0 的大写拉丁字母表示。如图 12-1 及图 12-2 中的尺寸 A_0。

② 组成环　尺寸链中除封闭环以外的其他环称为组成环。组成环中任一环发生变动必然会引起封闭环的变动。组成环一般用加阿拉伯数字下角标的大写拉丁字母表示。如图 12-1 及图 12-2 中的尺寸 A_1、A_2、A_3。

(2) 增环和减环

按组成环的变化对封闭环影响的不同，组成环又可分为增环和减环。

① 增环　增环是尺寸链中的组成环，由于该环的变动会引起封闭环的同向变动。同向变动是指该环增大时封闭环也增大，该环减小时封闭环也减小，如图 12-2 中的尺寸 A_1。

② 减环　减环是尺寸链中的组成环，由于该环的变动引起封闭环反向变动。反向变动是指该环增大时封闭环减小，该环减小时封闭环增大。如图 12-2 中的尺寸 A_2、A_3。

12.1.3　尺寸链的分类

(1) 按尺寸链的应用场合分

按尺寸链的应用场合不同，可分为以下几类：

① 零件尺寸链　全部组成环为同一零件设计尺寸所形成的尺寸链，如图 12-2 所示。

② 装配尺寸链　全部组成环为不同零件设计尺寸所形成的尺寸链，如图 12-1 所示。

③ 工艺尺寸链　全部组成环为同一零件工艺尺寸所形成的尺寸链，如图 12-3 所示。

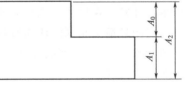

图 12-3　工艺尺寸链

(2) 按各环的空间位置分

按各环在空间的位置，可分为以下几类：

① 直线尺寸链　各个环都位于同一平面内且彼此互相平行的尺寸链，如图 12-1、图 12-2 所示。

② 平面尺寸链　各个环位于一个或几个平面内，且某些环不平行于封闭环的尺寸链。

③ 空间尺寸链　各个组成环位于几个不平行平面内的尺寸链。

(3) 按几何特征分

按尺寸链中各尺寸的几何特征分类：

① 长度尺寸链　全部环为长度尺寸的尺寸链。

② 角度尺寸链　全部环为角度尺寸的尺寸链。

12.2　尺寸链的建立和计算

12.2.1　尺寸链的确定

(1) 确定封闭环

建立尺寸链，首先要正确地确定封闭环。

① 在装配尺寸链中，封闭环就是产品上有装配精度要求的尺寸。

② 在零件尺寸链中，封闭环应为公差等级要求最低的环，在零件图上一般不进行标注，以免引起加工中的混乱。

③ 在工艺尺寸链中，封闭环是在加工中最后自然形成的环，一般为被加工零件要求达到的设计尺寸或工艺过程中需要的余量尺寸。加工顺序不同，封闭环也不同。所以工艺尺寸链的封闭环必须在加工顺序确定之后才能判断。

④ 一个尺寸链中只有一个封闭环。

(2) 查找组成环

组成环是对封闭环有直接影响的那些尺寸，与此无关的尺寸要排除在外。一个尺寸链的组成环数应尽量少。

查找装配尺寸链的组成环时，先从封闭环的任意一端开始，找相邻零件的尺寸，然后再找与第一个零件相邻的第二个零件的尺寸，这样一环接一环，直到封闭环的另一端为止，从而形成封闭的尺寸组。如图 12-1 及图 12-2 中的尺寸 A_1、A_2、A_3 均为组成环。

一个尺寸链中至少要由两个组成环组成。

在封闭环有较高技术要求或形位误差较大的情况下，建立尺寸链时，还要考虑形位误差对封闭环的影响。

(3) 绘制尺寸链图

为了清楚地表达尺寸链的组成，通常不需要画出零件或部件的具体结构，只需将尺寸链中的各尺寸标注依次画出，形成封闭的图形即可，这样的图形称为尺寸链图，如图 12-1(b) 及图 12-2(b) 所示。

(4) 判断增、减环

当确定封闭环、组成环以及绘制尺寸链图之后，还要判断出组成环中的增、减环，最后才能解尺寸链。在尺寸链图中，常用单线段表示各环，箭头仅表示查找尺寸链组成环的方向。与封闭环箭头相同的环为减环，与封闭环箭头相反的环为增环，如图 12-4 所示，图中 A_0 为封闭环，A_1、A_3 箭头方向与封闭环方向相反，所以为增环，而 A_2 尺寸与封闭环方向相同，所以为减环。

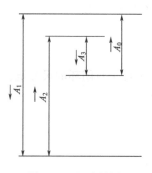

图 12-4　尺寸链图

12.2.2　尺寸链的计算

(1) 计算类型

① 正计算　已知各组成环的极限尺寸，求封闭环的极限尺寸。这类计算叫做正计算，主要用于验算、校核及某些需要解算封闭环的情况，故又称校核计算。正计算时封闭环的计算结果是唯一确定的。

② 反计算　已知封闭环的极限尺寸和各组成环的基本尺寸，求各组成环的极限偏差。这类计算主要用在设计上，即根据机器的使用要求来分配各零件的公差。

③ 中间计算　已知封闭环和部分组成环的极限尺寸，求某一组成环的极限尺寸，这类计算常用在工艺上。

反计算和中间计算又称为设计计算。

(2) 计算方法

① 完全互换法。

完全互换法是从尺寸链各环的极限值出发来进行计算的，能够完全保证互换性。应用此法不考虑实际尺寸的分布情况，装配时，全部产品的组成环都不需挑选或改变其大小和位置，装入后即能达到封闭环的公差要求。

a. 封闭环基本尺寸的计算　封闭环的基本尺寸 A_0 等于所有增环的基本尺寸之和减去所有减环的基本尺寸之和。计算公式如下：

$$A_0 = \sum_{i=1}^{m} A_i - \sum_{j=m+1}^{n} A_j \tag{12-3}$$

式中　A_0——封闭环基本尺寸；

　　　A_i——各增环基本尺寸；

　　　A_j——各减环基本尺寸；

　　　m——增环环数；

　　　n——组成环环数。

b. 封闭环极限尺寸的计算　封闭环的最大极限尺寸 A_{0max} 等于所有增环的最大极限尺寸之和减去所有减环的最小极限尺寸之和；封闭环的最小极限尺寸 A_{0min} 等于所有增环的最小极限尺寸之和减去所有减环的最大极限尺寸之和。计算公式如下：

$$A_{0max} = \sum_{i=1}^{m} A_{imax} - \sum_{j=m+1}^{n} A_{jmin} \tag{12-4}$$

$$A_{0min} = \sum_{i=1}^{m} A_{imin} - \sum_{j=m+1}^{n} A_{jmax} \tag{12-5}$$

c. 封闭环极限偏差的计算　封闭环的上偏差等于所有增环的上偏差之和减去所有减环的下偏差之和；封闭环的下偏差等于所有增环的下偏差之和减去所有减环的上偏差之和。计算公式如下：

$$ES_0 = \sum_{i=1}^{m} ES_i - \sum_{j=m+1}^{n} EI_j \tag{12-6}$$

$$EI_0 = \sum_{i=1}^{m} EI_i - \sum_{j=m+1}^{n} ES_j \tag{12-7}$$

d. 封闭环公差的计算　封闭环公差 T_0 等于所有组成环公差之和。计算公式如下：

$$T_0 = \sum_{i=1}^{n} T_i \tag{12-8}$$

② 完全互换法应用举例。

例 12-1　如图 12-5(a) 所示，已知零件的尺寸：$A_1 = 43^{+0.20}_{+0.10}$ mm，$A_2 = A_4 = 5^{\ 0}_{-0.05}$ mm，$A_3 = 30^{\ 0}_{-0.10}$ mm，$A_5 = 3^{\ 0}_{-0.05}$ mm。要求设计间隙 $A_0 = 0.10 \sim 0.45$ mm。试做校核计算。

解： ① 确定 A_0 为封闭环，因为 A_0 为装配后自然形成的尺寸，所以 A_0 为封闭环。

② 查找组成环为 A_1、A_2、A_3、A_4、A_5。

③ 绘制尺寸链图，如图 12-5(b) 所示。

④ 确定增、减环，在尺寸链图中画出各个环的箭头方向，根据箭头方向判断并确定 A_1

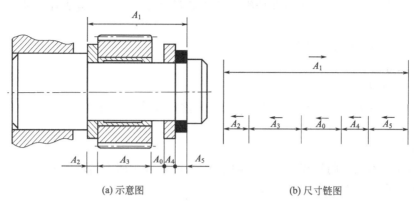

(a) 示意图　　　　　　　　　(b) 尺寸链图

图 12-5　装配尺寸链

为增环，A_2、A_3、A_4、A_5为减环。

⑤ 计算封闭环的基本尺寸

$$A_0 = A_1 - (A_2 + A_3 + A_4 + A_5) = 43 - (5 + 30 + 5 + 3) = 0\text{mm}$$

因此要求封闭环 $A_0 = 0^{+0.45}_{+0.10}$mm。

⑥ 计算封闭环的极限偏差

上偏差 $\text{ES}_0 = \text{ES}_1 - (\text{EI}_2 + \text{EI}_3 + \text{EI}_4 + \text{EI}_5)$

$$= +0.20 - [(-0.05) + (-0.1) + (-0.05) + (-0.05)] = +0.45\text{mm}$$

下偏差 $\text{EI}_0 = \text{EI}_1 - (\text{ES}_2 + \text{ES}_3 + \text{ES}_4 + \text{ES}_5)$

$$= +0.10 - (0 + 0 + 0 + 0) = +0.10\text{mm}$$

⑦ 计算封闭环的公差并校验计算结果

$$T_0 = \text{ES}_0 - \text{EI}_0 = (+0.45) - (+0.10) = 0.35\text{mm}$$

$$\sum T_i = T_1 + T_2 + T_3 + T_4 + T_5$$

$$= 0.10 + 0.05 + 0.10 + 0.05 + 0.05 = 0.35\text{mm}$$

计算结果满足 $T_0 = \sum T_i$。

例 12-2　在轴上铣如图 12-6(a) 所示的键槽。加工顺序如下：车外圆 $A_1 = \phi 70.5^{\ 0}_{-0.1}$mm，铣键槽深为 A_2，磨外圆 $A_3 = \phi 70^{\ 0}_{-0.06}$mm。要求当外圆磨完之后 $A_0 = 62^{\ 0}_{-0.3}$mm。求铣键槽的深度 A_2。

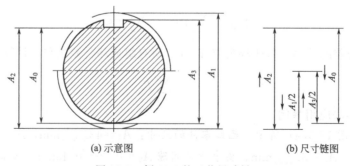

(a) 示意图　　　　　　　　　(b) 尺寸链图

图 12-6　例 12-2 的工艺尺寸链

解：① 确定 A_0 为封闭环，根据加工顺序可知，A_0 是加工过程中最后得到的尺寸，所以是封闭环。

② 查找组成环为 A_1、A_2、A_3。

③ 绘制尺寸链图，如图 12-6(b) 所示。

④ 确定增、减环，画出各个环的箭头方向，根据箭头方向判断可知 A_2 和 $A_3/2$ 是增环，$A_1/2$ 是减环。

因为 $A_3 = 70_{-0.06}^{0}$ mm，所以 $A_3/2 = 35_{-0.03}^{0}$ mm；因为 $A_1 = 70.5_{-0.1}^{0}$ mm，所以 $A_1/2 = 35.25_{-0.05}^{0}$ mm。

⑤ 计算 A_2 的基本尺寸

由 $A_0 = A_2 + A_3/2 - A_1/2$ 可得

$$A_2 = A_0 - A_3/2 + A_1/2 = 62 - 35 + 35.25 = 62.25 \text{mm}$$

⑥ 计算极限偏差

由 $\text{ES}_0 = \text{ES}_2 + \text{ES}_3/2 - \text{EI}_1/2$ 可得

上偏差 $\text{ES}_2 = \text{ES}_0 - \text{ES}_3/2 + \text{EI}_1/2 = 0 - 0 + (-0.05) = -0.05 \text{mm}$

由 $\text{EI}_0 = \text{EI}_2 + \text{EI}_3/2 - \text{ES}_1/2$ 可得

下偏差 $\text{EI}_2 = \text{EI}_0 - \text{EI}_3/2 + \text{ES}_1/2 = (-0.3) - (-0.03) + 0 = -0.27 \text{mm}$

⑦ 计算公差并校核计算结果

$$T_0 = \text{ES}_0 - \text{EI}_0 = 0 - (-0.3) = 0.3 \text{mm}$$
$$\sum T_i = T_2 + T_3/2 + T_1/2 = 0.22 + 0.03 + 0.05 = 0.3 \text{mm}$$

满足 $T_0 = \sum T_i$

所以铣键槽的深度 $A_2 = 62.25_{-0.27}^{-0.05} = 62_{-0.02}^{+0.20}$ mm。

例 12-3　如图 12-7(a) 所示的零件，镗孔时孔的设计基准是 C 面，设计尺寸要求 $A_0 = 100_{-0.15}^{+0.15}$ mm，$A_1 = 280_{0}^{+0.1}$ mm，$A_2 = 80_{-0.06}^{0}$ mm。求工序尺寸 A_3。

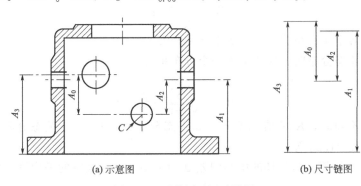

(a) 示意图　　　　　　(b) 尺寸链图

图 12-7　零件图及尺寸链图

解： ① 确定封闭环，A_0 为封闭环。

② 查找组成环为 A_1、A_2、A_3。

③ 绘制尺寸链图，如图 12-7(b) 所示。

④ 确定增、减环，确定 A_1 为减环，A_2、A_3 为增环。

⑤ 计算 A_3 的基本尺寸

基本尺寸 $A_0 = A_2 + A_3 - A_1$

$$A_3 = A_0 + A_1 - A_2 = 100 + 280 - 80 = 300 \text{mm}$$

⑥ 计算 A_3 的极限偏差

由 $\text{ES}_0 = \text{ES}_2 + \text{ES}_3 - \text{EI}_1$ 可得

上偏差 $\text{ES}_3 = \text{ES}_0 - \text{ES}_2 + \text{EI}_1 = (+0.15) - 0 + 0 = 0.15 \text{mm}$

由 $\text{EI}_0 = \text{EI}_2 + \text{EI}_3 - \text{ES}_1$ 可得

下偏差 $EI_3 = EI_0 - EI_2 + ES_1 = (-0.15) - (-0.06) + 0.1 = 0.01mm$

所以 $A_3 = 300^{+0.15}_{+0.01}mm$。

③ 大数互换法。

大多数产品在装配时各组成环不需要挑选或改变其尺寸或位置，装配后既能达到封闭环规定的公差要求的方法，称为大数互换法。采用大数互换法时，装配尺寸链采用统计公差公式计算。

a. 基本尺寸的计算　封闭环基本尺寸的计算公式与式(12-1)相同，即

$$A_0 = \sum_{i=1}^{m} A_i - \sum_{j=m+1}^{n} A_j$$

封闭环的基本尺寸 A_0 等于所有增环的基本尺寸之和减去所有减环的基本尺寸之和。

b. 公差的计算　根据概率论关于独立随机变量合成规则，各组成环的标准偏差 σ_i 与封闭环的标准偏差 σ_0 的关系为：

$$\sigma_0 = \sqrt{\sum_{i=1}^{m} \sigma_i^2} \tag{12-9}$$

如果组成环的实际尺寸都按正态分布，且分布范围与公差带宽度一致，分布中心与公差带中心重合，则封闭环的尺寸也按正态分布，各环公差与标准偏差的关系如下：

$$T_0 = 6\sigma_0 \tag{12-10}$$

$$T_i = 6\sigma_i \tag{12-11}$$

将上述两个关系式代入式(12-9)中得：

$$T_0 = \sqrt{\sum_{i=1}^{m} T_i^2} \tag{12-12}$$

即封闭环的公差等于所有组成环公差的平方和开方。

当各组成环不是正态分布时，应该引入一个分布系数 K

即

$$T_0 = \sqrt{\sum_{i=1}^{m} K_i^2 T_i^2} \tag{12-13}$$

当分布状态不同时，K 的值也不同。如正态分布时，$K=1$；偏态分布时，$K=1.17$；三角形分布时，$K=1.22$ 等。

c. 中间偏差的计算　封闭环的中间偏差 Δ 为上偏差与下偏差的平均值，即

$$\Delta_0 = \frac{1}{2}(ES_0 + EI_0) \tag{12-14}$$

$$\Delta_i = \frac{1}{2}(ES_i + EI_i) \tag{12-15}$$

即封闭环的中间偏差 Δ_0 也等于所有增环的中间偏差之和减去所有减环的中间偏差之和。

即

$$\Delta_0 = \sum_{i=1}^{m} \Delta_i - \sum_{j=m+1}^{n} \Delta_j \tag{12-16}$$

d. 极限偏差的计算　各环的上偏差等于中间偏差加上该环公差的一半，各环的下偏差等于中间偏差减去该环公差的一半。所以其计算公式为：

$$ES_0 = \Delta_0 + \frac{T_0}{2} \tag{12-17}$$

$$EI_0 = \Delta_0 - \frac{T_0}{2} \tag{12-18}$$

$$\text{ES}_i = \Delta_i + \frac{T_i}{2} \tag{12-19}$$

$$\text{EI}_i = \Delta_i - \frac{T_i}{2} \tag{12-20}$$

④ 大数互换法应用举例。

例 12-4 用大数互换法解例 12-1。假设各组成环按正态分布，且分布范围与公差带宽度一致，分布中心与公差带中心重合。

解：① 确定 A_0 为封闭环。

② 查找组成环为 A_1、A_2、A_3、A_4、A_5。

③ 绘制尺寸链图，如图 12-5(b) 所示。

④ 确定增、减环，在尺寸链图中画出各个环的箭头方向，根据箭头方向判断并确定 A_1 为增环，A_2、A_3、A_4、A_5 为减环。

⑤ 计算封闭环的基本尺寸

$$\begin{aligned}
A_0 &= A_1 - (A_2 + A_3 + A_4 + A_5) \\
&= 43 - (5 + 30 + 5 + 3) = 0 \text{mm}
\end{aligned}$$

因此要求封闭环 $A_0 = 0^{+0.45}_{+0.10}$ mm。

⑥ 计算封闭环的公差

$$T_0 = \sqrt{\sum_{i=1}^{5} T_i^2} = \sqrt{0.1^2 + 0.05^2 + 0.1^2 + 0.05^2 + 0.05^2} = 0.1658 \text{mm}$$

⑦ 计算封闭环的中间偏差

因为 $\Delta_1 = +0.15$mm $\Delta_2 = -0.025$mm

$\Delta_3 = -0.05$mm $\Delta_4 = -0.025$mm $\Delta_5 = -0.025$mm

$$\begin{aligned}
\Delta_0 &= \Delta_1 - (\Delta_2 + \Delta_3 + \Delta_4 + \Delta_5) \\
&= (+0.15) - [(-0.025) + (-0.05) + (-0.025) + (-0.025)] \\
&= 0.275 \text{mm} < 0.35 \text{mm}
\end{aligned}$$

所以符合要求。

⑧ 计算封闭环的极限偏差

$$\text{ES}_0 = \Delta_0 + \frac{T_0}{2} = +0.275 + \frac{0.1658}{2} = +0.3579 \text{mm}$$

$$\text{EI}_0 = \Delta_0 - \frac{T_0}{2} = +0.275 - \frac{0.1658}{2} = +0.1921 \text{mm}$$

计算结果表明，封闭环的上、下偏差满足 0.10～0.45mm 的要求。

与例 12-1 比较，在组成环公差一定的情况下，用大数互换法计算尺寸链，使封闭环公差范围更窄。

⑤ 其他方法。

除了用完全互换法和大数互换法计算尺寸链以外，还可以用分组互换法、修配法和调整法等来保证装配的精度。

a. 分组互换法   分组互换法是先将组成环的公差放大若干倍，使其能经济地加工出来，然后将各组成环按其实际尺寸大小分为若干组，并按对应组进行互换装配，以满足封闭环的要求。

分组互换法的优点是：可以扩大零件的制造公差；能保证高的装配精度。

缺点是：增加了检测零件的工作量；只有组内零件才可以互换。

分组互换法应用：适用于大批量生产、高精度、零件形状简单、易测、环数少的尺寸链。

　　b. 修配法　修配法是将组成环按经济精度、加工精度要求给定公差，此时封闭环的公差必然比技术要求的公差有所扩大，因此在尺寸链中选定某一组成环作为修配环，通过机械加工方法改变其尺寸，使封闭环达到规定精度。

　　修配法的优点是：可以扩大组成环的制造公差，而且能提高经济性；能得到较高的装配精度。

　　缺点是：要耗费修配费用和修配工作量；修配后各个组成环失去了互换性；修配法不易组织流水作业。

　　修配法应用：修配法计算多用于计算单件小批和多环高精度的尺寸链。

　　c. 调整法　调整法与修配法的实质相同，修配法是在修配时修去指定零件上预留修配量以达到装配精度的方法，而调整法则是在装配时用改变产品中可调整零件的相对位置或选用合适的调整件以达到装配精度的方法。

　　调整法的优点是：加大组成环的制造公差，可得到高的装配精度；调整法在装配过程中不需要修配；调整法在使用过程中能调整补偿环的位置，可以恢复机器的精度。

　　缺点是：需要增加额外的尺寸链零件数，增加了制造费用，降低了结构的刚性。

　　调整法应用：调整法主要应用在封闭环精度要求高、组成环数目较多的尺寸链中。

本　章　小　结

　　本章主要介绍了尺寸链的基本概念、尺寸链的组成及其分类。尺寸链的计算问题是本章的重点内容，除了介绍尺寸链的计算类型及计算方法外，还重点介绍了用完全互换法计算尺寸链。书中对常用的尺寸链计算方法都列举了例题，以便能够熟练掌握应用尺寸链求解实际问题的方法。

思考与练习题

　　12-1　什么是尺寸链？尺寸链有哪些特点？

　　12-2　尺寸链是由哪些环组成的？

　　12-3　尺寸链有哪几种计算类型？解尺寸链的基本方法有几种？

　　12-4　尺寸链的建立步骤有哪些？

　　12-5　画尺寸链时应注意什么？

　　12-6　如图 12-8 所示，加工一个带键槽的内孔，其加工顺序为：车内孔得尺寸 A_1，插键槽得尺寸 A_2，磨内孔得尺寸 A_3。请画出其尺寸链图，并确定封闭环、增环和减环。

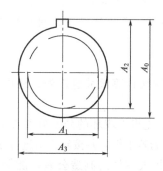

图 12-8　思考与练习题 12-6 零件示意图

　　12-7　某厂加工一批曲轴、连杆及轴承衬套等零件，如图 12-9 所示。经调试运转，发现有的曲轴肩与轴承衬套端面有划伤现象。按设计要求 $A_0 = 0.1 \sim 0.2 \text{mm}$，而 $A_1 = 150^{+0.018}_{0} \text{mm}$，$A_2 = A_3 = 75^{-0.02}_{-0.08} \text{mm}$。
试验算图样给定零件尺寸的极限偏差是否合理。

12-8　加工如图 12-10 所示的圆套。已知工序：先车外圆 $A_1 = \phi 70^{-0.04}_{-0.08} \text{mm}$，然后车内孔 $A_2 = \phi 60^{+0.06}_{0}$
mm，并应保证内外圆的同轴度公差为 $\phi 0.02 \text{mm}$。求壁厚。

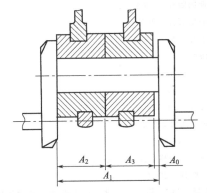

图 12-9　思考与练习题 12-7 零件示意图

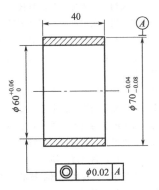

图 12-10　套筒零件图

参 考 文 献

［1］　吕天玉. 公差配合与测量技术 ［M］. 第 3 版. 大连：大连理工大学出版社，2008.

［2］　黄云清. 公差配合与测量技术 ［M］. 第 2 版. 北京：机械工业出版社，2009.

［3］　赵美卿，王凤娟. 公差配合与测量技术 ［M］. 北京：冶金工业出版社，2008.

［4］　张秀芳，赵姝娟. 公差配合与精度测量 ［M］. 北京：电子工业出版社，2009.

［5］　马宵. 互换性与测量技术基础 ［M］. 北京：北京理工大学出版社，2008.

［6］　顾元国. 公差配合与测量技术 ［M］. 北京：北京理工大学出版社，2008.

［7］　陈于萍. 互换性与测量技术基础 ［M］. 北京：机械工业出版社，1998.

［8］　马正元. 几何量精度设计与检测 ［M］. 北京：机械工业出版社，2005.

［9］　隗东伟. 极限配合与测量技术基础 ［M］. 北京：化学工业出版社，2006.

［10］　乔元信. 公差配合与技术测量 ［M］. 北京：中国劳动社会保障出版社，2008.

［11］　忻良昌. 公差配合与测量技术 ［M］. 北京：机械工业出版社，2005.

［12］　李晓沛，张琳娜，赵凤霞. 简明公差标准应用手册 ［M］. 上海：上海科学技术出版社，2005.

［13］　陈于萍，高晓康. 互换性与测量技术 ［M］. 北京：高等教育出版社，2002.

［14］　劳动和社会保障部教材办公室组织编写. 公差配合与技术测量 ［M］. 第 2 版. 北京：中国劳动社会保障出版社，2004.

［15］　方昆凡. 公差与配合实用手册 ［M］. 北京：机械工业出版社，2006.

［16］　胡照海. 公差配合与测量技术 ［M］. 北京：人民邮电出版社，2006.

［17］　李盐，花国梁，廖念钊. 精密测量技术 ［M］. 北京：中国测量出版社，2001.

［18］　王伯平. 互换性与测量技术基础 ［M］. 北京：机械工业出版社，2004.

［19］　赵兰芩. 公差配合与测量技术 ［M］. 北京：中国传媒大学出版社，2007.